Sabrina Reichel

Die unsichtbare Leine

Positives Freilauftraining für Hunde

Kynos

Konrad-Zuse-Straße 3, D-54552 Nerdlen/Daun
Telefon: 06592 957389-0
Telefax: 06592 957389-20
www.kynos-verlag.de

Grafik & Layout: Kynos Verlag

ISBN 978-3-95464-100-0

2. Auflage 2017

Bildnachweis: Alle Bilder Sabrina Reichel, Patrick Eckert, Meike Böhm,
Archiv Kynos Verlag, außer Titelfoto: www.fotolia.de/Westend61
Alle Zeichnungen Nicole Hilgers

Inhaltsverzeichnis

Einleitung

Die Sonne geht gerade unter und taucht den Wald und die Wiese in schönes Licht. Ein Mensch und sein Hund schlendern entspannt am Wegesrand entlang, die Blicke beider streifen sich immer wieder – nur verbunden durch gegenseitige Aufmerksamkeit.

So stellte ich mir immer einen Spaziergang vor – ohne Leine querfeldein und mein Hund immer bei mir. Doch die Realität hat mich selbst sehr schnell eingeholt. Was so einfach aussieht, ist es nicht immer.

Hunde haben andere Interessen und nehmen ihre Umwelt viel feiner und nuancierter wahr als wir Menschen: Dort hinten hat sich ein Ast bewegt und hinter dem kleinen Bach riecht es so gut, ach, und da ist ein anderer Hund.

Unsere Anforderung an unseren Hund, dass er einfach im Freilauf bei uns bleiben soll, ist demnach gar nicht so leicht für ihn zu erfüllen. Die Umwelt ist für unsere Hunde wahnsinnig interessant und unser größter Konkurrent.

Den eigenen Hund entspannt im Freilauf führen zu können, ist eine tolle Erfahrung. Sie ist aber auch mit Training und Rücksicht auf die Umwelt verbunden. Doch auch für Sie und Ihren Hund ist ein Spaziergang ohne Leine möglich.

Gemeinsam statt einsam miteinander spazieren gehen.

Mit diesem Buch möchte ich Ihnen Trainingsmöglichkeiten vorstellen, wie Sie genau zu diesem Ziel gelangen können – ein Spaziergang ohne Leine mit Ihrem Vierbeiner.

Für Welpen und Junghunde dient dieses Arbeitsbuch als Prävention und Grundlagentraining, für erwachsene Hunde bekommen Sie Trainingsvorschläge an die Hand, wie Sie Ihrem Hund wieder Freilauf ermöglichen können. Auch für jagdlich motivierte Hunde bietet Ihnen dieses Buch einige Anregungen, jedoch ist es nicht speziell darauf ausgelegt.

Ich wünsche Ihnen viel Spaß beim Trainieren mit Ihrem Hund und einen entspannten Freilauf.

Ihre Sabrina Reichel

Grundsätzliches zum Thema Freilauf

Freilauf ist super und macht sowohl uns als auch unseren Hunden Freude. Jedoch ist zu bedenken, dass Freilauf nicht überall und immer möglich ist.

Grundsätzlich hat jeder Mensch das Recht, sich in der freien Landschaft und in Wäldern aufzuhalten (siehe §59 Bundesnaturschutzgesetz und §14 Bundeswaldgesetz). Jedoch kann dieses Recht durch Verordnungen eingeschränkt werden. Bitte erkundigen Sie sich in Ihrem Bundesland / Land und auch bei der Gemeinde, welche Gesetze und Verordnung bei Ihnen gültig sind. Diese variieren von Ort zu Ort.

Allgemeingültige Höflichkeits – und Respektregeln sollten allerdings immer gelten:

Zu Gast bei Meister Lampe, Reh und Co.

Gehen wir in der Natur mit unserem Hund spazieren, betreten wir die Heimat der Wildtiere. Diese sind überwiegend in der Dämmerung aktiv. Ihren Nachwuchs bekommen Sie im Frühling und Frühsommer in der so genannten Brut – und Setzzeit, die vom 01. April bis zum 15. Juli dauert. Die Jungtiere sitzen oft in hohen Wiesen. Damit die Wildtiere ungestört leben können, ist es immens

wichtig, unseren Hund während dieser Zeit entweder angeleint oder nur dann im Freilauf zu führen, wenn wir ihn sicher abrufen können. Manche Landesgesetze sehen auch vor, dass der Hund während der Brut – und Setzzeit grundsätzlich anzuleinen ist.

Zudem kommt hier der Jagdschutz ins Spiel. Ein Hund darf sich nicht außerhalb des Einwirkungsbereiches seines Besitzers aufhalten. Stellt er eine Gefahr für das Wild dar, dürfte der Jagdschutzberechtigte diesen sogar erschießen.

Menschen, Fahrradfahrer und Jogger

Wie wir Hundehalter möchten auch andere Menschen die Natur genießen – egal ob zu Fuß, mit dem Fahrrad oder zu Pferd. Nicht jeder mag Hunde, manche haben sogar Angst vor ihnen. Aus diesem Grund gehört es zum höflichen Miteinander, den eigenen Hund bei Begegnungen mit anderen Menschen zu sich zu rufen und anzuleinen. So kann kein Missverständnis entstehen und jeder hat die Möglichkeit, die Natur auf seine Weise zu genießen.

Die Lebensgrundlage der Landwirte – Landwirtschaftliches Gebiet

Das Feld bestellen, Wiesen mähen und das eigene Vieh füttern – das zählt zu den Grundarbeiten eines landwirtschaftlichen Betriebs. Die Landwirte versorgen uns mit Nahrung. Doch wenn wir Felder und Wiesen als Spielwiese und Kotplatz für unseren Hund benutzen, kann das zu Verlusten für den Landwirt führen, denn Wiese und Feld sind dann der Fütterung nicht mehr dienlich. Es besteht die Möglichkeit, dass sich die Rinder durch das Fressen des mit Hundekot verunreinigten Grases mit dem Erreger Neospora caninum infizieren, was bei ihnen einen Abort auslösen kann. Hier gilt es Rücksicht zu nehmen und den eigenen Hund weder in ein Feld seinen Kot absetzen zu lassen noch durch eine schöne hohe Wiese zu gehen.

Auch andere Hunde wollen Freiheit

Nicht jeder Hund liebt andere Hunde. Manche Hunde haben Angst vor fremden Artgenossen oder reagieren aggressiv auf sie. Kontakt sollte weder Mensch noch Hund aufgezwungen werden, egal, ob ein Hund wirklich „nur spielen" möchte oder „nur kurz schnuppern". Direkter Kontakt sollte immer einvernehmlich stattfinden. Fragen Sie also Ihr Gegenüber, ob ein Hundekontakt erwünscht ist. Wenn ja, können die Hunde über die Wiese flitzen, wenn nein, führen Sie Ihren Hund ohne große Diskussionen an dem anderen angeleint oder bei Ihnen laufend vorbei. Es gibt sicherlich einen guten Grund für den anderen Hundehalter, warum er keinen Kontakt möchte.

Ganz allgemein:

Die Freiheit des einen endet dort, wo die des anderen beginnt. An diesen Spruch sollten wir uns alle, egal ob Hundehalter, Fahrradfahrer oder Reiter, halten – für ein respektvolles und höfliches Miteinander.

Damit Sie Ihren Hund sicher und entspannt ohne Leine laufen lassen können, wird von Mensch und Hund einiges verlangt:

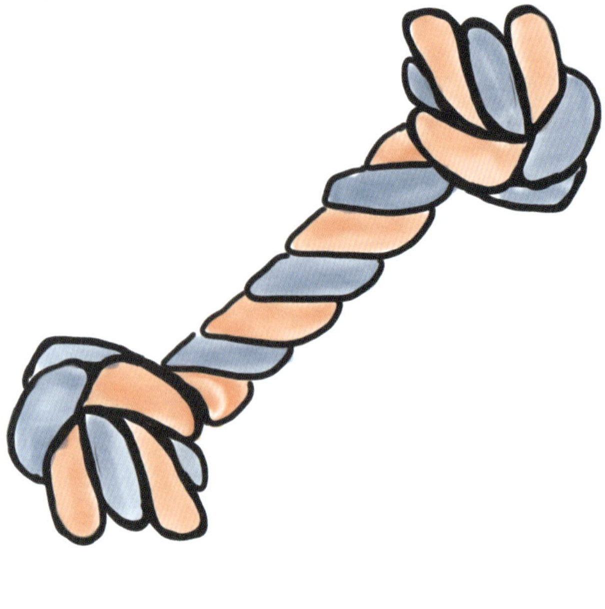

Der kleine Hundeknigge für den Freilauf

- *Kommt mir ein angeleinter Hund entgegen oder bittet mich ein anderer Hundehalter, meinen Hund nicht zum anderen hinzulassen, leine ich meinen eigenen Hund ohne Wenn und Aber an. Es gibt einen Grund, warum Kontakt unter den Hunden unerwünscht ist.*

- *Egal ob Jogger, Fußgänger, Radfahrer, Reiter oder Hundehalter – ich lasse meinen Hund nicht hinstürmen.*

- *Ich habe immer Kotbeutel dabei und nehme die Hinterlassenschaften meines Hundes mit. Damit die Hände frei sind, gibt es mittlerweile tolle Möglichkeiten, den vollen Kotbeutel zu transportieren. Hier gibt es beispielsweise das Sackerlblech. Das Sackerlblech ist ein metallener Haken, an dem der zugeknotete Kotbeutel einfach eingehakt und transportiert werden kann.*

- *Läuft mein Hund frei, habe ich ihn immer und jederzeit im Blick und achte darauf, dass er weder Mensch noch Tier belästigt.*

- *Ich achte darauf, dass mein Hund im Wald die Wege nicht verlässt und kein Wild jagt.*

Freilauf – Achtsamkeit auf beiden Seiten

Aufmerksamkeit und Orientierung

Sowohl Hund als auch Mensch müssen aufmerksam sein und auf den jeweils anderen eingehen und auf ihn achten. Der Hund sollte seinen Fokus nicht nur auf die Umwelt richten, sondern sich an seinen Menschen orientieren. Freiwilliger Blickkontakt, einen bestimmten Radius einhalten, immer wieder Kontakt zum Menschen aufnehmen – das wäre eine schöne Grundlage für den Freilauf. Doch auch der Mensch muss aufmerksam sein. Er muss seinen Hund und die Umwelt im Blick haben. Wo ist es unübersichtlich und wo sollte er seinen Hund besser an die Leine nehmen oder zumindest zu sich rufen? Nur durch Aufmerksamkeit kann ein sicherer Freilauf stattfinden.

Impulskontrolle

Ein Hund taucht am Horizont auf. Dort führt eine interessante Geruchsspur entlang. Es gibt vieles, das unsere Hunde draußen interessiert – von spannenden Wildspuren über freilaufende Hunde bis hin zum nächsten Matschloch. Den Impulsen, die sie durch solch interessante Reize bekommen, dürfen sie nicht einfach so nachgeben. Sie müssen lernen, zu widerstehen.

Reaktion auf Signale

Rückruf, neben dem Menschen laufen, wieder auf den Weg gehen und vieles mehr gehört zum Grundwortschatz für einen freilaufenden Hund. Nur wenn ein Hund grundlegende Signale beherrscht, kann sein Mensch ihn im Freilauf führen und lenken.

Kann nur ein freilaufender Hund glücklich sein?

Immer wieder wird gesagt, dass nur ein Hund, der Freilauf genießen kann, glücklich ist und seinen Bedürfnissen nachkommt. Das ist so nicht ganz richtig. Durch die Schleppleinen können wir unserem Hund ein großes Stück Freiheit geben und er kann hier genauso viel Spaß und Bewegung haben wie im Freilauf.

In manchen Lebensabschnitten eines Hundes ist es einfach nicht möglich, ihm Freilauf ohne Leine zu geben. Ich denke hier beispielsweise an einen Hundesenior, dessen Gehör nicht mehr das beste ist. Freilauf kann in diesem Fall sehr gefährlich werden. Auch bei einem Angsthund, der sich vor vielen Dingen erschrickt und dann plötzlich losrennt, würde ich einen Freilauf nicht empfehlen.

Was wird zum Training benötigt?

Nur gut ausgerüstet geht es ins Training mit unseren Vierbeinern, denn das schafft uns die Grundlage für ein reibungsloses Training und bietet uns alle Möglichkeiten.

Brustgeschirr

Im Alltag und Training, an der Leine und im Freilauf führe ich meine eigenen Hunde nur am Brustgeschirr. Dies hat vor allem gesundheitliche Gründe. Passen Sie das Brustgeschirr Ihrem Hund an. Es sollte nicht zu eng sein und nicht scheuern. Bezugsadressen für qualitativ gute Brustgeschirre finden Sie im Anhang des Buches.

Schleppleine

Wenn wir beginnen, den Freilauf zu trainieren, ist es ratsam, nicht sofort die Leine abzumachen. Oft sind wir dann viel nervöser und unser Hund kann sich selbst schnell belohnen. Aus diesem Grund klicken Sie eine Schleppleine am Brustgeschirr des Hundes ein.

Wichtig!

Eine Schleppleine darf immer nur am Geschirr befestigt werden. Sollte Ihr Hund in die Leine rennen, besteht am Halsband ein enormes Verletzungsrisiko.

Ruckdämpfer

Haben Sie einen etwas größeren Hund, der gerne mit Wucht nach vorne springt, kann ich Ihnen nur dazu raten, vorerst einen Ruckdämpfer zu verwenden. Dieser wird zwischen Geschirr und Leine befestigt und federt den Ruck ab – Ihr Rücken wird es Ihnen danken!

Bauchtasche

Leckerlis, Spielzeuge, Kotbeutel – all das möchte verstaut werden. Gönnen Sie sich eine passende Bauchtasche, in der Sie wirklich alles unterbringen können. Auch hier finden Sie empfehlenswerte Bezugsadressen im Anhang.

Clicker

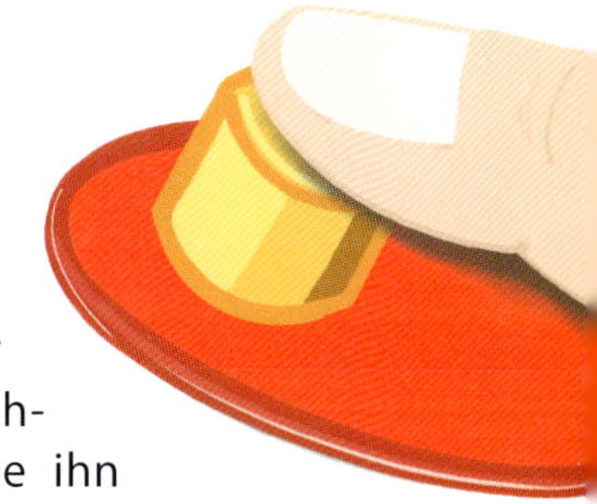

Möchten Sie mit einem Clicker als Markersignal arbeiten, darf dieser natürlich nicht fehlen. Bewahren Sie ihn einfach in Ihrer Bauchtasche auf, so haben Sie ihn immer griffbereit dabei.

Pfeife

Eine Pfeife ist ein tolles Trainingshilfsmittel und ermöglicht es uns, auch über größere Distanzen mit unserem Hund zu kommunizieren. Klein und handlich können Sie sie in der Bauchtasche verstecken oder aber mit einem schönen Pfeifenband um den Hals tragen.

Ich selbst nutze eine Doppeltonpfeife aus Büffelhorn. Sie liegt gut in der Hand und es können verschiedene Töne erzeugt werden, die für die unterschiedlichsten

Signale gelten können. So ist es möglich, bei der Doppeltonpfeife einmal einen klaren Pfiff und einen Triller auszustoßen. Der klare Pfiff ist bei uns für den Rückruf besetzt, der Triller für ein Platz auf Entfernung.

Weiterhin sind Acme-Pfeifen zu empfehlen. Diese speziellen Pfeifen sind durch Nummern gekennzeichnet, jede Pfeife hat ihren eigenen, ganz individuellen Ton.

Nicht nutzen würde ich Hochfrequenzpfeifen, die für uns Menschen nicht wahrnehmbar sind. Die Idee eines „lautlosen" Rückrufs ist zwar schön, doch woher weiß ich als Mensch, dass wirklich ein Ton bei meinem Hund ankam?

Bezugsadressen gibt es auch hier im Anhang.

Alles verstaut – eine Bauchtasche leistet gute Dienste.

Ihr Bild von einem gelungenen Freilauf

Was ist denn eigentlich ein gelungener Freilauf? Wie sieht dieser genau aus? Dieses Bild ist für jeden Menschen anders.

Für mich beispielsweise ist es ein gelungener Freilauf, wenn ich mit meinem Hund zusammen durch die Natur streifen kann – und nicht jeder getrennt für sich seiner Wege geht. Ich wünsche mir einen Hund, der immer wieder von sich aus den Kontakt zu mir sucht, mich anschaut und in meiner Nähe bleibt.

Wenn mein Hund durch die Gegend läuft, dann darf er in aller Ruhe und Ausgiebigkeit Sträucher abschnüffeln und auf dem Weg hin – und herrennen.

Zudem wünsche ich mir, dass er sofort zu mir kommt, wenn ich ihn rufe und er außerdem Menschen, Jogger und auch andere Hunde nicht belästigt.

Wie stellen Sie sich Ihren Hund im Freilauf vor?

Versuchen Sie sich ein genaues Bild davon zu machen. Wie weit darf Ihr Hund sich von Ihnen entfernen? Darf er einige Meter in den Wald hinein oder soll er nur auf dem Weg bleiben?

Erst, wenn Sie genau wissen, wie sich Ihr Hund eigentlich verhalten soll, können Sie mit dem Training beginnen, denn dann haben Sie ein Ziel vor Augen.

Wenn Sie nun mit dem Training starten, zerlegen Sie dieses große Endziel in kleinere Etappen und arbeiten Sie sich Stück für Stück voran.

Wie sag ich's meinem Hund? – Markersignale

Grundlage eines jeden guten Trainings ist eine gut funktionierende Kommunikation. Wenn diese nicht reibungslos klappt, ist auch ein Training nicht möglich – wie sollen wir uns sonst dem Gegenüber verständlich machen?

Wir als Menschen können lernen, unsere Hunde zu lesen und unsere Hunde können auch lernen, uns zu lesen. Doch miteinander sprechen und dem anderen antworten, das können wir leider nicht. Hier ist ein kleiner Helfer nötig, der für beide, für Mensch und Hund, eine spezielle Information übermittelt.

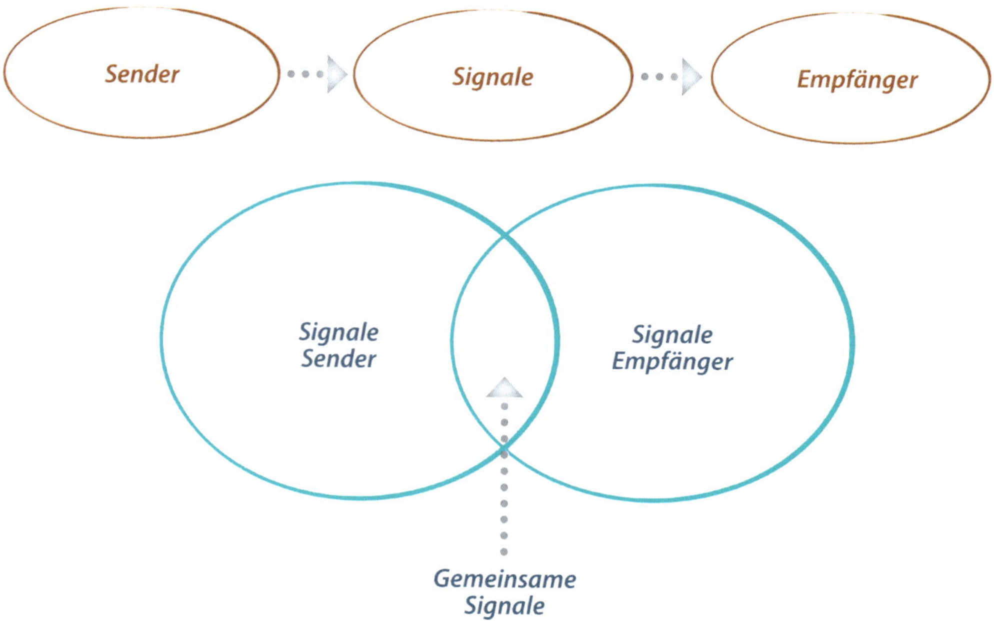

Ein solcher Kommunikationshelfer ist das Markersignal. Ein Markersignal kann ein Wort wie „Yes", ein Geräusch „Clicker", eine Berührung „Anstupsen an Schulter" oder ein optisches Signal „Daumen nach oben" sein.

Dieses Markersignal gibt dem Hund eine ganz gezielte Information, nämlich „Das, was du gerade gemacht hast, war richtig!". Einfach und vollkommen ehrlich.

Um ein deutlicheres Bild von einem Markersignal zu bekommen, stellen Sie sich ein beschriebenes Blatt Papier mit Inhalt zu einem bestimmten Thema vor. Nun nehmen Sie einen Leuchtstift und markieren damit die wichtigsten Passagen – Sie heben sie hervor.

Und genau das Gleiche macht das Markersignal mit Verhalten – es hebt das wichtige Verhalten hervor und gibt ihm eine Bedeutung.

Gut zu wissen

Hunde lernen über zwei verschiedene Arten: Klassische und operante Konditionierung. Bei der klassischen Konditionierung bekommt ein Reiz eine emotionale Bedeutung für den Hund, er wird mit einem anderen Reiz verknüpft. Viele Hunde reagieren auf die Türklingel mit Gebell. Sie haben gelernt: Türklingel = Aufregung. Die operante Konditionierung hingegen gibt einem Verhalten eine Funktion, es folgt eine Konsequenz. Diese kann für den Hund angenehm (Hund bekommt Leckerli) oder unangenehm (Hund wird angeschrien) ausfallen. Der Hund lernt also, dass ein Verhalten eine Konsequenz nach sich zieht. Ein gutes Beispiel hierfür wäre der Rückruf: Kommt der Hund auf Zuruf zu seinem Menschen, gibt es ein Leckerli – die Konsequenz für sein vorheriges Verhalten.

Kennen Sie das? Sie gehen in die Küche und öffnen den Kühlschrank – und schwupps, steht Ihr Hund erwartungsvoll vor Ihnen! Das Öffnen der Kühlschranktür war zu Beginn vollkommen bedeutungslos für ihn, doch vielleicht hat er direkt danach einmal ein paar Extras bekommen und schon hat die klassische Konditionierung zugeschlagen. Der Hund hat nun eine positive Erwartungshaltung, sobald die Kühlschranktür geöffnet wird. Bei der klassischen Konditionierung lernt der Hund, dass ein zuvor unbedeutender Reiz eine spezielle Bedeutung bekommt.

Wie erklären wir unserem Hund diese Bedeutung?

Ihr Hund kennt die Bedeutung des Markersignals bis jetzt noch nicht. Um ihm diese Bedeutung näher zu bringen, sind zwei Dinge nötig:

- *Ein Markersignal:* Suchen Sie sich ein Markersignal aus, mit dem Sie zukünftig arbeiten möchten. Das kann der Clicker oder auch ein bestimmtes Wort sein. Der Clicker hat den Vorteil, dass er immer gleich klingt, sich von unserer Stimme abhebt und dadurch oft leichter zum Hund durchdringt. Ein Wort haben Sie natürlich immer dabei – geeignet wären hierfür Wörter wie „Yes, Klick, Top, Zack" – kurz, prägnant und nicht häufig im Alltag benutzt. Gerne können Sie auch beides aufbauen und je nach Situation einsetzen.

- *Tolle Belohnungen:* Der Marker muss für Ihren Hund eine Bedeutung bekommen, deshalb bekommt er nach dem Marker eine Belohnung. Eine Belohnung kann alles sein, von Leckerlis über Stimmlob bis zu Spielen und Streicheln. Mehr zu diesem Thema finden Sie im nächsten Kapitel. Nehmen wir doch zu Beginn ein paar Leckerlis. Nach und nach können Sie das Belohnungssystem ausbauen.

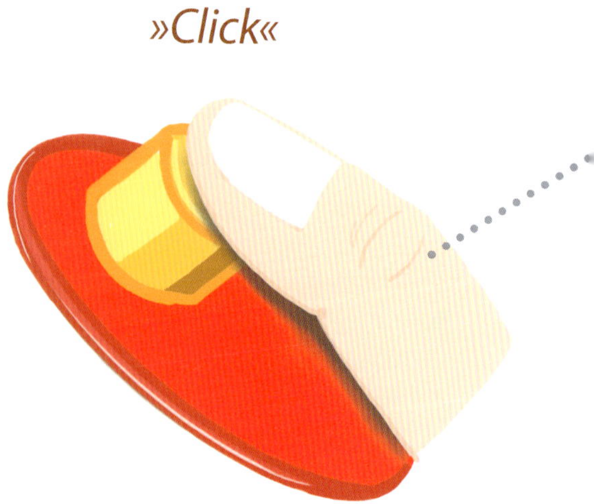

Jetzt sind wir bereit und können starten.

Sagen Sie das Markersignal oder drücken Sie den Clicker. Anschließend greifen Sie in Ihre Tasche und zaubern für Ihren Hund ein Leckerli hervor, das Sie ihm geben.

Wichtig!

Erst das Markersignal sagen und dann in die Tasche greifen! Nicht gleichzeitig! Der Aufbau des Markers erfolgt über klassische Konditionierung. Damit das funktioniert, müssen die zu verknüpfenden Reize nacheinander folgen.

Wiederholen Sie diesen Ablauf circa zehn Mal hintereinander und machen Sie drei Durchgänge. Bewegen Sie sich dabei durch den Raum und verändern Sie Ihre Positionen, sodass Ihr Hund das Markersignal nicht nur mit etwas Statischem verknüpft.

Versuchen Sie das Markersignal mit so vielen verschiedenen Belohnungen wie möglich zu verknüpfen. Sie verleihen ihm dadurch eine emotionale Bedeutung. Das ist enorm wichtig, denn im Alltag und auch in Stresssituationen selektiert das Hundehirn aus allen Reizen die für es wichtigen aus. Wichtigkeit wird stark an der emotionalen Wertigkeit gemessen. Je mehr positive Emotionen der Marker auslöst, desto leichter fällt es dem Hundehirn, diesen wahrzunehmen und je mehr rücken wir als Mensch in den Mittelpunkt.

Der Marker ist nun aufgebaut und bereit für den Einsatz im Alltag.

Wir nutzen den Marker als Kommunikationshilfsmittel, der Ihrem Hund zukünftig mitteilt:

„Das, was du gerade gemacht hast, war super, dafür bekommst du nun eine Belohnung." Wir verbinden also ganz effektiv und bewusst gezeigtes Verhalten mit einer positiven Konsequenz für den Hund und gehen so in die operante Konditionierung über. Ihr Hund lernt so auf einfachem Weg, welche Verhaltensweisen sich für ihn lohnen und welche nicht. Toll, oder?

Nehmen Sie sich ein paar Tage und lernen Sie, das Markersignal in Ihren Alltag zu integrieren. Ihr Hund schaut Sie von sich aus an – Klasse – Marker und Belohnung. Ihr Hund hört auf ein Signal – Marker und Belohnung. Ihr Hund läuft an lockerer Leine – Marker und Belohnung.

Bitte merken!

Ein Markersignal ist ein Versprechen auf eine Belohnung. Es dient uns als Kommunikationshilfsmittel und ersetzt nicht die Belohnung.

Der Clicker kündigt die Belohnung an, er ersetzt sie nicht.

Effektiv Feedback geben – Belohnungen

Verhalten wird durch seine Konsequenzen bestimmt! Das ist eine goldene Regel im Tiertraining. Ein Hund tut also etwas, weil das Verhalten für ihn positive Konsequenzen nach sich zieht, oder aber unterlässt ein bestimmtes Verhalten, weil die Konsequenzen für ihn unangenehm sind.

Möchten wir also das Verhalten unseres Hundes nach unseren Wünschen formen, haben wir zwei Möglichkeiten: entweder wir verändern die Ursache des Verhaltens oder aber die Konsequenz. Die Ursachen lösen ein Verhalten aus, sind jedoch durch die Unberechenbarkeit der Umwelt nicht immer leicht zu verändern. So können wir beispielsweise nicht vorhersagen, ob ein Hase nur mal ganz langsam über die Wiese hoppelt

Der Leckerliwurf

oder der Fußgänger nicht um die Ecke biegt. Bei den Konsequenzen sieht es da schon anders aus. Hier haben wir viel Einfluss.

Konsequenzen verändern – Feedback geben und situationsbezogen belohnen

Also dann mal los, machen wir uns Gedanken über die Konsequenzen, die wir nach einem Verhalten unserem Hund bieten können. Was sind positive Konsequenzen für einen Hund? Alles, was Ihr Hund toll findet und gerne tut, kann als Belohnung eingesetzt werden und ist somit eine positive Konsequenz für ihn.

Leckerlis und Spielzeug sind die gängigsten Belohnungen beim Hundetraining – doch es gibt noch so viel mehr. Die Bandbreite reicht von Alltagsbelohnungen wie Schnüffeln schicken, etwas beobachten dürfen, auf einen umgefallenen Baum hüpfen, einen anderen Hund begrüßen oder buddeln dürfen.

Merke!

Nur wenn die gewählte Belohnung die aktuelle Stimmung des Hundes trifft, verstärkt sie das vorangegangene Verhalten.

Alles schön und gut, aber wie finde ich nun andere Belohnungen für meinen Hund und setze sie ein, denken Sie sich nun vermutlich.

Nehmen Sie sich Stift und Zettel und notieren Sie sich hierauf alle Dinge, die Ihr Hund draußen gerne tut.

Gemeinsam rennen kann eine tolle Belohnung darstellen.

Bei meinem Hund „Lenni“ würde hier Folgendes stehen:

- Rennen
- Schnüffeln
- Buddeln
- Ins Wasser hüpfen
- Umgebung scannen
- Wild beobachten
- Spuren verfolgen
- Von mir gejagt werden
- Spielzeug suchen
- Leckerlis suchen
- Zugeworfene Leckerlis fangen
- Von einer Karotte abbeißen
- Zu Hunden hinlaufen

Bei meiner Hundeoma Sheila sieht das mittlerweile anders aus:

- Tricks ausführen
- Spielzeug bringen
- Leckerlis suchen
- Am Popo gekrault werden
- Buddeln
- Hinter etwas her hetzen
- Abstand zu anderen Hunden halten
- Einfach bei mir sein dürfen
    - In Ruhe alles abschnüffeln

Jetzt wissen Sie genau, was Ihren Hund draußen alles bewegt, was ihn interessiert. Und diese Dinge können Sie nun bewusst als Belohnung einsetzen.

Wie sage ich meinem Hund denn, dass er nun schnüffeln darf? Geben Sie dem Verhalten einen Namen. Immer, wenn Ihr Hund dieses bestimmte Verhalten zeigt, benennen Sie es.

Als Beispiel: Ihr Hund scannt gerne die Umgebung.

Warten Sie ab, bis Ihr Hund dieses Verhalten zeigt. Nun benennen Sie es mit „Gucken" und direkt danach folgt sein Markersignal und ein verbales Lob. Möchte er ein Stückchen Futter haben, ist das auch okay. Wiederholen Sie diesen Ablauf mehrmals.

Weiß Ihr Hund nach einiger Zeit, dass „Gucken“ bedeutet, dass er seine Umgebung mit Blicken absuchen darf, können Sie es effektiv als Belohnung einsetzen. Ihr Hund hört in wildreichen Gebiet sofort auf seinem Namen? Super. Markern Sie das und als Belohnung darf er „gucken“.

Das Spiel können Sie mit allen anderen Verhaltensweisen genauso durchführen.

Bitte merken!

Eine gute Belohnung befriedigt immer das aktuelle Bedürfnis des Hundes.

Versuchen Sie, beim Belohnen kreativ zu sein und so oft es geht die aktuelle Motivation Ihres Hundes zu treffen.

Gut zu wissen!

„Gewalt beginnt dort, wo Wissen endet!" Im Hundetraining ist es nicht ratsam, Konsequenzen einzusetzen, die den Hund einschüchtern oder ihm sogar Schmerzen zufügen, egal ob in physischer oder psychischer Hinsicht. Das Verhalten des Hundes würde hier lediglich gehemmt werden, er lernt aber absolut nicht, welches Verhalten er denn stattdessen zeigen soll. Solche Strafreize sind weder fair noch nötig. Sie lösen lediglich eine Erwartungsunsicherheit beim Hund aus und das Vertrauen in seinen Menschen schwindet nach und nach. Dies ist außerdem auch aus ethischen Gründen abzulehnen.

Aus diesem Grund kann ich nachfolgende Hilfsmittel absolut nicht empfehlen:

Stromhalsband (tierschutzrechtlich verboten)
Sprühhalsband
Wasserpistole
Wurfdiscs

Ablenkungsliste

Ablenkungen erschweren uns das Leben und auch das Training mit unserem Hund. Um eine solide Alltagstauglichkeit unseres Hundes zu erlangen, müssen wir die Ablenkungen in der Umwelt als Herausforderung sehen und mit ihnen statt gegen sie arbeiten.

Also los geht's … machen wir die Ablenkungen zu unseren Freunden. Überlegen Sie sich, was Ihren Hund alles ablenkt. Es ist erst einmal egal, welche Ablenkungen das sind, egal ob ganz schwache oder riesengroße.

Damit Sie auf Ideen kommen, wie so etwas aussehen könnte, hier ein paar Beispiele:

- auf den Hund zukommende andere Hunde
- Wildspuren
- Schnüffelstellen
- Jogger
- Rascheln im Gebüsch
- Ihre Freunde begleiten Sie beim Spaziergang.

Jetzt sind Sie an der Reihe. Listen Sie alle möglichen Ablenkungen für Ihren Hund auf.

Haben Sie eine Liste zusammen, ist der erste Schritt geschafft. Nun sortieren Sie alle Ablenkungen nach Ablenkungsgrad für Ihren Hund. Teilen Sie sie in schwache, mittlere und starke Ablenkungen ein.

Jetzt haben Sie einen Überblick, was Ihren Hund draußen alles ablenkt. Im Training beginnen wir immer zuerst bei den schwachen Ablenkungen und arbeiten uns dann nach und nach weiter nach oben zu stärkeren Ablenkungen.

Überlegen Sie sich immer, wenn einmal etwas nicht klappt … konnte Ihr Hund das Geforderte bei dieser Ablenkung bereits sicher zeigen?

Kleiner Tipp

Betrachten Sie Ablenkungen nicht als Gegner, sondern als Helfer, um Ihren Hund alltagssicher zu machen.

Der richtige und sichere Umgang mit der Schleppleine

Um einen sicheren Freilauf zu bekommen, ist das oberste Gebot, unerwünschtes Verhalten, also weglaufen oder nicht auf Signale reagieren, zu verhindern. Dies kann am einfachsten durch eine Schleppleine geschehen.

Länge und Material der Schleppleine

Die Länge der Schleppleine ist abhängig von der Größe Ihres Hundes sowie Ihrer Standkraft und sollte daran angepasst werden. Ich empfehle gerne Schleppleinen mit einer Länge zwischen fünf und fünfzehn Metern.

Beim Material scheiden sich die Geister. Hier ist es wichtig, dass Ihnen das Material gut in der Hand liegt und Sie damit umgehen können.

Ich selbst nutze Schleppleinen aus Leder und Biothane. Probieren Sie aus, welches Material Ihnen angenehm in der Hand liegt.

Doch dem Hund nun einfach zehn Meter zur Verfügung zu stellen und das Ende der Leine zu halten, wäre nicht so glorreich. Sie und auch Ihr Hund könnten sich verletzen. Legen Sie sich die Leine locker in Schlaufen in eine Hand (nicht um die Hand!), mit der anderen können Sie Ihrem Hund mehr Leine geben oder nachfassen, wenn Ihr Hund weniger Leine benötigt.

Versuchen Sie, einen maximalen Leinenspielraum von zwei bis drei Metern zu halten, so ist es Ihnen möglich, auch bei einem plötzlichen Spurt Ihres Hundes die Leine sicher zu halten.

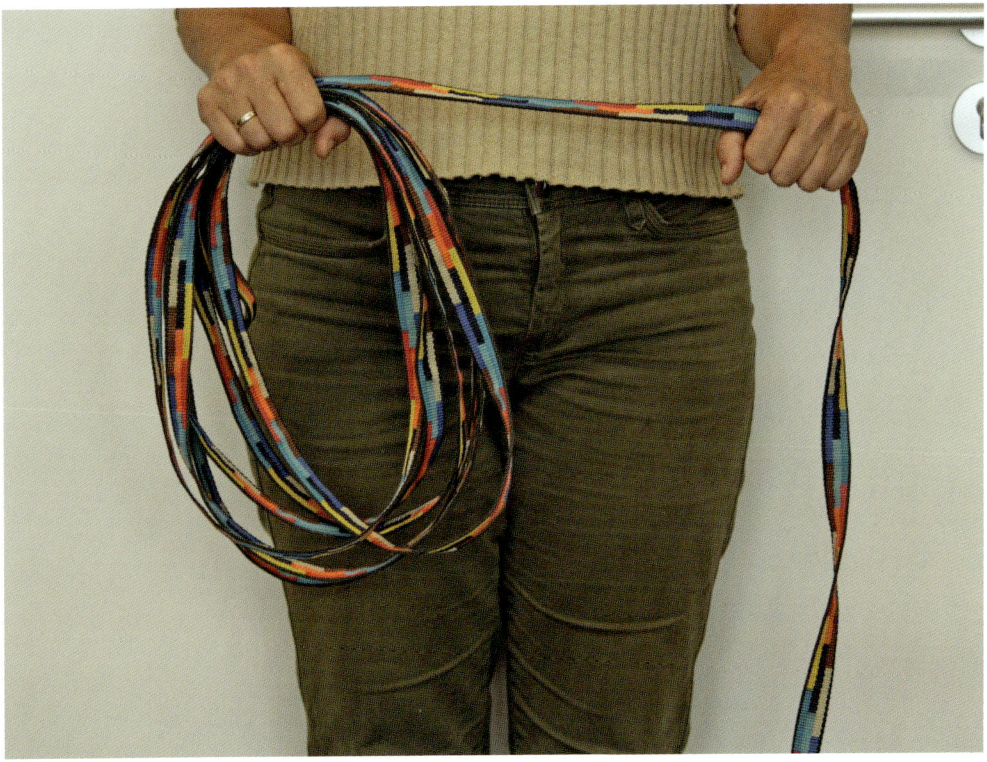

Bitte beachten!

Eine Schleppleine gehört immer am Brustgeschirr befestigt, niemals am Halsband des Hundes. Läuft Ihr Hund einmal mit Schwung in die Leine, sei es, weil Sie ihn ausbremsen oder weil sich die Leine in einem Ast verhakt hat, ist am Halsband das Verletzungsrisiko viel zu hoch. Vor allem zu Beginn des Trainings, wenn Ihr Hund den Radius noch nicht wirklich einhält, eignet sich zusätzlich noch ein Ruckdämpfer.

Schleppleine auf Dauer?

Nein, da kann ich Sie beruhigen. Sie brauchen nicht immer und ewig die Schleppleine zu verwenden. Nur so lange, wie Sie sie benötigen, um sich sicher zu fühlen und Ihr Hund auf die Basissignale gut reagiert. Diese finden Sie in den nächsten Kapiteln. Kooperiert Ihr Hund bei allen Signalen und in allen Situationen mit Ihnen, ist es an der Zeit, die Schleppleine nach und nach abzubauen. Auch hier gibt es verschiedene Möglichkeiten:

Beginnen Sie zunächst die Schleppleine nicht mehr in der Hand zu halten, sondern sie am Boden schleifen zu lassen. Führen Sie Ihre Übungen und Routinen hier genauso durch, als ob Sie die Schleppleine in der Hand hätten. Klappt das auch sehr gut, geht es weiter.

Die gängigste Methode, um die Schleppleine loszuwerden, ist das Verwenden von immer kürzer werdenden Schleppleinen. Nutzen Sie aktuell eine Schleppleine von zehn Metern Länge, dann würde sich als nächstes eine acht Meter Schleppleine zum Trainieren anbieten. Läuft der Freilauf hier auch noch rund, dann können Sie weiter kürzen, bis nur noch ein kurzes Stück am Geschirr des Hundes hängt.

Ich bevorzuge jedoch die Variante „Freilauf auf Zeit". Suchen Sie sich einen Ort aus, an dem Sie sich wohl fühlen und der für einen Freilauf gut geeignet ist. Sind Sie dort mit Ihrem Hund angelangt, klinken Sie die Leine komplett von Ihrem Hund ab – aber nur für eine gewisse Zeitspanne. Am Anfang vielleicht eine halbe Minute oder Minute. Und dann hängen Sie die Leine wieder an. Nach und nach können Sie diese Zeitspanne ausdehnen.

Tipp

Gehen Sie mit Ihrem Hund draußen immer so spazieren, als ob keine Schleppleine an Ihrem Hund befestigt wäre. Die Schleppleine ist lediglich zum Sichern Ihres Hundes da, nicht zum Ziehen.

Freilauf beginnt im Auto – entspanntes Aussteigen

Ein Spaziergang beginnt nicht erst auf der Freilaufstrecke oder dem Waldweg, sondern schon sehr viel früher – beim Herausgehen aus der Tür bzw. beim Aussteigen aus dem Auto.

Damit unser Hund im Freilauf auch gut auf uns reagieren kann, ist ein niedriges Erregungsniveau von Vorteil. Die Erregung, die Ihr Hund an der Tür bzw. am Auto hat, nimmt er eins zu eins auf die Gassirunde mit.

Ist er schon auf hundertfünfzig beim Start des Gassigangs, wie soll er dann entspannt im Freilauf reagieren können?

Wir legen also mit dem Training direkt am Auto los. Ihr erstes Ziel sollte sein, dass Ihr Hund ruhig im Auto warten kann, bis Sie ihn herausholen. Und auch nach dem Aussteigen geht es noch nicht sofort los.

Das Leckerli wird direkt in den Kofferraum gelegt und nicht aus der Hand gegeben.

Trainingsschritte

Sie öffnen die Tür Ihres Autos bzw. die Heckklappe. Bleibt Ihr Hund sitzen, verstärken Sie dieses Verhalten sofort mit Ihrem Markersignal und legen Ihrem Hund ein Leckerli direkt zu seinen Füßen.

Tipp

Ich empfehle, das Leckerli wirklich auf den Boden zum Hund zu legen und nicht aus der Hand zu füttern. Mit dieser Geste machen Sie Ihrem Hund deutlich, dass der Boden (Kofferraum, Box, Rücksitzbank) eine Bedeutung hat und er das Futter nicht aus Ihrer Hand zu erwarten hat.

Sollte Ihr Hund einer von der vorwitzigen Sorte sein und sofort aus dem Auto springen, fordern Sie ihn auf, wieder einzusteigen. Öffnen Sie beim nächsten Mal die Türe langsamer. Sollte sich Ihr Hund durchdrängeln wollen, schließen Sie die Tür kommentarlos wieder.

Alternativ können Sie Ihren Hund auch im Auto mit einer Leine sichern und diese im Auto befestigen. So verhindern Sie vorerst ebenfalls das plötzliche Herausspringen.

Wiederholen Sie den Marker und legen Sie die Belohnung immer wieder zu Ihrem Hund, bis er ruhig im Auto sitzt.

Bleibt Ihr Hund sicher im Auto sitzen, ohne dass Sie ihn dazu durch ein Signal aufgefordert oder zurückgehalten haben, geht es an das Aussteigen.

Überlegen Sie sich ein bestimmtes Signal, auf das hin Ihr Hund das Auto verlassen darf. Bei mir ist es eine Handberührung an der Brust meiner Hunde. Durch dieses eindeutige Signal wissen sie genau, dass sie herausdürfen. Ein „Hopp" oder „Okay" finde ich nicht so empfehlenswert, da das Erregungsniveau des Hundes dadurch wieder nach oben gehen kann.

Nun darf Ihr Hund aussteigen. Fordern Sie ihn mit dem von Ihnen ausgesuchten Signal dazu auf. Jetzt haben wir mehrere Möglichkeiten, um die Aufmerksamkeit

Aufmerksamkeit nach dem Aussteigen.

Ihres Hundes zu erlangen. Ziel sollte sein, dass Ihr Hund nach dem Aussteigen relativ zügig mit Ihnen Kontakt aufnimmt.

Sie können ihn entweder durch das Ansprechen mit seinem Namen aufmerksam machen oder aber durch ein anderes Signal, das bedeutet, dass Ihr Hund zu Ihnen sehen soll. Tut er das, folgen natürlich wieder Marker und Belohnung.

Kann Ihr Hund nach dem Aussteigen überhaupt nicht zu Ihnen schauen, weil er so abgelenkt ist, geben Sie ihm etwas Zeit und warten Sie ab, bis eine Reaktion von ihm in Ihre Richtung kommt. Diese können Sie wie gehabt markieren und belohnen.

Eine andere Möglichkeit wäre, dass Sie Ihren Hund mit einem Leckerli direkt aus dem Auto führen und die Aufmerksamkeit so sofort auf sich lenken.

Probieren Sie aus, was Ihnen und Ihrem Hund am meisten liegt.

Bleiben Sie solange am Auto stehen, bis Ihr Hund ruhig neben Ihnen steht oder sitzt, erst dann schließen Sie das Auto und gehen los.

Du bist gemeint – der Name als Check in – Signal

Sei es, dass wir unseren Hund abrufen möchten, dass er sich auf die Seite setzen und warten oder uns Aufmerksamkeit schenken soll – wir brauchen dazu ein Aufmerksamkeitssignal. Dieses Signal ist im Allgemeinen der Name des Hundes.

Der Name des Hundes soll die Bedeutung haben: „Ich meine Dich, werde aufmerksam." Er bedeutet nicht, dass unser Hund uns anschauen muss!

Der Name als Umorientierungssignal dient als Check in – Signal in die Menschenwelt und hilft, unseren Hund auf die kommende Aufgabe vorzubereiten. Jeder Aufmerksamkeitswechsel eines Hundes von einer für ihn wichtigen Sache weg hin zu uns wird vom Hundehirn auf seine Dringlichkeit hin überprüft. Das ist der Grund, warum das Training des Namens ein „Premiumtraining" benötigt.

Bevor wir von unserem Hund erwarten können, dass er auf seinen Namen reagiert, muss er zuerst eine Verknüpfung mit dem Namen haben. Um diese Verknüpfung zu erhalten, suchen Sie sich einige tolle Belohnungen aus und bringen Sie diese mit dem Hundenamen in Verbindung.

Sagen Sie den Namen Ihres Hundes, während er in Ihrer unmittelbaren Nähe ist. Sofort danach bieten Sie ihm eine Belohnung an. Bedenken Sie: Ihr Hund muss in diesem ersten Schritt noch absolut nichts für seine Belohnung tun – hier geht es lediglich darum, dass er eine positive Erwartungshaltung hat, wenn er seinen Namen hört.

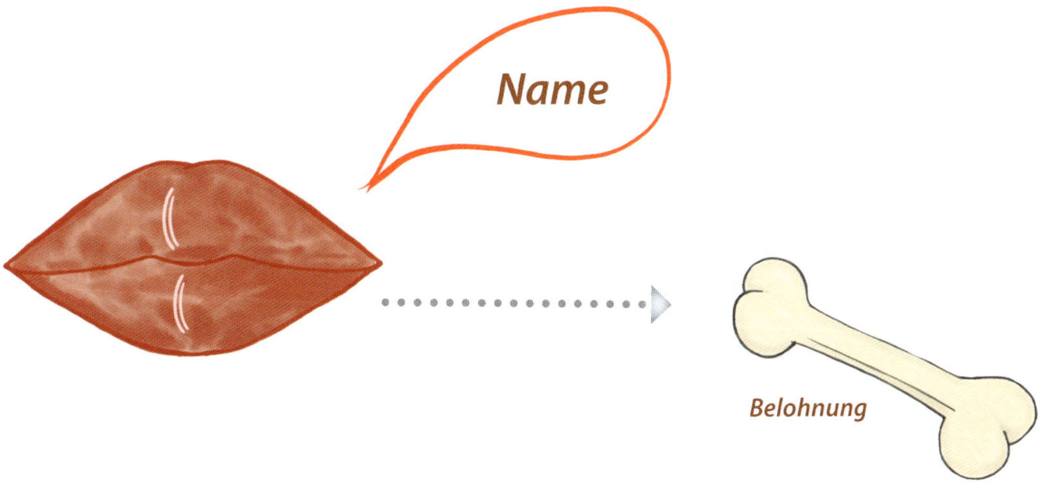

Nach etwa zehn Wiederholungen können Sie eine Stufe weitergehen. Jetzt möchten wir erreichen, dass Ihr Hund auf seinen Namen eine Reaktion zeigt.

Sagen Sie den Namen Ihres Hundes und warten auf eine Reaktion von ihm. Das könnte ein Ohrzucken sein oder aber auch ein Blick in Ihre Richtung. Diese Reaktion fangen Sie sofort mit dem Marker ein und geben Ihrem Hund anschließend eine Belohnung.

Wichtig!

Der Name soll für den Hund etwas Positives sein. Versuchen Sie aus diesem Grund, den Namen nur in positiven Situationen zu verwenden, vor allem zu Beginn des Trainings.

Name

Fixiert etwas

Ziel ist es, dass Ihr Hund auf seinen Namen reflexartig reagiert. Das ist auch nötig, um ihn aus diversen für ihn interessanten Situationen herauszuholen. Setzen Sie 40 – 50 Übungen pro Trag an, unabhängig davon, wie oft Sie den Namen wirklich gebrauchen.

Auch jetzt noch übe ich mit meinen beiden Hunden deren Namen auf jedem Spaziergang, um weiterhin eine schnelle Reaktion beizubehalten.

„Extra-Tipp"

Wenn wir Zuhause über unsere Hunde sprechen oder aber einmal herumnörgeln, haben wir einen separaten Nörgelnamen eingeführt. Die Hunde wissen so nicht, dass sie gemeint sind und wir verbauen uns nicht die positive Verknüpfung.

Was tun, wenn es mal nicht klappt?

Im Alltagstraining ist die Umwelt unser größter Gegner. Aus diesem Grund ist es vollkommen normal, dass vor allem zu Beginn des Trainings nicht immer alles zu hundert Prozent klappt. Doch wie verhält man sich dann am besten?

Wiederholen Sie den Namen Ihres Hundes erneut und geben ihm nochmals ein paar Sekunden Zeit zu reagieren. Reagiert er immer noch nicht, bringen Sie sich in eine bessere Erscheinung, indem Sie sich direkt neben oder sogar vor Ihren Hund stellen; stören Sie ihn bei seinem Tun. Loben Sie nun jede kleine Reaktion in Ihre Richtung.

Achten Sie in diesen Situationen darauf, dass sich Ihr Hund nicht selbst belohnen kann, indem Sie die Leine kurz halten und Ihrem Hund so das Weiterlaufen und Schnüffeln erschweren.

Reagiert er wieder nicht, dann nehmen Sie ihn mit Hilfe des Geschirrs oder der Leine aus der Situation heraus. Versuchen Sie Ihr Glück an einer anderen Stelle erneut.

Freilauf formen – Buffet-Übung

Unsere Hunde zeigen über den Tag verteilt viele Verhaltensweisen – manche davon gefallen uns gut, andere weniger. Aber eines ist sicher: Vor jedem unerwünschtem Verhalten hat der Hund etwas gezeigt, das für uns akzeptabel war.

Beispiele:

- Bevor Ihr Hund in den Wald abgedüst ist, hat er erst kurz hineingeschaut.
- Bevor er an der Leine gezogen hat, war die Leine locker.
- Bevor er zu weit entfernt war, hatte er noch einen passablen Radius um Sie herum.

Stellen Sie sich das ganze Hundeverhalten wie ein Buffet vor. Gehen Sie in ein Restaurant zum Buffetessen, nehmen Sie sich auch nur das vom Buffet, was Ihnen wirklich schmeckt. Den Rest lassen Sie links liegen. Das, was Sie immer wieder auf Ihren Teller laden, wird immer wieder aufgefüllt, der Rest wird immer weniger, vielleicht sogar gar nicht mehr aufgefüllt. So können Sie das analog mit dem Hundeverhalten sehen. Sehen Sie das ganze Hundeverhalten wie auf einem Buffet. Schenken Sie allen Verhaltensweisen, die Ihnen gefallen oder die vor dem unerwünschtem Verhalten gezeigt wurden, besondere Aufmerksamkeit.

Fangen Sie jedes Verhalten mit dem Markersignal ein und geben Sie Ihrem Hund dafür eine Belohnung.

Nach und nach wird das von Ihnen verstärkte Verhalten häufiger und intensiver gezeigt werden, das Unerwünschte rückt mit der Zeit in den Hintergrund. So formen Sie sich nach und nach schon tolle Verhaltensweisen Ihres Hundes.

Orientierungs-/Radiustraining

Einen Hund, der von sich aus immer wieder Kontakt zu uns aufnimmt und kurz bei uns vorbeischaut, das wünschen wir uns, oder?

Dieser Wunsch ist gar nicht so schwer zu erfüllen. Hierzu muss Ihr Hund nur lernen, dass es sich lohnt, bei Ihnen zu bleiben und mit Ihnen kurze Rücksprachen zu halten.

Hierfür habe ich Ihnen zwei Übungen zusammengestellt.

Freiwilliger Blickkontakt

Wenn Ihr Hund stetig freiwillig zu Ihnen schaut, ist das super. Dieser freiwillige Blickkontakt verkörpert Orientierung an Ihnen, Rücksprache, was gerade ansteht und signalisiert Ihnen, dass Ihr Hund mit seiner Aufmerksamkeit immer noch bei Ihnen und nicht in die Umwelt abgetaucht ist.

Damit Ihr Hund lernt, öfters nach Ihnen zu schauen, dürfen Sie von nun an jeden einzelnen Blick zu Ihnen verstärken und gebührend belohnen.

Nutzen Sie auch die ersten Ansätze eines Blickkontakts und loben Sie diese. Ihr Hund wird so nach und nach begreifen, dass der Blickkontakt zu seinem Menschen lohnenswert ist.

Sollte Ihr Hund aktuell überhaupt nicht zu Ihnen sehen, sondern in der Umwelt abgetaucht sein, können Sie Folgendes tun: Halten Sie die Schleppleine in der Hand und bleiben Sie einfach stehen. Sie halten die Leine in der Hand, hin-

dern Ihren Hund daran, einfach wegzumarschieren und warten ab. Das kann manchmal schon einige Minuten dauern. Seien Sie aber bereit für den ersten Blick bzw. die erste Orientierung in Ihre Richtung. Genau diese fangen Sie sofort mit dem Markensignal ein und belohnen sie fürstlich. Dann warten Sie wieder und das Spiel beginnt von Neuem.

Diese kleine Übung können Sie immer wieder durchführen, auch wenn Ihr Hund später einmal aufgeregt wird und die Orientierung zu Ihnen abnimmt. Sie hilft ihm, den Fokus wieder vermehrt auf Sie zu richten.

Da lang

Eine weitere Übung, mit der Ihr Hund lernt, mehr in Ihrer Nähe zu bleiben, ist folgende Übung: Bei mir gibt es ein Signal, das bedeutet „Wir gehen in diese Richtung, orientiere Dich an mir." Ich sage dazu „Da lang".

Gehen Sie nun auf eine große Wiese, nehmen die Schleppleine in die Hand und laufen los. Ist Ihr Hund ein paar Meter vor Ihnen, geben Sie das neue Signal „Bello, da lang" und laufen anschließend in eine andere Richtung.

Folgt Ihr Hund sofort, erhält er natürlich gleich einen Marker und eine Belohnung.

Folgt er nicht, wird er durch die Leine ausgebremst. Bauen Sie nun einen leichten Zug – bitte keinen Ruck! – auf die Leine auf und nehmen Sie Ihren Hund bestimmt in die von Ihnen gewählte Richtung mit. Sobald er freiwillig zu folgen beginnt, erhält er wieder sein Markersignal und eine Belohnung.

Wiederholen Sie diese Übung so lange, bis Ihr Hund nach einigen Metern von sich aus immer wieder guckt, ob Sie nicht die Richtung wechseln und er folgen muss. Loben Sie das ebenfalls ausgiebig mit dem Marker und einer tollen Belohnung.

Ein schöner Nebeneffekt: Das „Da lang" kann später auch als Richtungsangabe verwendet werden, wenn wir einen Weg gewählt haben und unser Hund das nicht sofort gemerkt hat.

Diese beiden Übungen miteinander kombiniert verhelfen Ihnen zu mehr Aufmerksamkeit und Blickkontakt von Seiten Ihres Hundes.

Eine deutliche Handbewegung zeigt Ihrem Hund den Weg.

Der sichere Rückruf – das A und O

Dass Sie Ihren Hund schnell und sicher zu sich rufen können, ist das A und O eines gelungenen Freilaufs. Nur dann können Sie Ihrem Hund diese Freiheit schenken und ein gelassener Spaziergang ist möglich.

Bevor wir uns aber in das Training des Rückrufs stürzen, möchte ich Sie gerne darauf aufmerksam machen, welche Leistung Ihr Hund beim Zurückkommen vollbringt. Diese Verhaltensweisen zeigt Ihr Hund alle bei jedem Rückruf:

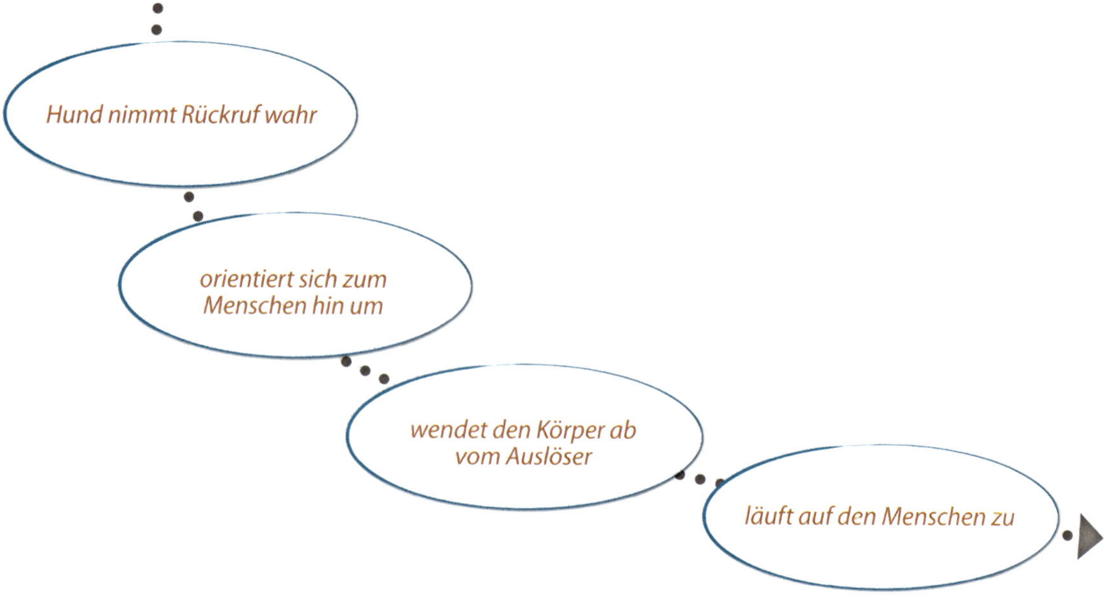

Beachtlich, oder? Unser Hund kommt nicht „einfach" nur so zurück, er muss wirklich viel dafür tun.

Im Alltag begegnen wir vielen Situationen – manchmal reicht ein kurzes Wort aus und unser Hund sitzt sofort neben einem, doch dann kommen die stärkeren Ablenkungen und das einfache Wort reicht schon nicht mehr aus.

Ich möchte Ihnen mehrere Möglichkeiten vorstellen, um für jede Situation den passenden Rückruf zu haben.

Wichtig!

Grundvoraussetzung für einen erfolgreichen Rückruf ist immer ein gut funktionierendes Check-In-Signal, also die schnelle Reaktion Ihres Hundes auf seinen Namen. Klappt dies noch nicht zufriedenstellend, wiederholen Sie zuerst diese Übungen, bevor Sie an den Rückruf gehen.

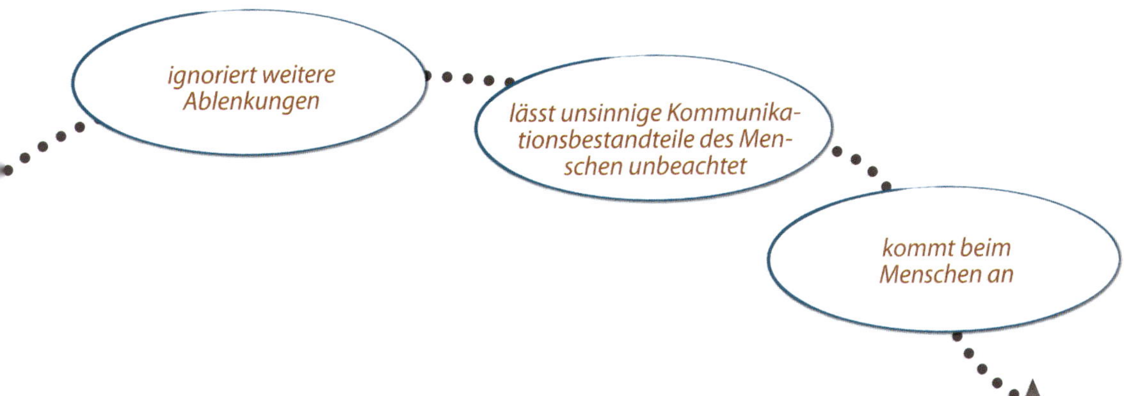

Der einfache Rückruf

Befindet sich Ihr Hund nur ein paar Meter von Ihnen entfernt und eine größere Ablenkung ist nicht in Sicht, reicht oft der einfache Rückruf, um Ihren Hund zu sich zu rufen.

Beim einfachen Rückruf werden zwei Elemente miteinander kombiniert:

- ***eine Handbewegung:***
  Hunde sind Sichtjäger und nehmen Bewegungsreize viel leichter wahr als einen starren Menschen.

- ***ein Wortsignal:***
  um unserem Hund ein akustisches Signal für die Verhaltensweise „Zum Menschen laufen" beizubringen und ihn auch rufen zu können, wenn er mal nicht zu uns schaut.

Nun geht es in den Aufbau. Für die ersten Durchgänge brauchen Sie ein Leckerli in Ihrer Hand.

Ihr Hund befindet sich bei den ersten Übungen direkt neben Ihnen. Er darf das Leckerli gerne sehen, wenn Sie es in die Hand nehmen. Nehmen Sie die Leckerlihand neben sich und führen Sie mit dieser Hand einen kleinen Kreis aus – so, als ob Sie Ihr Handgelenk lockern würden. Bewegen Sie diese Hand im Kreis und geben Sie Ihrem Hund danach sofort ein Leckerli aus dieser Hand. Wiederholen Sie das noch einmal.

Jetzt machen Sie die gleiche Bewegung, nur dabei gehen Sie mehrere Schritte rückwärts. Folgt Ihnen Ihr Hund und geht in Richtung Ihrer Hand – super, die Hand öffnet sich. Ihr Hund hat nun schon eine kleine Ahnung davon, dass die sich bewegende Hand etwas Gutes für ihn bedeuten könnte.

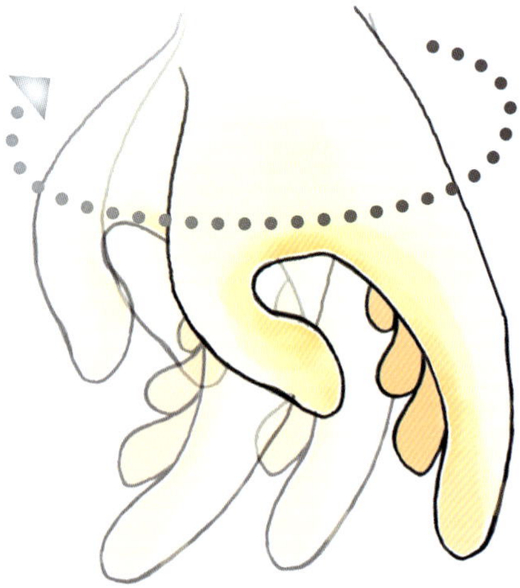

Kreisende Handbewegungen helfen dem Hund als Sichtjäger, bei der Stange zu bleiben.

Lassen Sie Ihren Hund nun ein paar Meter vor sich laufen. Zu einem Zeitpunkt, an dem er noch nicht stark abgelenkt ist, rufen Sie ihn mit seinem Namen. Sobald er zu Ihnen schaut, beginnen Sie mit der Handbewegung und gehen ein paar Schritte rückwärts. Läuft Ihr Hund zu Ihnen, kommentieren Sie das mit seinem Marker und dem Leckerli aus Ihrer Hand.

Wenn Sie sich ziemlich sicher sind, dass Ihr Hund auf die Handbewegung zu Ihnen kommt, ist es an der Zeit, ein Wortsignal einzuführen.

Gut geeignet sind Signale wie „Zu mir" oder „hier". „Komm" würde ich Ihnen nicht unbedingt empfehlen, denn das Wort „komm" wird von den meisten Menschen im Alltag viel zu häufig verwendet: „Komm, wir gehen Gassi", „Los komm schon", „Komm weiter", „komm mit" – um nur ein paar zu nennen. Würden wir jetzt das Wort „Komm" als direktes Rückrufsignal verwenden, wird für unseren Hund nie klar sein, was das Signal genau bedeutet und was genau er tun soll – herkommen, mitlaufen, Gassi gehen …

Um das Wortsignal einzuführen, gehen Sie wie folgt vor: Sie Rufen Ihren Hund wie gewohnt mit seinem Namen. Nach einer Reaktion folgt nun das neue Signal „Zu mir" und anschließend die gewohnte Handbewegung. Ihr Hund lernt nun, das Wortsignal mit dem Sichtzeichen zu verknüpfen.

Den einfachen Rückruf können Sie pro Gassigang zwischen fünf und zehn Mal üben.

Der doppelte Rückruf mit Ankersignal

Wenn die Umwelt die Entscheidung unseres Hundes, zu uns kommen, erschwert, sei es durch andere Hunde oder spannende Gerüche, gibt es ein tolles Trainingswerkzeug, das uns dabei helfen kann, die Aufmerksamkeit unseres Hundes auf uns zu lenken und das ihn dazu bewegt, auf uns zuzulaufen.

Ich spreche hier von dem sogenannten Ankersignal. Das Ankersignal ist ein Signal, das unseren Hund anfeuert, zu uns zu kommen und bringt uns als Mensch gegenüber den Umweltreizen immer wieder in den Vordergrund. Hier haben wir also ein Werkzeug an der der Hand, das uns gegen die Umwelt konkurrenzfähig macht.

Mit Hilfe des Ankers leiten wir unseren Hund vom Zeitpunkt des Rückrufsignals bis zu uns. Er wird stetig daran erinnert, zu uns zu kommen und den Umweltreizen zu widerstehen.

Als Ankersignal sollten Sie ein Wort wählen, das kurz ist, hoch und auch schnell hintereinander gesprochen werden kann. Gut geeignet sind beispielsweise „Go go go", „Hey hey hey" oder „Hep hep hep".

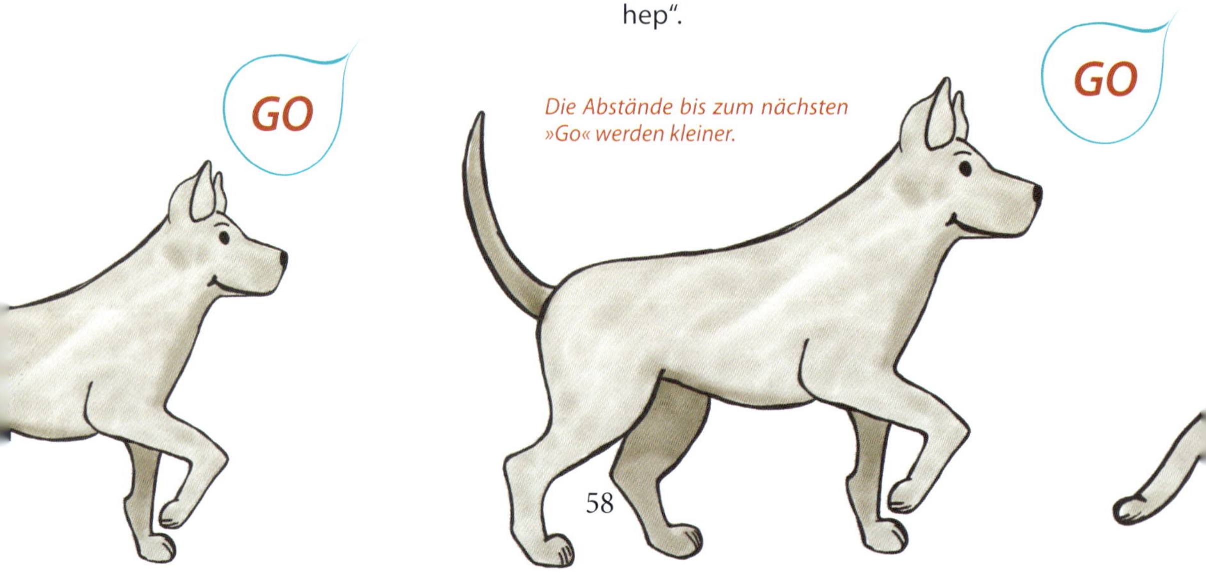

Die Abstände bis zum nächsten »Go« werden kleiner.

Wann immer Ihr Hund auf Sie zuläuft, können Sie das Ankersignal einbinden und gehen wie folgt vor:

Ihr Hund läuft auf Sie zu, Sie beginnen mit dem Ankersignal. Sobald Ihr Hund bei Ihnen ist, markieren und belohnen Sie dieses Verhalten gut.

Situationen, in denen Ihr Hund wahrscheinlich eh schon zügig auf Sie zuläuft, können Sie für das Üben prima verwenden.

Situationen hierfür wären vielleicht :

- einfacher Rückruf
- Aufforderung zum Spiel
- Leckerli werden gestreut
- Sie rennen von Ihrem Hund weg und er läuft hinterher

Das Ankersignal können Sie mit dem Anfeuern von Sportlern vergleichen, die kurz vor dem Ziel sind. Je näher Sie der Zielgeraden kommen, desto schneller und heftiger wird angefeuert.

Wichtig!

Je näher der Hund zu Ihnen kommt, desto öfter nacheinander wird das Ankersignal gegeben.

Der Superschlachtruf

Hilft gar nichts mehr, ist der „Superschlachtruf" das Signal für den Fall der Fälle! Der Superschlachtruf kann ein bestimmtes Wort oder ein Geräusch oder ein Pfiff sein, der dem Hund einen Belohnungsjackpot ankündigt – egal, was er gerade tut.

Als Jackpot könnte verwendet werden:

- eine getrocknete Pansenstange
- ein groooooßer Schwupps aus der Futtertube
- ein ganzes Wienerle
- eine Dose Katzenfutter
- ein bestimmter Ball

Nun müssen Sie sich nur noch überlegen, was Ihr Superschlachtruf sein soll. Ein Wort oder lieber ein Pfiff? Oder beides?

Haben Sie sich entschieden, bauen wir nun den Superschlachtruf auf.

Gehen Sie dazu auf eine ablenkungsarme Wiese oder Waldweg. Sie haben Ihre Belohnung griffbereit. Ihr Hund befindet sich maximal zwei Meter von Ihnen entfernt. Jetzt lassen Sie den Superschlachtruf ertönen. Umgehend danach präsentieren Sie Ihrem Hund seinen Jackpot. Während Ihr Hund frisst oder spielt, feiern Sie ihn, loben Sie ihn hoch hinaus. Ihr Hund soll eine wirklich richtig gute Stimmung bekommen und eine große Portion guter Emotionen.

Beim zweiten Durchgang darf Ihr Hund schon ein paar Meter weiter von Ihnen entfernt sein. Sie lassen wieder Ihren Superschlachtruf ertönen. Doch nun drehen Sie sich um und rennen von Ihrem Hund weg. Während Sie rennen, lassen Sie den Superschlachtruf noch mehrmals ertönen, bis Ihr Hund bei Ihnen ist. Dann kommt natürlich wieder der Jackpot.

Ab jetzt bauen Sie mehr Distanz auf.

Damit der Superschlachtruf wirklich gut sitzt, dürfen Sie ihn über die nächsten vier Wochen hinweg sauber aufbauen. Folgen Sie dabei diesem Plan:

Gut zu wissen!

Der Superschlachtruf funktioniert sehr gut bei Hunden, die sehr futter – oder spielzeugorientiert sind.

Rennen Sie schnell vor Ihrem Hund weg.

Woche 1	Woche 2	Woche 3	Woche 4
3 Mal täglich mit wegrennen	1 Mal täglich nur noch rückwärts laufen	alle 2-3 Tage stehen bleiben	1 Mal in der Woche stehen bleiben

Gründe, warum Ihr Hund doch nicht kommt

- Der Hund hat den zuverlässigen Rückruf noch nicht gelernt.

- Der Rückruf wurde noch nicht in allen Situationen und mit verschiedenen Schwierigkeitsgraden generalisiert.

- Die Ablenkungen waren zu groß.

- Der Hund wurde immer nur gelockt und nicht für das Verhalten „Zurückkommen" belohnt.

- Der Hund hat keine Motivation, heranzukommen, da die Belohnungen ausbleiben.

- Es wird nicht motivationsgerecht bzw. nur eintönig belohnt.

- Dem Hund sind andere Dinge gerade wichtiger (läufige Hündin, Schnüffelstelle, siehe Ablenkung zu groß).

- Der Mensch signalisiert dem Hund körpersprachlich, oft unbewusst, dass er wegbleiben soll, z. B. nach vorne gebeugter Oberkörper, auf den Hund zu laufen.

- Der Mensch hält die Leine schon griffbereit in der Hand und der Hund weiß, dass der „Spaß" nun vorbei ist.

- Das Rückrufsignal wird ständig wiederholt und hat dadurch keine Bedeutung mehr für den Hund (Standortmeldung).

- Es gibt Unstimmigkeiten in der Signalgebung: Komm her, Komm weiter, Komm lass das, Komm geh spielen!

- Der Hund wird von mehreren Personen zur selben Zeit gerufen.

- Der Hund hat mit dem Heranrufen schlechte Erfahrungen gemacht (Strafe).

- Es wird nur der Name des Hundes gerufen, aber kein Signal für den Rückruf gegeben.

- Der Hund wird immer nur dann gerufen, wenn etwas Interessantes wie andere Hunde, Menschen, etc. in der Nähe sind. Der Rückruf bedeutet dann für ihn „hier passiert gleich etwas Spannendes" und Freilauf ist vorbei.

- Der Hund hat den Rückruf schlicht und einfach nicht gehört (Entfernung, laute Nebengeräusche).

- Der Hund ist im Konflikt. Wenn er zu Ihnen kommt, müsste er an etwas vorbei, das ihm Angst macht.

- Ihr Hund ist im „Gespräch" mit einem anderen Hund und muss dieses aus „Höflichkeit" beenden. Würde Ihr Hund aus einer Situation, in denen sich beide Hunde fixieren, einfach umdrehen und wegrennen, würde er dem anderen Hund falsche Signale geben und es könnte zu einer Rauferei kommen. Oder aber ein fremder Hund versperrt Ihrem Hund den Weg zu Ihnen.

- Der Hund muss zuerst seine Grundbedürfnisse stillen (Trinken aus einem Bach).

Begegnungssituationen

Auf Ihren Gassigängen werden Sie immer wieder anderen Menschen, mit oder ohne Hund, oder auch Reitern, Joggern und Fahrradfahrern begegnen.

Seien Sie respektvoll gegenüber Ihren Mitmenschen und lassen Sie Ihren Hund nicht einfach auf diese losstürmen. Manche Menschen haben Angst und auch nicht jeder Hund ist erpicht auf direkten Kontakt.

Aus diesem Grund ist es wichtig, dass Ihr Hund lernt, bei Begegnungen mit Menschen, Hunden, Joggern, Radfahrern oder Reitern zuerst mit Ihnen in Kontakt zu kommen. Anschließend können Sie immer noch entscheiden, ob Ihr Hund zu dem anderen Hund Kontakt aufnehmen darf oder nicht.

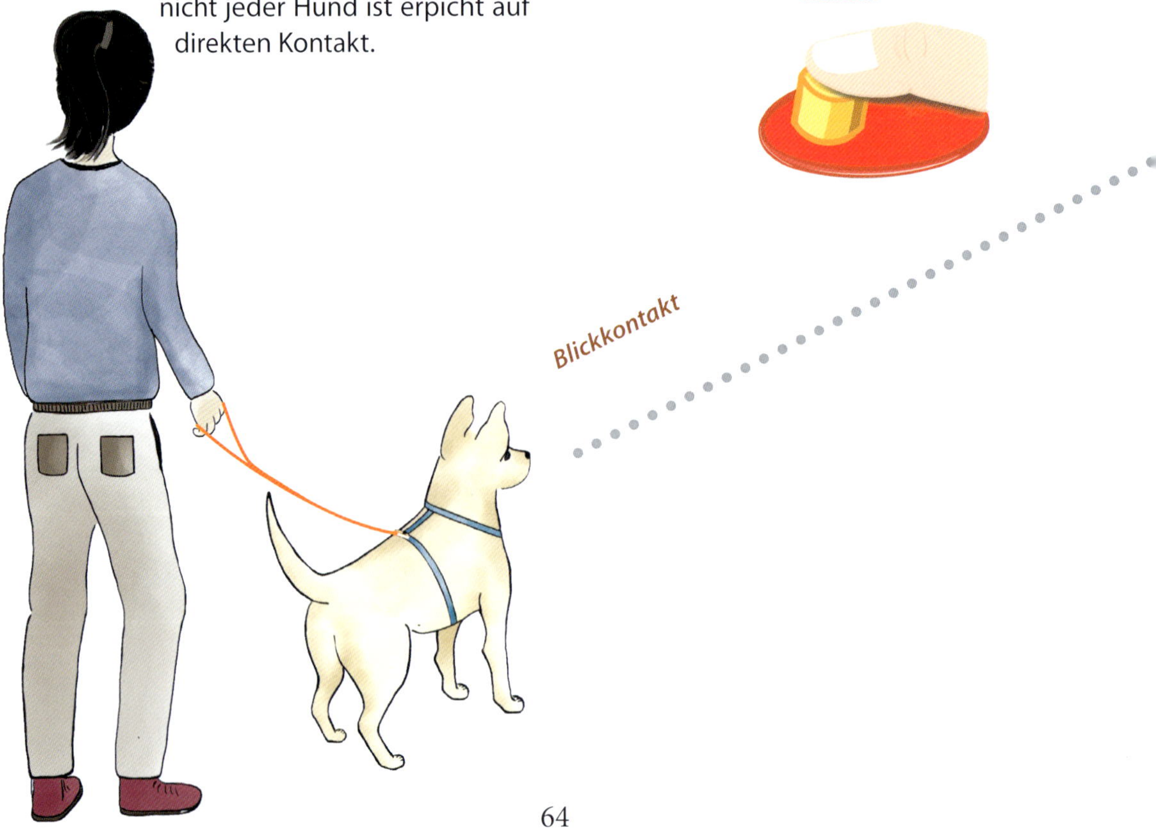

Begegnungen = Blick zum eigenen Menschen

Ich trainiere meine Hunde sehr gerne darauf hin, dass Sie mir entgegenkommende Menschen oder Hunde anzeigen, indem sie selbstständig stehen bleiben und sich nach mir umblicken.

Dieses Verhalten ist mit folgender Übung gut zu erreichen:

Immer, wenn Ihnen und Ihrem Hund ein anderer Mensch oder Hund begegnet, fangen Sie zunächst den ersten Blick Ihres Hundes zum Gegenüber mit Ihrem Markersignal ein – egal, wie weit entfernt dieser ist. Anschließend belohnen Sie ihn bei sich. Dadurch lernt Ihr Hund mit der Zeit, sich in Erwartung der Belohnung sofort von selbst unaufgefordert zu Ihnen umzudrehen, sobald er einen anderen Hund oder Mensch sieht.

Dann ist das Ziel geschafft: nicht losstürmen, sondern abwarten.

Kleiner Tipp

Ist Ihr Hund bei Begegnungen mit anderen Hunden sehr aufgeregt, dann empfehle ich Ihnen mein Buch „Leinenrambo“. Hier finden Sie Tipps und Trainingsanleitungen, wie Sie Ihrem Hund beibringen können, entspannt an anderen Hunden vorbeizulaufen.

Bei Menschen, Fahrradfahrern, Joggern und Reitern sichern Sie Ihren Hund immer bei sich oder lassen Sie ihn absitzen, wenn er das kann. Treffen Sie fremde Hunde, fragen Sie bitte immer den jeweiligen Besitzer, ob Kontakt erwünscht ist.

An den Wegrand schicken

Lässt Ihr Hund mit Sicherheit jeden Menschen in Ruhe passieren, können Sie ihn am Wegesrand absitzen lassen. Hierfür muss Ihr Hund lernen, sich an den Wegrand schicken zu lassen. Das Sitz in Entfernung wird Ihnen auf Seite 78 ausführlich erklärt.

Das Signal „Rüber" einführen

Rüber soll zukünftig bedeuten: Geh an den Wegrand. Damit Ihr Hund das versteht, geben wir ihm zu Beginn eine kleine Hilfe.

Holen Sie Ihren Hund zu sich und lassen Sie ihn bei sich absitzen. Legen Sie nun ein Leckerli an den Wegrand. Gehen Sie zu Ihrem Hund zurück. Nun sagen Sie das neue Signal „Rüber" und zeigen anschließend mit Ihrem ausgestreckten Arm zu dem Leckerli. Ihr Hund darf es sich nun einfach holen. Wiederholen Sie diesen Durchgang mehrere Male an verschiedenen Orten.

Im nächsten Schritt legen Sie kein Leckerli mehr aus, sondern Sie schicken Ihren Hund direkt aus dem Sitz mit einem „Rüber" und Ihrer Handbewegung los. Läuft Ihr Hund zum Wegesrand, folgt sofort sein Marker und Sie werfen ein Leckerli direkt zu ihm an den Wegrand. Bei diesem Schritt gehen wir dazu über, das Verhalten bewusst vom Hund abzufragen. Wiederholen Sie auch diesen Schritt einige Male.

Klappt das gut, sind Sie und Ihr Hund bereit für den nächst schwierigeren Durchgang. Wenn sich Ihr Hund mitten auf einem Feldweg befindet, sprechen Sie ihn mit seinem Namen an, sagen das Signal „Rüber" und zeigen mit einer Handbewegung an den Wegrand. Geht Ihr Hund sofort an den Wegrand – klasse – Marker und Belohnung. Sollte Ihr Hund Sie fragend anschauen, wiederholen Sie noch einige Male den zweiten Schritt.

Ihr Hund kennt nun das Signal „Rüber" und Sie können es nun beliebig mit einem „Sitz" , „Platz" oder „Bleib" verbinden. Diese Übung ist super, wenn ein Fahrradfahrer oder Jogger von hinten überholen möchte und Sie kaum noch

Zeit haben, Ihren Hund zu sich zu rufen. So ist er „geparkt" und der Jogger kann entspannt vorbeifahren.

Das Kontaktsignal

Treffen Sie auf Ihrem Spaziergang einen Menschen mit Hund, besteht immer die Chance auf ein Kennenlernen der Hunde untereinander. Doch bitte immer höflich sein und den anderen Hundehalter fragen, ob Kontakt erwünscht ist.

Dürfen die Hunde zueinander, gibt es bei mir ein spezielles Signal, das genau das erlaubt – und zwar das Kontaktsignal. Beim Kontaktsignal lernt Ihr Hund, dass ein Kontakt mit dem anderen Hund nur nach diesem Signal stattfinden wird, ansonsten leider nicht.

Suchen Sie sich ein Wort aus, das eine Kontaktaufnahme zukünftig erlaubt. Bei mir ist es „Sag Hallo". Nun sagen Sie immer, wenn Ihr Hund einem anderen Hund begegnet und diesen beschnuppern darf, „Sag Hallo" und schicken ihn anschließend zu diesem hin.

Durch dieses konsequente Vorgehen kann Ihr Hund die Situation leichter einschätzen und ist nicht ständig in einer großen Erwartungshaltung, ob er hin darf oder ob nicht.

Impulse kontrollieren

Immer wieder sind tolle Verlockungen auf dem Spaziergang für Ihren Hund zu finden, sei es ein Wildduft, ein Rascheln im Baum oder ein anderer Hund auf der Wiese gegenüber.

Vor allem im Freilauf ist es wichtig, dass Ihr Hund einen kühlen Kopf behält und nicht blindlings losstürmt, wenn etwas Interessantes in seinen Sinnen Einzug gehalten hat.

Hier arbeite ich gerne mit zwei verschiedenen Übungen. Einmal möchte ich meinem Hund beibringen, dass er etwas Erspähtes wie beispielsweise Krähen beobachten darf, andererseits möchte ich, dass er natürliche Barrieren nicht übertritt und nicht so leicht in Versuchung gerät.

Etwas beobachten dürfen

Tauchen in einiger Entfernung Vögel auf oder fliegen Enten vom Fluss auf, wäre es super, wenn Ihr Hund lernt, diese lediglich zu beobachten und nicht hinterher zu rennen. Das Gleiche gilt für interessante Duftspuren, die Ihr Hund im Wald aufgenommen hat. Nur die Nase in die Luft halten ist okay, mehr nicht.

Damit Ihr Hund das Losrennen immer weniger zeigt, konzentrieren wir uns von nun an auf die Verhalten, die vorher gezeigt werden – das Ansehen, Vorstehen und Beobachten.

Immer, wenn Ihr Hund etwas zu beobachten beginnt, oder sogar noch früher, wenn er es wahrzunehmen beginnt,

markieren Sie dieses Verhalten und loben es hochwertig. Egal ob mit Spiel oder Futter, aber nehmen Sie das, was Ihr Hund in diesem Moment als Belohnung annimmt.

Keine Sorge!

Sie verstärken damit nicht die Jagdleidenschaft Ihres Hundes. Jagen liegt vielen Hunden im Blut und besteht aus mehreren Verhaltensketten: Orientieren, Fixieren, Beobachten, Anschleichen, Hetzen, Packen, Töten und Fressen. Wenn Sie die ersten drei Teile der Verhaltenskette belohnen, werden diese viel öfter und ausdauernder gezeigt und das Hetzen wird nach hinten hinaus gezögert.

Barrieren kennenlernen

Natürliche Barrieren sind beispielsweise der Übergang von einem Feldweg in den Wald, das Maisfeld, eine Hecke oder auch eine Straße. Trainieren wir mit Barrieren, lernt der Hund, diese nicht ohne vorherige Erlaubnis zu übertreten und davor anzuhalten.

Solch eine Barriere ist sehr nützlich, vor allem für Hunde, die jagdlich motiviert sind. Bleiben sie auf dem Weg, wird nicht so leicht ein Hase aufgestöbert oder ein interessanter Geruch direkt wahrgenommen.

Damit Ihr Hund lernt, Barrieren nicht mehr selbstständig zu übertreten, beginnen wir damit, dass Sie Ihren Hund immer dann markieren, wenn er auf eine Barriere zuläuft. Das ist das sogenannte „Barrieremarkern". Eine Belohnung wird dann in die entgegengesetzte Richtung der Barriere geworfen.

In den Wald gucken ist in Ordnung.

Hält Ihr Hund seine Nase in die Luft, weil sich hinter der Barriere eine interessante Duftspur befindet, nutzen Sie das Wittern als Belohnung. Markieren Sie das Wittern und bieten Sie Ihrem Hund eine Belohnung an. Kann er diese nicht annehmen, loben Sie ihn mit der Stimme. Wiederholen Sie Marker und Belohnung so lange, bis Ihr Hund sich vom Duft losreißen kann.

Stoppt Ihr Hund nach dem Marker nicht von selbst, hindern Sie ihn mit Hilfe der Schleppleine am Weiterlaufen.

Nach und nach wird Ihr Hund gegenüber der Barriere eine Erwartungshaltung entwickeln und selbstständig davor stoppen oder zumindest langsamer werden.

Achtung!

Diese Übung allein reicht nicht aus, um Ihren Hund vom Jagen abzuhalten, ist aber ein erster Schritt zu mehr Sicherheit.

Unerwünschtes Verhalten stoppen und plötzliche Situationen meistern

Trotz allen Trainings gibt es Situationen, die plötzlich passieren und auf die wir absolut keinen Einfluss haben. So kann auf einmal ein Fahrradfahrer um die Ecke biegen oder Rehe rennen über den Weg. Hier ist es Gold wert, wenn Sie Ihren Hund stoppen können.

Damit Sie dies schaffen, möchte ich Ihnen einige Möglichkeiten vorstellen.

Der Geschirrgriff – das Universal-Abbruchsignal

Der Geschirrgriff, geprägt von Dr. Ute Blaschke-Berthold, ist ein Signal, das die Vorwärtsbewegung des Hundes sofort stoppt, ihn gedanklich und physisch nach hinten richtet und sein Erregungsniveau zudem noch senkt. Also ein echtes Allround-Werkzeug.

Ihr Hund soll sich auf dieses Signal hin nach hinten richten, also sich entweder hinsetzen, umdrehen oder ein paar Schrittchen rückwärts laufen.

Den Geschirrgriff können Sie einsetzen, wenn das Erregungsniveau Ihres Hundes zu hoch ist, sodass er auf Ihr Signal nicht mehr reagiert und auch nicht mehr ansprechbar ist. Sei es, weil ein anderer Hund in Sicht kommt oder weil er eine Wildspur in der Nase hat.

Um den Geschirrgriff aufzubauen, benötigen Sie ein Signal, mit dem Sie diese Rückwärtsbewegung verknüpfen wollen. Bei mir ist es ein „Stopp". Alternativ wäre auch „Halt" ein gutes Signal.

Stellen Sie sich neben Ihren Hund, sagen Sie das neue Signal „Stopp" und greifen Sie anschließend in das Geschirr Ihres Hundes. Es folgen der Marker und ein Leckerli. Nun lassen Sie das Geschirr wieder los.

Weicht Ihr Hund Ihrem Griff nicht mehr aus, ändern Sie eine Kleinigkeit. Es folgen wie gewohnt das Wortsignal „Stopp" und der Griff ins Geschirr. Jetzt bauen Sie einen Zug nach hinten auf und warten auf eine Rückwärtsbewegung Ihres Hundes. Das kann eine Muskellockerung sein, ein Schritt nach hinten oder aber auch ein Ohrenzucken. Diese kleine Rückwärtstendenz markieren Sie sofort und geben Ihrem Hund ein Leckerli. Jetzt dürfen Sie wieder loslassen.

Nach und nach warten Sie auf immer mehr Tendenzen nach hinten, bis sich Ihr Hund deutlich zurücknimmt.

Zu Beginn des Trainings kann es sein, dass sich Ihr Hund nach dem Griff ins Geschirr in der Gegend umsieht. Ist das der Fall, hat Ihr Hund bereits eine andere Verknüpfung gebildet, und zwar: Wenn

Wichtig!
Erst sagen, dann greifen.

Schritt 1
Geschirr festhalten

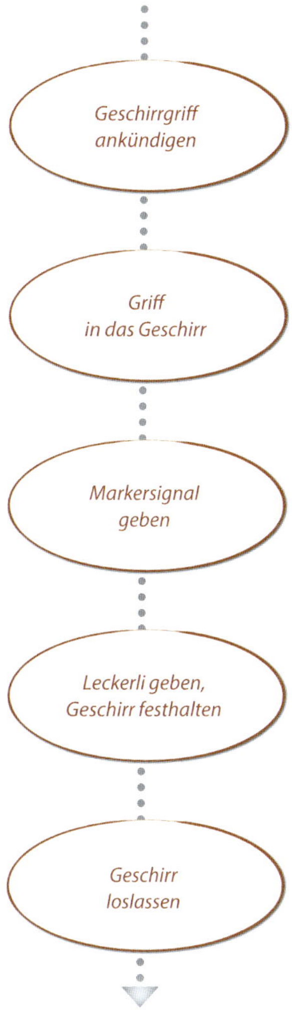

mein Mensch mich am Geschirr nimmt, muss irgendwo etwas Spannendes sein.

Das ist überhaupt nicht schlimm, es braucht nur ein paar Wiederholungen mehr, um die gewünschte Reaktion auf den Geschirrgriff zu erzielen.

Wiederholung ist Pflicht! Der Geschirrgriff soll eine blitzschnelle Reaktion bei Ihrem Hund auslösen, ohne dass er vorher darüber nachdenkt. Damit dies passiert, ist zu Beginn eine hohe Wiederholungsrate nötig: 30-40 Wiederholungen pro Tag wären empfehlenswert. Das hört sich vorerst sehr viel an, aber Sie brauchen pro Übung lediglich ein paar Sekunden. Überlegen wir einmal: Wenn Sie pro Übung zehn Sekunden benötigen und pro Tag 40 Wiederholungen ansetzen würden, dann wären das nur vier Minuten pro Tag. Über den Tag verteilt ist das wirklich gut zu schaffen – Sie müssen nur daran denken!

Den Geschirrgriff nutze ich in vielen Situationen. Mäusebuddeln, Jagen, zu Hunden hinrennen, Menschen anspringen oder Futter auf dem Boden liegen lassen, um nur einige zu nennen.

Schritt 2
Zug halten

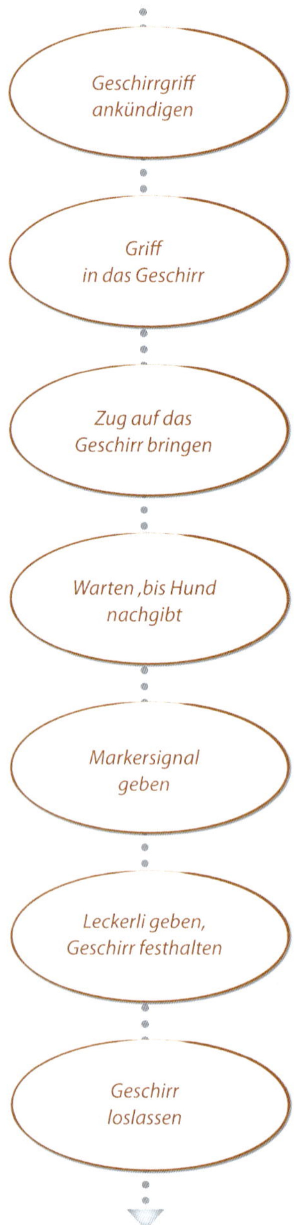

Griff in das Geschirr bedeutet „Nimm Dich zurück".

Der U-Turn – aus Situationen schnell herauskommen

Manchmal reicht es nicht, ein Verhalten zu stoppen, sondern man muss auch noch schnell aus der Situation verschwinden. Hierfür ist der U-Turn bestens geeignet.

Beim U-Turn handelt es sich um eine 180° – Kehrtwendung weg vom Auslöser. Der Blickkontakt zum Auslöser wird schnell unterbrochen und es wird Distanz geschaffen.

Um den U-Turn aufzubauen, bewaffnen Sie sich für die ersten Durchgänge am besten mit einem Leckerli oder einem Spielzeug. Ihr Hund befindet sich links oder rechts neben Ihnen, die Motivation in der gegenüberliegenden Hand.

Nun sagen Sie das Signal „Kehr um" oder „Turn", halten Ihrem Hund gut sichtbar die Motivation direkt vor die Nase und führen ihn in einer U-Form um Sie herum. Gleich danach werfen Sie die Motivation in die neue Laufrichtung weg.

Ihr Hund lernt also auf das Signal „Kehr um", um 180° zu wenden und schnell in die andere Richtung zu laufen, denn hier gibt es eine Belohnung.

Folgt Ihr Hund zielsicher, ist es an der Zeit, die Motivation in der Hand abzubauen und in die Belohnungsschiene überzugehen. Laufen Sie mit Ihrem Hund an der Seite und fordern Sie ihn mit dem Signal „Kehr um" und einer Handbewegung auf, die Kehrtwendung um Sie herum zu machen. Folgt er, markieren Sie dieses Verhalten und werfen Sie eine Belohnung in die neue Laufrichtung.

Der U-Turn ist für meine beiden Hunde ein Spaß, sie dürfen rennen und sich eine Belohnung holen. Ich nutze den U-Turn beispielsweise, wenn mir ein anderer Hund entgegenkommt und der Weg zu eng ist. So komme ich schnell aus der Situation heraus und kann mir einen besseren Ort zum Vorbeilassen suchen. Oder aber ich kann meinen Hund im Wald, wenn ich vor uns Wild sehe, schnell mit dem U-Turn zu mir holen.

Kehrtwendung um 180°: Der U-Turn

Sitzen auf Distanz

Manchmal muss es schnell gehen und Ihr Hund sollte sich an Ort und Stelle hinsetzen können. Dies ist sinnvoll, wenn Sie beispielsweise ein Fahrradfahrer von hinten überholt, den Sie nicht bemerkt haben. Ein Rückruf würde hier wenig nützen, der Fahrradfahrer ist ja schon an Ihnen vorbei. Hier ist es super, wenn sich Ihr Hund hinsetzt und abwartet.

Das Schicken an den Wegrand wurde bereits auf S. 66 besprochen. Sie können nun diese beiden Übungen miteinander kombinieren.

Und so bauen Sie das „Sitz" auf Entfernung auf: Die meisten Hunde kommen immer wieder zu Ihrem Menschen gelaufen, wenn ein Sitz auf Distanz verlangt wird. Das ist erst einmal logisch, denn Ihr Hund hat gelernt, dass „Sitz" bedeutet, sich vor den Menschen zu setzen.

Aus diesem Grund beginnen wir Ihrem Hund zuerst beizubringen, dass sich auch Abstandhalten lohnt. Werfen Sie dazu ein Leckerli etwas weiter von sich, ein anderes Leckerli haben Sie in Ihrer Hand. Schaut Ihr Hund Sie nach dem

Mit nach oben ausgestrecktem Arm das Leckerli hinter Ihren Hund werfen.

Aufsammeln an, heben Sie nun deutlich den ausgestreckten Arm mit dem Leckerli in der Hand nach oben Richtung Himmel und werfen Sie anschließend aus dieser Position heraus das Leckerli direkt hinter Ihren Hund.

Ihr Hund wird mit dieser Übung lernen, dass es sich lohnt, zu warten, denn das Leckerli kommt eh geflogen.

Nach mehreren Wiederholungen sollte Ihr Hund schon eine Erwartungshaltung haben, wenn Sie Ihren Arm nach oben strecken. Dann ist es an der Zeit, einen Schritt weiter zu gehen.

Wenn Ihr Hund zu Ihnen schaut, nehmen Sie Ihren Arm nach oben und warten Sie kurz ab, was er tut. Nimmt er seinen Körperschwerpunkt von selbst zurück, folgen sein Markersignal und eine Belohnung hinter ihm. Tut er nichts, bleibt aber weiterhin stehen, ebenfalls. Läuft er auf Sie zu, gehen Sie noch einmal zu Schritt eins zurück.

Zeigt Ihr Hund bereits eine deutliche Rückwärtstendenz an, wenn Sie den Arm nach oben nehmen, versuchen Sie nun, ein „Sitz" zu verlangen. Setzt sich Ihr Hund, markieren Sie das erneut und belohnen Sie sein Verhalten, indem Sie ein Leckerli hinter ihn werfen.

Gerne können Sie das Sitz auf Entfernung noch mit einem speziellen Pfiff verbinden. Diesen würden Sie dann vor die Armbewegung setzen.

Geschafft: Der erhobene Arm ist zum Signal für „Sitz auf Entfernung" geworden.

Signale für den Freilauf

Wenn Ihr Hund im Freilauf auf den Rückruf sicher reagiert und auch immer wieder Blickkontakt zu Ihnen sucht, ist das schon ein großer Erfolg, doch manchmal brauchen wir noch mehr. Es gibt Situationen, in denen Sie Ihren Hund wieder auf den Weg schicken müssen oder er einfach weiterlaufen soll. Dafür gibt es spezielle Signale.

Weiter

Schnüffelt sich Ihr Hund an einer Schnüffelstelle fest und Sie möchten weitergehen, oder aber Sie möchten in einen anderen Weg abbiegen und Ihr Hund soll einfach mitkommen, dann hilft das Signal „Weiter".

Auf das Signal „Weiter" soll Ihr Hund mit in Ihre Richtung weiterlaufen und sein Tun unterbrechen.

Um Ihrem Hund dieses Signal zu erklären, warten Sie, bis er in einer Situation ein wenig abgelenkt ist. Sagen Sie hier das neue Signal „Weiter" und machen Sie gleichzeitig eine Handbewegung in die Richtung, in die Sie gehen möchten und laufen auch in diese Richtung los. Folgt Ihr Hund sofort, geben Sie ihm seinen Marker und eine Belohnung.

Folgt er nicht und bleibt in seinem Tun beschäftigt, bauen Sie Zug auf die Leine auf (keinen Ruck!) und führen Sie Ihren Hund dadurch in die von Ihnen gewünschte Richtung. Sobald sich die Leine lockert, markieren Sie dies wieder.

Neben den Menschen laufen

Auch im Freilauf kann es sein, dass Sie Ihren Hund einmal direkt neben sich laufen lassen müssen, vielleicht weil Ihnen ein Fußgänger entgegenkommt oder wenn Sie nicht möchten, dass er in das frisch mit Jauche gedüngte Feld hineinspringt.

Um Ihrem Hund das Nebenherlaufen beizubringen, holen Sie ihn zu sich und führen Sie ihn mit Hilfe des Handtouchs auf Ihre linke oder rechte Seite. Beginnen

Der Hund befindet sich rechts oder links direkt neben Ihnen. Als Orientierung dient ihm Ihr Bein.

Sie das Üben zunächst auf einer Seite. Ich würde Ihnen jedoch empfehlen, dieses Signal beidseitig aufzubauen, um für alle Gegebenheiten gerüstet zu sein.

Befindet sich Ihr Hund neben Ihnen, markieren und belohnen Sie vorerst nur diese Position. Bleibt Ihr Hund schön neben Ihnen stehen oder sitzen, können Sie nun dieses Verhalten benennen. Mögliche Wortsignale wären „Bei mir", „Bei Fuß" oder „Ran".

Sie sagen also „Bei mir", wenn Ihr Hund neben Ihnen ist und markieren und belohnen diese Position.

Nun geht es an die Bewegung. Sagen Sie wieder das Signal „Bei mir" und gehen jetzt einen oder maximal zwei Schritte los. Folgt Ihnen Ihr Hund, markieren Sie sofort die ersten Schritte, die er neben Ihnen läuft. Für das Belohnen bleiben Sie stehen. Dann geht es von Neuem los.

Sollte Ihr Hund, nachdem Sie ihm sein Leckerli gegeben haben, vor Sie kommen bzw. die gewünschte Position verlassen, ändern Sie die Belohnungsposition. Drehen Sie sich im 90° – Winkel nach dem Markersignal direkt zu ihm hin und geben Sie ihm so seine Belohnung. Dadurch verhindern Sie, dass Ihr Hund seine Position verlässt, um an seine Belohnung zu kommen.

> *Achtung!*
>
> *Viele Hunde nehmen ihr Leckerli und wenden sich dann gleich wieder anderen Dingen zu. Deshalb merken Sie sich unbedingt: Marker in der Bewegung, Füttern im Stehen. So schaffen Sie es leichter, die Konzentration Ihres Hundes bei sich zu behalten.*

Exkurs: Handtouch

Der Handtouch ist ein tolles Hilfsmittel in Alltag und Training, das für viele Situationen nützlich ist. Beim Handtouch lernt Ihr Hund, Ihrer leeren Hand mit seiner Nase zu folgen. Sie können ihn dadurch sehr leicht führen und in verschiedene Positionen bringen.

Um den Handtouch aufzubauen, nehmen Sie beide Hände zur Faust und stellen Sie sich vor Ihren Hund auf. Nun öffnen Sie eine Hand und halten Sie diese Ihrem Hund direkt vor die Nase. Er

wird daran schnuppern. Das dürfen Sie sofort mit dem Markersignal markieren und es folgt ein Leckerli. Wiederholen Sie das einige Male mit der linken und auch mit der rechten Hand.

Klappt das schon gut, beginnen Sie Ihre leere Hand einmal links und einmal rechts vor Ihrem Hund zu halten. Wechseln Sie die Positionen von stehend zu sitzend.

Kann Ihr Hund auch hier immer wieder an die Hand stupsen, versuchen Sie, Bewegung hineinzubekommen. Werfen Sie ein Leckerli von Ihrem Hund weg, er darf es holen und nun präsentieren Sie ihm die leere Hand. Läuft er darauf zu, kommen wieder Marker und Belohnung.

Versuchen Sie nun nach und nach, die leere Hand immer ein wenig weiter zu bewegen, bis Ihr Hund seine Belohnung bekommt.

Hinter mir

So wie das Nebenherlaufen ist auch ein Signal sinnvoll, das Ihren Hund auffordert, hinter Ihnen zu bleiben. So zum Beispiel auf engen Wegen, auf denen Sie nicht nach vorne schauen können und der Überblick fehlt.

Damit Ihr Hund lernt, hinter Ihnen zu laufen, muss er zuerst diese Position kennen lernen. Führen Sie Ihren Hund mit dem Handtouch oder mit einem Leckerli hinter sich. Direkt hinter Ihnen bekommt er sein Leckerli. Bleibt Ihr Hund hinter Ihnen stehen, markieren Sie dies und belohnen Sie ihn.

Achtung!

Drehen Sie sich zu Ihrem Hund um, um ihn zu belohnen. Drehen Sie sich einmal rechts und einmal links herum, um ihm das Leckerli zu geben. So weiß Ihr Hund nie, von welcher Seite er mit der Belohnung zu rechnen hat. Außerdem wird sein Vorwärtsdrang dadurch, dass das Leckerli zu ihm kommt, immer geringer.

Erst, wenn Ihr Hund ruhig hinter Ihnen stehen kann, führen Sie ein Wortsignal ein:

Sie sagen das neue Signal „Hinter mir“, markern das und drehen sich zum Belohnen wieder zu Ihrem Hund um.

Für „Hinter mir“ führen Sie Ihren Hund zuerst mit Handtouch oder Leckerli hinter sich.

Möchte sich Ihr Hund an Ihnen vorbeimogeln, drehen Sie sich sofort um und führen Sie ihn mit Hilfe Ihrer Hand wieder hinter sich.

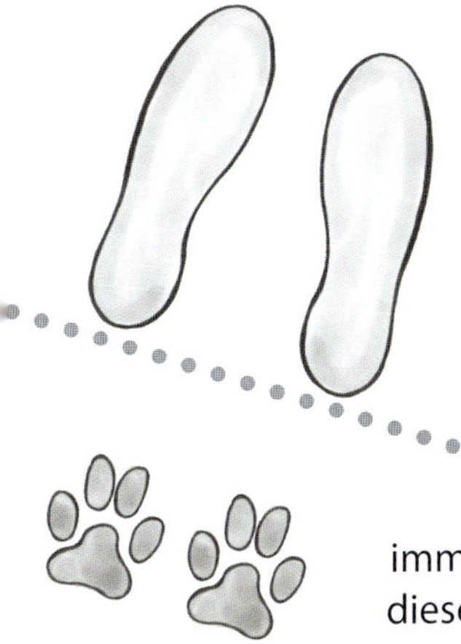

Damit für Ihren Hund klar wird, wann er eine Grenze übertritt, stellen Sie sich Ihre Fersen als Leitlinie vor. Ist Ihr Hund mit seiner Nase hinter Ihren Fersen, können Sie ihn immer loben, übertritt er diese Schwelle, führen Sie ihn wieder zurück.

Bleibt Ihr Hund ruhig hinter Ihnen stehen und kommt auch nicht nach vorne, wenn Sie in Laufrichtung blicken, dann sind Sie bereit für den nächsten Schritt.

Sagen Sie Ihrem Hund wieder sein Signal „Hinter mir" und laufen Sie nun ein, zwei Schritte los. Auch hier gilt wieder: Marker in der Bewegung, Belohnen im Stehen, zugewandt zu Ihrem Hund. Damit Sie Ihren Hund vor allem zu Beginn des Trainings besser im Blick haben, drehen Sie Ihren Kopf, während Sie gehen, über Ihre Schulter. So können Sie schnell reagieren, egal ob zum Belohnen oder zum Korrigieren.

Bauen Sie nach und nach immer mehr Schritte in das Training ein.

Raus da – Auf den Weg

Das „Raus da-Signal" ist eines meiner häufigst benutzten Signale, um meine Hunde von einem bestimmten Untergrund herauszubekommen. Ich nutze es beispielsweise, um sie von einem Schlammloch auf den Weg zu lotsen oder von der Wiese runter auf den Feldweg.

Um Ihrem Hund das neue Signal zu erklären, gehen Sie an einen Ort, der mindestens zwei verschiedene Untergründe zu bieten hat – Wiese und Feldweg oder Waldweg und Feldweg zum Beispiel.

Befindet sich Ihr Hund auf einem Untergrund, rufen Sie „Raus da" und zeigen auf den anderen Untergrund. Läuft Ihr Hund von dem bisherigen Untergrund weg, markieren Sie dies und werfen Sie ein Leckerli auf den richtigen Untergrund.

Sollte Ihr Hund nicht reagieren, hindern Sie ihn mit der Leine daran, weiter zu laufen und versuchen Sie ihn mit einer einladenden Körperhaltung auf den gewünschten Untergrund zu bekommen.

Das Leine-los-Spiel

Die Leine wird vom Geschirr abgeklinkt und Ihr Hund düst wie ein Irrer los: Das ist ein Bild, das ich immer wieder sehe. Wäre es nicht schöner, wenn Ihr Hund nach dem Abhängen der Leine automatisch zu Ihnen blickt und danach entspannt und mit Aufmerksamkeit weiterläuft?

Damit Ihr Hund nach dem Losmachen der Leine mit Ihnen in Kontakt tritt, gibt es eine tolle Möglichkeit – und zwar das Leine-los-Spiel.

Halten Sie entweder ein paar Futterbröckchen oder ein tolles Spielzeug für Ihren Hund parat. Geben Sie Ihrem Hund nun ein Signal, das bedeutet „Die Leine wird abgemacht" – ich sage dazu einfach „Leine" – und lösen Sie die Leine vom Geschirr Ihres Hundes. Spielen Sie nun mit Ihrem Hund oder streuen Sie ihm einige Leckerlis auf den Boden.

Ziel dieser Übung ist, dass Ihr Hund mit dem Abhängen der Leine eine Erwartungshaltung an Sie entwickelt und Sie deshalb aufmerksam anblickt. Erst, wenn Ihr Hund mit voller Aufmerksamkeit bei Ihnen ist, wird Ihr Spaziergang fortgesetzt.

Damit sich Ihr Hund auch wieder entspannt anleinen lässt, können Sie dieses Spiel für diese Situation ebenfalls verwenden: Leinen Sie Ihren Hund an und gleich danach streuen Sie ihm wieder ein paar Leckerlis hin.

Tipp

Sollte Ihr Hund bereits gelernt haben, nach dem Abhängen der Leine sofort loszupreschen, empfehle ich Ihnen, zu Beginn des Trainings zwei Leinen zu verwenden: Eine Schleppleine, die immer am Hund bleibt und eine weitere Leine, die Sie abhängen. Sollte Ihr Hund doch losspurten, ist er immer noch gesichert und Sie können entspannt üben.

Entspannung im Freilaufgebiet

Ruhe und Entspannung sind nicht nur im Alltag allgemein wichtig, sondern ganz besonders im Freilauf. Je aufgeregter Ihr Hund ist, desto leichter verfällt er in unerwünschte Verhaltensweisen und kann sich selbst und andere gefährden.

Aus diesem Grund ist es wichtig, in die gemeinsamen Spaziergänge Ruhe und Entspannung zu integrieren.

Beachten Sie folgende Regel: Je nervöser und aufgeregter Ihr Hund ist, desto ruhiger und gelassener werden Sie und der Spaziergang.

Ruheinseln

Vielen Hunden helfen Rituale enorm, um zu mehr Ruhe zu kommen. Planen Sie daher bestimmte Orte auf Ihren Spaziergang ein, an denen Sie mit Ihrem Hund zur Ruhe kommen. Das können Bänke sein oder auch ein Baumstumpf.

An diesen Orten passiert zukünftig nichts – wirklich absolut nichts. Setzen Sie sich auf die Bank, leinen Sie Ihren Hund dazu an und machen Sie nichts. Warten Sie ab, bis sich Ihr Hund hinlegt.

Wenn Sie dieses Training starten und Ihr Hund die Ruhe draußen noch nicht gewohnt ist, kann es durchaus ein wenig dauern, bis er sich zu entspannen beginnt. Seien Sie geduldig und lassen Sie Ihrem Hund Zeit, zu lernen.

Eine Parkbank lädt zum Ruhen und Entspannen ein.

Standortpause

Auf Ihren Spaziergängen wird es immer wieder zu kurzen Pausen kommen, in denen Sie sich mit einem anderen Menschen unterhalten oder aber vielleicht Ihre Schuhe binden möchten. Schön wäre es dann, wenn Ihr Hund von sich aus direkt zu Ihnen kommt und sich auch in einem kleinen Radius um Sie herum aufhält.

Ziel der Standortruhe ist es, dass Ihr Hund von selbst zu Ihnen kommt und sich bei Ihnen aufhält, sobald Sie stehenbleiben und den Spaziergang dadurch unterbrechen.

Damit Ihr Hund genau dieses Verhalten lernt, gehen Sie wie folgt vor:

Auch, wenn Sie sich mit jemanden unterhalten, macht Ihr Hund sich nicht aus dem Staub.

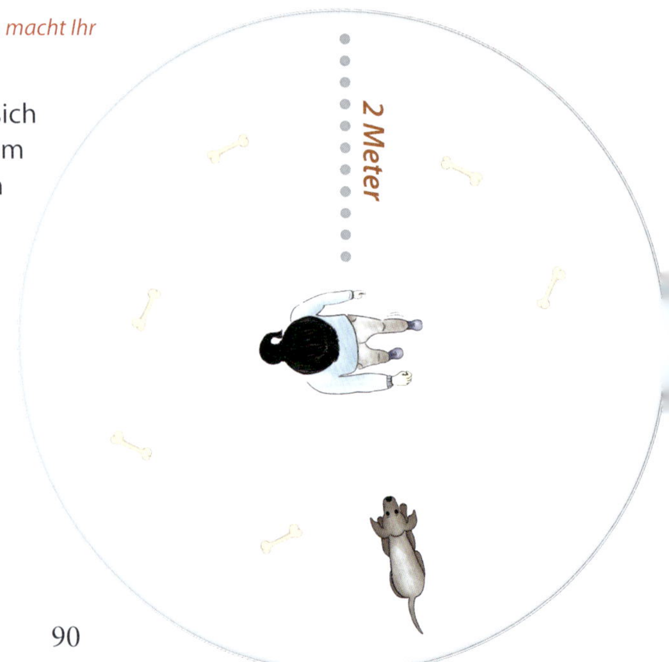

Bleiben Sie stehen und denken Sie sich einen Kreis von etwa zwei Metern um sich herum. Dies ist der Bereich, in dem sich Ihr Hund bei dieser Übung aufhalten darf.

Blickt Ihr Hund sofort zu Ihnen, wenn Sie stehen bleiben, markieren Sie dieses Verhalten und werfen Sie ein Leckerli in den gedachten Bereich um sich herum.

Macht Ihr Hund einfach weiterhin „sein Ding“, haben Sie zwei Möglichkeiten: Entweder Sie warten, bis Ihr Hund sich Ihnen von selbst zuwendet, oder aber Sie sprechen ihn direkt mit seinem Namen an und machen ihn so auf sich aufmerksam. Auch bei diesen beiden Varianten gilt: Sobald Ihr Hund zu Ihnen schaut, markieren Sie dieses Verhalten und belohnen es mit einem Leckerli in dem gedachten Kreis.

Sobald Ihr Hund dieses Leckerli gefunden hat und seinen Kopf wieder nach oben nimmt, folgen sofort wieder ein Marker und sein Leckerli in dem Ruhebereich. Fahren Sie mit diesem Spiel einige Zeit fort, bis Ihr Hund automatisch mit großer Erwartung zu Ihnen blickt und auf sein nächstes Leckerli wartet.

Nun ist es an der Zeit, die Spanne, bis wieder ein Leckerli kommt, zu vergrößern. Warten Sie am Anfang nur ein paar

Sekunden ab, bis wieder der Marker ertönt und ein Leckerli fliegt. Nach und nach wird der Abstand zwischen zwei Leckerlis immer größer.

Wichtig!

Ihr Hund darf im Ruhebereich alles tun, er darf schnüffeln, sich wälzen, etwas beobachten oder einfach nur dastehen. Alles – außer aus diesem gedachten Bereich herauszugehen. Sollte Ihr Hund doch aus dem Bereich herausgehen, rufen Sie ihn wieder mit seinem Namen zu sich zurück und beginnen von Neuem.

Konditionierte Entspannung

Hin und wieder wäre es von Vorteil, wenn Sie Ihren Hund auf Knopfdruck entspannen könnten, oder? Auf Knopfdruck geht das leider nicht, aber so ähnlich schon. Sie können Ihrem Hund beibringen, ein bestimmtes Wortsignal mit Entspannung zu verknüpfen, die Sie dann in stressigen Situationen abfragen können.

Das Ziel eines konditionierten Entspannungssignals ist es, die Erregung Ihres Hundes so weit zu senken, sodass er für die Zusammenarbeit mit Ihnen wieder bereit ist. Als Entspannungswort eignet sich zum Beispiel das Wort „Easy", „Relax" oder „Ohhhm".

Das Entspannungssignal wird über klassische Konditionierung aufgebaut, das bedeutet, dass ein bisher neutraler Reiz mit einem für den Hund bedeutsamen Reiz verknüpft wird.

Gut zu wissen!

Ein Entspannungssignal kann auch mit einem Gegenstand und/oder einem Duft aufgebaut werden. Legen Sie dazu ein Halstuch mit einem speziellen Duft zu Ihrem Hund, wenn er entspannt ist. Tun Sie das regelmäßig, wird das Tuch für Ihren Hund zu einem optischen und olfaktorischen Signal, sich zu entspannen. Diese Art der konditionierten Entspannung eignet sich sehr gut für Situationen, in denen Sie sich länger anhaltende Entspannung von Ihrem Hund wünschen.

Suchen Sie sich für den Aufbau einen bequemen Ort in Ihrer Wohnung, holen Sie Ihren Hund zu sich und beginnen Sie mit ihm zu kuscheln. Entspannen Sie Ihren Hund so richtig. Wenn Sie merken, dass Ihr Hund ganz ruhig ist, nehmen Sie die Hände kurz von Ihrem Hund weg.

Nun sagen Sie das Entspannungswort ruhig und langgezogen – „Eeeeaaaassssyyyyy". Anschließend beginnen Sie wieder mit dem Kraulen.

Wiederholen Sie diesen Ablauf immer wieder. Ihr Hund lernt, dass das Wort entspanntes Kraulen nach sich zieht.

Sollte Ihr Hund sich nicht anfassen lassen wollen oder kann dabei nur schlecht entspannen, ist das nicht schlimm. Warten Sie Situationen ab, in denen Ihr Hund von selbst entspannt und sagen Sie das Entspannungswort immer wieder in genau dieser Situation.

Achtung: Das Entspannungssignal „nutzt sich ab", je öfter Sie es einsetzen. Sie müssen es deshalb wie einen Akku ab und zu aufladen, indem Sie die Grundübung für den Aufbau wiederholen.

Ich nutze mein Entspannungssignal in vielen verschiedenen Situationen:

- Bei aufregenden Begegnungen mit anderen Hunden.
- Bei Wildkontakt und Spurkontakt.
- Nach einem wilden Spiel mit mir.
- Allgemein, wenn meine Hunde unruhig sind.

Beschäftigung auf dem Spaziergang

Nur durch die Gegend spazieren ist wunderschön, doch für unsere Hunde oft zu langweilig. Bevor sich Ihr Hund andere Beschäftigungen sucht, ist es sinnvoll, ihn gezielt auszulasten. Mir ist dabei immer sehr wichtig, dass ich diese Beschäftigungen in den Spaziergang integrieren kann und das Erregungsniveau meines Hundes nicht zu sehr hochfährt.

Verlorensuche auf der Rückspur

Viele Hunde lieben es, Duftspuren und Wild zu verfolgen. Dieses Hetzen und Verfolgen gibt ihnen ein emotionales Hochgefühl. Doch nicht nur Hunde, die jagdlich motiviert sind, verfolgen gerne etwas, auch viele andere lieben solche Spielchen. Reine Hetzspiele zum Ersatz halte ich auf Dauer nicht für so sinnvoll. Durch die ständige Wiederholung – Spielzeug fliegt, Hund rennt hinterher, stoppt abrupt ab, rennt zurück – kommt es zu einem stereotypen Ablauf, bei dem jedes Mal eine Menge an Adrenalin ausgeschüttet wird. Dies kann leicht zu einem regelrechten Suchtverhalten führen. Zudem ist das dauernde plötzliche Stoppen für die Gelenke ebenfalls nicht prickelnd. Gezielt und immer mal wieder eingesetzt, haben Hetzspiele jedoch ihre sichere Berechtigung.

Die Verlorensuche auf der Rückspur hingegen ist eine wirklich grandiose Sache. Bei der Rückspursuche läuft Ihr Hund genau Ihre bereits gelaufene Spur so lange zurück, bis er entweder sein Spielzeug oder ein Stück Futter gefunden hat, das Sie vorher für ihn „unbeobachtet" fallen gelassen haben.

Die Rückspursuche bietet Ihnen mehrere Vorteile:

- Durch diese Verlorensuche ermöglichen Sie Ihrem Hund, gezielt jagen zu gehen.
- Er darf eine Spur verfolgen und am Ende sogar noch „Beute" machen. Das Jagdverhalten wird also bewusst in den Alltag eingebunden und somit wird ein Grundbedürfnis des Hundes befriedigt.
- Der Hund lernt, nur Ihrer Spur zu folgen und nicht der von Wild, um zum Ziel zu gelangen. So verschaffen Sie Ihrem Hund eine Ersatzbefriedigung.
- Die Rückspursuche ist eine tolle Belohnungsmöglichkeit für beispielsweise den Rückruf von einer Wildspur und erweitert somit Ihre Belohnungskiste.

Wie wird die Verlorensuche auf der Rückspur aufgebaut?

Nehmen Sie dazu einen Futterdummy oder ein anderes gern genommenes Spielzeug Ihres Hundes. Alternativ könnten Sie auch ein größeres Stück Futter verwenden. Lassen Sie das Spielzeug direkt hinter sich fallen und gehen drei, vier Schritte weiter. Nun machen Sie Ihren Hund aufmerksam, drehen sich nach hinten zu dem Spielzeug um

und schicken ihn mit einem „Verloren Spieli" zu seinem Spielzeug. Sollte er nicht direkt hinlaufen, begleiten Sie ihn dorthin. Nun darf erst einmal gespielt werden.

Wenn Sie das einige Male wiederholen, wird Ihr Hund bald den Dreh heraushaben und sofort auf das Signal hin begeistert nach hinten rennen. Nach und nach können Sie nun die Distanz erhöhen, die Ihr Hund zurücklegen darf.

Objektsuche mit Wäscheklammer

Bei der Objektsuche lernt Ihr Hund, einen bestimmten Gegenstand zu suchen und anzuzeigen. Das kann ein kleines Spielzeug sein, ein Stift oder ein kleines Kästchen. Ich nutze sehr gerne eine Wäscheklammer.

Eine Wäscheklammer ist nicht nur ein Hilfsmittel für das Wäscheaufhängen, sie kann auch als geniales Hundespielzeug herhalten. Ich nutze also eine Wäscheklammer zur Objektsuche in der freien Natur. Hier hat man den Vorteil, dass man die Wäscheklammer nicht nur irgendwo hinlegen, sondern auch an kleine Äste klipsen kann. Dadurch können wir unserem Hund das Suchen in einer neuen Dimension ermöglichen.

Wie wird dem Hund beigebracht, dass er die Klammer oder ein Objekt suchen soll?

Nehmen Sie dazu ein paar tolle Leckerlis und die Klammer. Nun halten Sie Ihrem Hund die Klammer hin. Schnuppert er daran, markieren Sie das mit dem Markersignal und geben ihm ein Leckerli direkt auf der Klammer. Wiederholen Sie das mehrmals. Geht Ihr Hund zielsicher

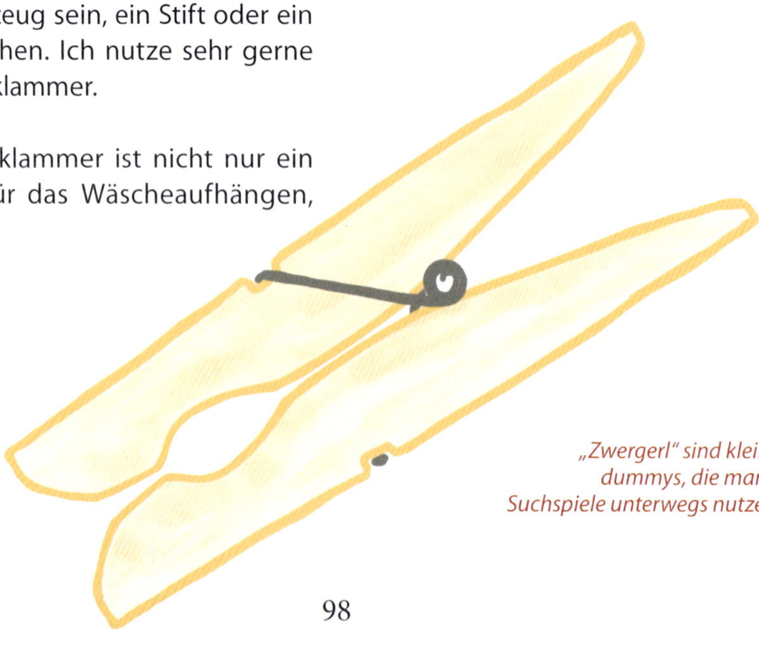

„Zwergerl" sind kleine Minidummys, die man gut für Suchspiele unterwegs nutzen kann.

mit seiner Nase zu der Klammer, positionieren Sie die Klammer ein bisschen weiter entfernt und warten Sie ab, ob er wieder hinstupst. Tut er es, klasse! Marker und Belohnung folgen erneut. Bringen Sie nun nach und nach mehr Distanz hinzu und legen die Klammer auf den Boden oder klemmen Sie sie an einen Zweig. Lassen Sie Ihren Hund zu Beginn immer noch zusehen. Erst später passiert das Ganze außer Sicht.

Der Klammer einen Namen geben

Damit Ihr Hund weiß, was er denn machen soll, ist es sinnvoll, der Klammer einen Namen zu geben. Kurz bevor Ihr Hund die Klammer anstupst, sagen Sie „Klammer". So lernt er, das Wort mit dem Gegenstand zu verknüpfen.

Andere Suchgegenstände

Alternativ zur Wäscheklammer können Sie natürlich jeden kleinen Gegenstand zur Suche verwenden. Ich habe auch sehr oft noch die „Zwergerl" dabei. Zwergerl sind Mini-Dummys, die durch ihre Größe sogar Platz in der Hosentasche haben. Mit den Zwergerln können Sie ebenfalls Suchspiele oder aber auch kleine Apportierübungen in den Spaziergang integrieren.

Die Bezugsadresse finden Sie im Anhang.

GeoCaching mit Hund

Sie kennen bestimmt das GeoCaching. Dieses tolle Spiel in der Natur gibt es nun auch in hündischer Variante. Sie begeben sich also mit Ihrem Hund gemeinsam auf Schatzsuche. In einigen Hundeschulen wird das bereits angeboten. Bei uns in der Hundeschule ist es die GeoDog Schatzsuche.

Der Hund lernt beim GeoCaching, einen bestimmten Gegenstand, bei uns ist es ein Plastikröhrchen, zu suchen. Der Mensch bekommt die ungefähren Koordinaten des Schatzes und der Hund darf den direkten Standort des Schatzes suchen.

Damit Ihr Hund den „Schatz" finden lernt, können Sie sich an den Aufbau der Wäscheklammer-Suche halten.

Sprühfährten

Bei Sprühfährten dürfen Hunde ganz gezielt eine von Ihnen gelegte Spur mit Winkeln, Ecken und Kanten verfolgen. Mit diesem Spiel darf Ihr Hund gezielt eine Spur abarbeiten.

Alles, was Sie dafür benötigen, ist ein mit Würstchenwasser (von Würstchen aus dem Glas oder das Brühwasser) gefüllter Blumenspritzer und Würstchen, z. B. Wiener. Alternativ können Sie auch gekochtes Fleisch und die Fleischbrühe verwenden.

Suchen Sie sich für den Start ein einfaches Gelände wie z. B. einen Waldweg oder eine Wiese mit niedrigem Gras.

Lassen Sie Ihren Hund sitzen und warten. Suchen Sie sich einen Startpunkt aus, legen Sie dort einige Stückchen Wiener hin. Direkt dort beginnt Ihre Sprühfährte. Sprühen Sie nun, ausgehend von dem Startpunkt, einen kurzen Weg, etwa einen Meter, und legen Sie dann wieder ein Stückchen Wiener hin. Nun folgt wieder eine Sprühspur mit dem Würstchenwasser. Wechseln Sie dies immer ab, bis Sie eine gerade Schleppe von etwa 10–15 Metern erreicht haben. Am Ende wartet natürlich auf Ihren Hund eine große Belohnung von mehreren Wienerstückchen.

Gehen Sie nun zu Ihrem Hund zurück, nehmen Sie ihn an die Schleppleine, zeigen Sie ihm den Startpunkt und motivieren Sie ihn mit einem freudigen „Such", die Suche zu beginnen. Folgt er der Spur zielsicher, dürfen Sie ihn diese selbstständig abarbeiten lassen. Weicht er von der Spur ab, holen Sie ihn wieder zurück und helfen Sie ihm, indem Sie ihn sachte auf den richtigen Weg führen.

Tipp: Schleppfährten

Alternativ zu Sprühfährten gibt es auch Schleppfährten. Bei einer Schleppfährte ziehen Sie ein Stück Wurst oder Waffel hinter sich am Boden entlang. Ihr Hund folgt dann dieser Spur.

Klappen diese einfachen Sprühfährten gut, können Sie beginnen, Bögen und Winkel einzubauen und die Strecke zu verlängern.

Wald-Agility und Tricks

Der Wald und die Natur bieten Ihnen und Ihrem Hund ein tolles Spaßprogramm. Sie können umgefallene Baumstämme, Steine, Bänke und Bäume nutzen und zu Sportgeräten umfunktionieren.

- Lassen Sie Ihren Hund über einen umgefallen Baum springen.
- Lassen Sie Ihren Hund über einen Baumstamm balancieren.
- Unter einer Parkbank kann Ihr Hund hindurch kriechen.
- Ein Stein lädt zum Daraufspringen ein.
- Ein Baum kann umrundet werden.

Der Leckerlibaum: In den Astgabeln ist Futter versteckt.

Nutzen Sie die Natur, um Ihren Hund Spaß und Beschäftigung zu bieten!

Doch nicht nur Wald-Agility lässt sich draußen hervorragend zur Beschäftigung einsetzen, auch Tricks sind eine tolle Möglichkeit zum Spaßhaben. Tricks sind nicht nur im Wohnzimmer möglich, sondern auch draußen im Wald.

Ein Slalom durch Ihre Beine, Pfötchen geben und sich um die eigene Achse drehen sind schöne Tricks, die jederzeit auch in der freien Natur durchgeführt werden können.

Es gibt ganz viele tolle Möglichkeiten, um sich mit dem Hund draußen zu beschäftigen. Einige habe ich Ihnen oben vorgestellt. Möchten Sie hierfür noch mehr Anregungen bekommen, dann könnten Sie sich näher mit diesen Themen beschäftigen:

- *Dummytraining*
- *Mantrailing*
- *Geruchssuche*

Was tun, wenn…

… der Hund sich nicht mehr anleinen lässt?

Wenn sich Ihr Hund nicht mehr anleinen lässt, hat er vermutlich gelernt, dass beim Anleinen der Spaß vorbei ist oder Sie haben des Öfteren nach ihm gegrapscht, um ihn anzuleinen – und das hat er als unangenehm abgespeichert.

Sind Sie direkt in der Situation, lassen Sie sich auf kein Fangspiel ein. Nehmen Sie Leckerlis, die Sie auf den Boden vor sich streuen und versuchen Sie Ihren Hund darauf aufmerksam zu machen. Kommt er, darf er alles fressen und Sie können ihn unbemerkt vorsichtig am Geschirr nehmen. Oder aber nutzen Sie ein Spielzeug und tollen mit ihm herum. Passen Sie einen Moment ab, in dem er in das Spiel versunken ist und Sie ihn greifen können.

Befestigen Sie vorübergehend eine kurze Schleppleine von ein bis zwei Metern Länge am Geschirr Ihres Hundes. So umgehen Sie vorerst, dass Sie ihn anleinen müssen, haben aber jederzeit die Möglichkeit, ihn an die Leine zu nehmen.

Üben Sie das Leine-Los-Spiel bei jedem Gassigang. So sollten Sie das Problem relativ zügig in den Griff bekommen.

Help

…der Hund wegrennt und verschwunden ist?

Wenn der eigene Hund plötzlich weg ist, ist das ein Horrorszenario für seinen Menschen. Grässliche Vorstellungen spielen sich plötzlich im Kopf ab und man wird wirr vor Sorge. Doch das Allerwichtigste ist nun, Ruhe zu bewahren.

Bleiben Sie an dem Ort, an dem Sie Ihren Hund zuletzt gesehen haben. Oft kommen die Hunde dorthin zurück. Ansonsten ist Warten und Suchen angesagt.

Verständigen Sie mit einer genauen Beschreibung Ihres Hundes und den genauen Ort, an dem Ihr Hund entlaufen ist, Menschen und Organisationen, die Sie bei der Suche unterstützen könnten:

- Familie und Freunde
- die örtlichen Hundeschulen, Gassiservices und Hundepensionen
- das örtliche Tierheim und Tierschutzvereine
- örtliche Tierärzte und Tierkliniken
- Polizei und Ordnungsamt
- regionale Radiosender, Tageszeitungen und Wochenblätter
- Tasso oder Deutsches Haustierregister (Sollte Ihr Hund nicht registriert sein, empfehle ich Ihnen, das nachzuholen.). Siehe Serviceteil S. 110

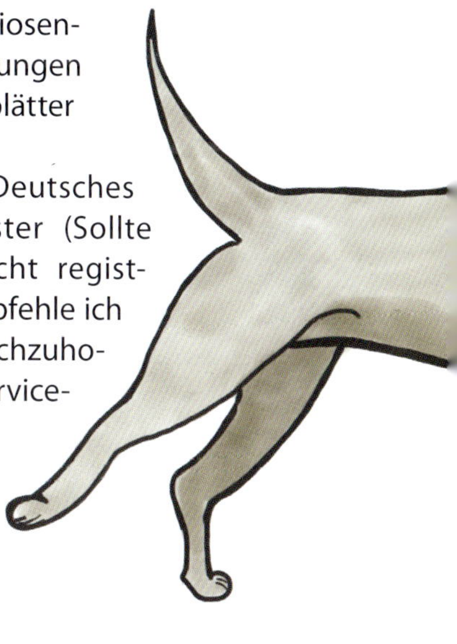

Zudem können Sie Plakate ausdrucken und diese in Zoofachmärkten aushängen sowie in Internetforen oder sozialen Netzwerken posten.

Je weiter Sie die Information streuen, desto leichter wird Ihr Hund wieder gefunden und kommt schnell zu Ihnen nach Hause.

Legen Sie eine Decke an der Weglaufstelle aus und stellen Sie einen Futternapf hin. Wenn möglich, lassen Sie Ihr Auto dort stehen. Durch diese bekannten Dinge kann Ihrem Hund das Zurückfinden leichter fallen.

Haben Sie einen Angsthund oder Hund, der aggressiv gegenüber Menschen reagiert, wäre es hilfreich, direkt Kontakt mit einem Fachmann / frau aufzunehmen, der Ihnen und den Helfern effektive Unterstützung bietet.

Wenn Sie sich nun auf die Suche begeben, versuchen Sie, so viele Helfer wie möglich zu organisieren. Verteilen Sie sich und versuchen Sie, das Gebiet so großflächig wie möglich abzudecken.

Wenn Ihr Hund Hundefreunde hat, können Sie diese in die Suche integrieren.

Sollte es schon öfter passiert sein, dass Ihr Hund einmal Reißaus nimmt, könnte für Sie ein GPS Tracking System eine gute Investition sein. Durch die GPS-Daten wissen Sie immer, wo sich Ihr Hund aufhält und ein schnelles Finden ist wahrscheinlicher. Es gibt inzwischen spezielle Systeme für Haustiere zu kaufen, die Daten auf Ihr Smartphone übertragen.

…der Hund Wild hinterherrennt?

Im ersten Moment können Sie nicht viel tun, außer zu warten. Kommt Ihr Hund wieder zurück, loben Sie ihn kurz und beginnen Sie ein strukturiertes Jagdkontrolltraining.

Kommt er längere Zeit nicht zurück, gehen Sie wie bei einem verschwundenen Hund vor. Informieren Sie zusätzlich den Jagdpächter.

...der Hund einen Menschen anspringt oder erschreckt?

Gehen Sie sofort und ohne Umwege auf den Menschen zu und sammeln Sie Ihren Hund ein. Entschuldigen Sie sich ehrlich gemeint und erkundigen Sie sich, ob die Kleidung oder die Haut des Menschen durch das Anspringen Schaden genommen hat. Wenn ja, geben Sie unaufgefordert Ihre Kontaktdaten heraus und versichern Sie, die Rechnung der Reinigung zu übernehmen.

...der Hund auf einen fremden Hund zurennt?

Hier gilt es, darauf zu achten, was das Gegenüber tut. Bleibt der andere Hundehalter und auch dessen Hund entspannt, können Sie ruhig weitermachen und entweder kurz warten, bis die Aufmerksamkeit Ihres Hundes wieder bei Ihnen ist und ihn dann rufen, oder Sie gehen entspannt hin und sammeln Ihren Vierbeiner ein. Sollte der andere Hundehalter und / oder Hund nervös werden oder sogar in Panik verfallen, handeln Sie schnell und nehmen Sie Ihren Hund zügig weg. Entschuldigen Sie sich auch hier und nehmen Sie Ihren Hund sofort an die Leine.

Sollte es zu einem Vorfall mit dem anderen Hund gekommen sein, tauschen Sie die Telefonnummern aus und zeigen Sie sich verständnisvoll. Schließlich war es Ihr Hund, der zu dem anderen gerannt ist...

Gehen Sie nun das Rückruftraining verstärkt an. Bis der Rückruf gut klappt, hilft Ihnen die Schleppleine, solche Situationen zu vermeiden.

Danke

Ich möchte mich an dieser Stelle bei einigen tollen Menschen bedanken, die mich immer unterstützt haben und es mir ermöglicht haben, meinen Traum mit Hund zu leben.

Ein großes Dankeschön geht an meine Familie und an meinen Lebensgefährten. Danke für Eure Engelsgeduld.

Vielen Dank an all meine Trainerkollegen. Danke für Eure gegenseitige Unterstützung und für tolle Kooperationen. Und ein extra Dank an Dr. Ute Blaschke-Berthold.

Ein Riesendank geht an Karin Reichel, Vera Kürzdörfer und Lisa Schiffelholz-Stumpf für das Korrekturlesen und das Überdenken der ein oder anderen Zeile sowie an meine Trainerkollegin Katy Sonderschefer, die mir ein gutes fachliches Feedback gegeben hat.

Auch ein großes Dankeschön an die vielen Mensch-Hund-Teams, die ich begleiten durfte und aktuell noch begleiten darf. Ihr seid es, die mich immer wieder dazu bringen, Dinge zu hinterfragen und mir neuen Input zu holen.

Und natürlich noch danke an meine beiden Hunde, Sheila und Lenni. Zwei Hundeseelen, die mich genau dorthin gebracht haben, wo ich jetzt bin.

Und zu guter Letzt ein Dank an Frau Rau und dem Team vom Kynos Verlag für die tolle Zusammenarbeit.

Serviceteil

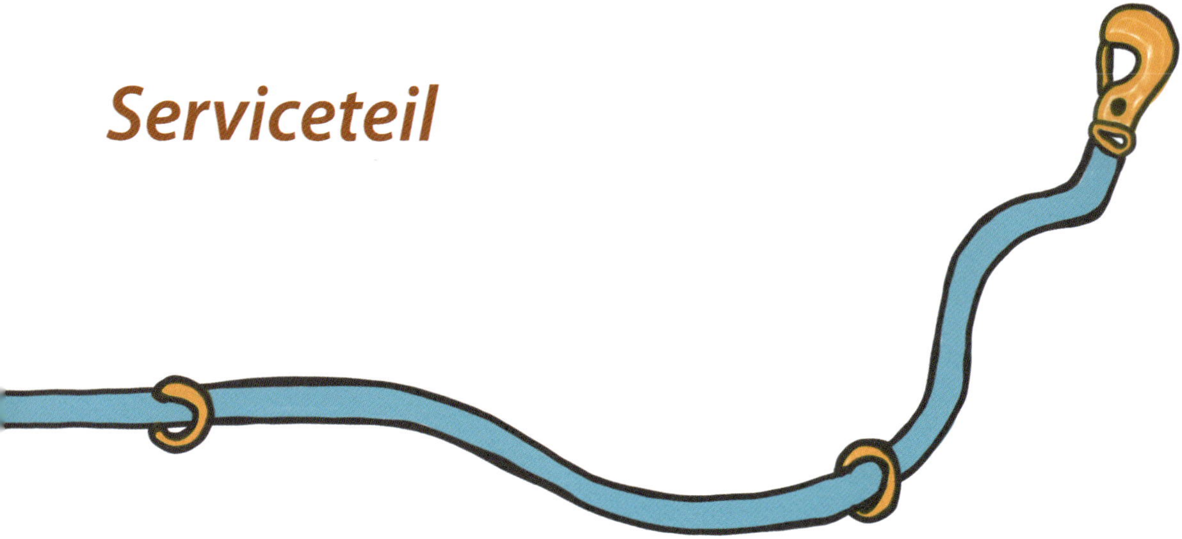

Weiterführende Adressen:

VitaCanis – Coaching für Hundehalter, Blog & Online-Kurse
www.vitacanis.net

CumCane – Dr. Ute Blaschke-Berthold
www.cumcane.de

IBH Internationaler Berufsverband der Hundetrainer/innen e. V.
www.ibh-hundeschulen.de

Hundetraining Franken
www.hundetraining-franken.de

Trainieren statt Dominieren — Netzwerk gewaltfrei arbeitender Hundetrainer
www.trainieren-statt-dominieren.de

Trainernetzwerk
http://petprofessionalguild.com

Tasso Registrierung
www.tasso.net/Tierschutz/Registrierung

Deutsches Haustierregister und Haustier-Chip beim Tierarzt
www.registrier-dein-tier.de

Bücher zum Weiterlesen:

Beck, Elisabeth: Wer denken will, muss fühlen. Kynos Verlag, 2010.

Kitchenham, Kate: Spielekiste für Hunde. Franckh-Kosmos Verlag, 2015.

Nagel, Martina: Stress bei Hunden. Animal Learn Verlag, 2003.

Reichel, Sabrina: Hunde belohnen – aber richtig! GRIN Verlag, 2013.

Reichel, Sabrina: Leinenrambo – Positiv trainieren, entspannt spazieren. Kynos Verlag, 2014.

Reichel, Sabrina: Leinenrambo – Das Trainingstagebuch. Kynos Verlag, 2014.

Riepe, Thomas: Einfach Hund sein dürfen. Eugen Ulmer Verlag, 2016.

Schneider, Dorothee: Die Welt in seinem Kopf. Animal Learn Verlag, 2005.

Theby, Viviane: Das große Schnüffelbuch. Kynos Verlag, 2010.

Theby, Viviane: Schnüffelstunde, Kynos Verlag, 2003

Empfehlenswertes Zubehör

Geschirre und Bauchtaschen
www.annyx.de

Sackerblech
http://www.laurers.de/onlineshop/sackerl-bech

Doppeltonpfeife
https://www.romneys.de/product/acme-doppeltonpfeife.4413.html

Acme-Pfeifen
http://www.acme-hundepfeifen.de

Schleppleinen
https://www.facebook.com/amicuscaniscreativ

https://www.bio-leine.de

http://www.hundeversand.de/Fettleder-Schleppleine-Suchleine-Faehrtenleine-fuer-Hunde

www.hundeleinen.de

Ruckdämpfer
http://www.hundeversand.de/Ruckdaempfer-Elastikleine-fuer-Hunde

Zwergerl
www.zwergerl-nasenspass-im-pocketformat.de

Quellenangaben

Trainingstechniken:

Click for Blick / Marker für Blick – entwickelt von Kayce Cover, Synalia weiterentwickelt von Dr. Ute Blaschke-Berthold

Ankersignal
Dr. Ute Blaschke-Berthold

Geschirrgriff
entwickelt von
Dr. Ute Blaschke-Berthold

U-Turn
McConnell, P. B. & London, K. B., Feisty Fido (Dog's Best Friend, Ltd, 2003)

Bücher:

Schneider, Dorothée: Die Welt in seinem Kopf. Animal Learn Verlag, 2005.

Bradshaw, John: Hundeverstand: Kynos Verlag, 2012.

Clothier, Suzanne: Es würde Knochen vom Himmel regnen, Animal Learn Verlag, 2004.

Theby, Viviane: Das große Schnüffelbuch. Kynos Verlag, 2010.

Vorstellung der Modells

Stefanie mit Apollo

Birgit mit DaCapo und Emil

Vera mit Nanook

Ute mit Lilly

Ute mit Balu

Shanna mit Sam

Katrin mit Lilly

Martina mit Ole

Über die Autorin

Sabrina Reichel ist behördlich zertifizierte Hundetrainerin und Hundeverhaltensberaterin und betreibt in Oberfranken ihre Hundeschule VitaCanis. Sie hat sich auf Alltagstraining und Problembewältigung für Familienhunde spezialisiert. Strukturiertes Herangehen an Trainingsherausforderungen und die Fähigkeit, den Hundebesitzern das richtige Vorgehen zu vermitteln, sind ihre besonderen Stärken. Sie ist Autorin mehrerer Bücher und Zeitschriftenartikel zum Thema Hundetraining und gibt Seminare in Deutschland und Österreich.

Die Autorin Sabrina Reichel mit Sheila und Lenni

Das eigene Trainingsprotokoll

Mein Hund: (Erstellen eines Profils)

So verhält sich mein Hund aktuell im Freilauf:

Diese Ziele möchte ich erreichen:

1.
2.
3.
4.
5.
6.
7.

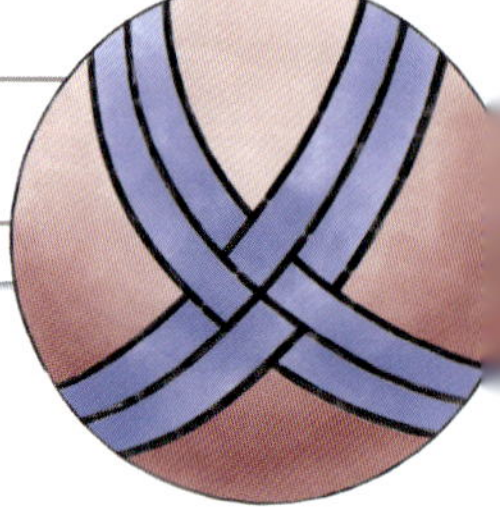

In Ihrem ganz persönlichen Trainingsprotokoll können Sie das komplette Training mit Ihrem Hund festhalten. Notieren Sie sich die einzelnen Situationen und Übungen in Stichpunkten. Nach einigen Trainingseinheiten werden Sie dann schwarz auf weiß Ihre Erfolge sehen können.

Datum	Situation	Übung	Verhalten Hund
15.04.2016	Feldweg ohne ersichtliche Ablenkung	Doppelter Rückruf	Kam sofort angeflitzt

Besonderheiten (mein eigenes Verhalten, Ereignisse vor dem Training, etc.)

15.04.2016 Belohnung Futtertube

Datum	Situation	Übung	Verhalten Hund

Besonderheiten (mein eigenes Verhalten, Ereignisse vor dem Training, etc.)

Datum	Situation	Übung	Verhalten Hund

Besonderheiten (mein eigenes Verhalten, Ereignisse vor dem Training, etc.)

Datum	Situation	Übung	Verhalten Hund

Besonderheiten (mein eigenes Verhalten, Ereignisse vor dem Training, etc.)

Med.-Rat Dr. TRAUDE WEBER

Geheime Gesellschaften der Kräuter – geheimer Rhythmus der Lebensuhr

I Ging – Kräuterlehre – Akupunktur
Lebenscode – Lebensrhythmuskalender

CARINTHIA

Das Bild für die Einbandvorderseite, das die Natur als Ganzes symbolhaft darstellt, sowie die Abbildungen der Kräuter auf den Seiten 35, 43, 53, 64 und 74 stammen von Franz Kaplenig.

Die Einbandrückseite zeigt ein Mandalazeichen, das Muttersymbol des Ostens. Die Farbbilder der Seiten 26 und 27 schuf Ruth Straßnig.

Die Paracelsus-Abbildung auf Seite 8 ist ein Werk Prof. Heinrich Ebners. Die Graphik auf Seite 189 wurde von Rudolf Haidutschek gezeichnet. Sämtliche Fotografien stammen aus dem Besitz der Autorin.

Die übrigen Zeichnungen wurden von Dr. Ingeborg Zengerer ausgeführt, der ich auf diesem Wege für die Geduld und die Ermutigung zum Schreiben dieses Buches meinen Dank ausspreche. Sie half auch bei der Gestaltung und Einteilung – gerade in der Vielfalt ist es sonst oft schwierig, Signifikantes für die Praxis verwertbar zu machen.

ISBN 3-85378 – 252 – 3

Gesamtherstellung: Graphischer Betrieb Carinthia, Klagenfurt

1972 und 1976 war ich in China. Dieser Spruch wurde mir zum Abschied geschenkt, er lautet:

Frau Doktor – zum Andenken!
Vom Tod zur Lebensenergie.

War dies mein Auftrag? Ich versuche ihm jedenfalls in diesem Buch nachzukommen.

Es begann mit einer „goldenen Nadel"

Dieses Buch ist der Versuch, chinesische Weisheiten in die Lebensrhythmen von Pflanzen und Menschen einzubauen. In der Praxis wurde es von mir mit einer Goldnadel begonnen – in der Theorie soll es in Übereinstimmung mit den neuesten Forschungen den Zusammenhang Mikrokosmos – Makrokosmos im Werden und Vergehen unseres Lebens auf Erden überzeugend darlegen und die Beziehung zwischen Schulmedizin und Naturmedizin aufzeigen.

1921 in Villach, der Stadt, die auch Paracelsus nicht fremd war, geboren, absolvierte ich in Graz, Wien, Prag die Universität und promovierte 1944.

1954 war für mich als Ärztin ein entscheidendes Jahr. In Villach wurde der Paracelsusring gegründet. Der Gründer, Dr. Goldammer, wohnte in unserem Haus.

Zu Besuch in einem Spital in Kanton

1954 kam es auch zur ersten Begegnung mit der Akupunktur: „Mit einer Nadel heilt man Ischias, mit einer Kopfnadel steht eine Frau vom Rollstuhl auf."
Zufall oder eine ganz besondere Methode?

1954 auch Eröffnung eines physikotherapeutischen Institutes mit Naturheilmethoden (Massagen, Heilbäder usw.)

1958 Elektroakupunkturstudium: Man kann also Störungen in Organen in Sekundenschnelle messen (EAP-Test, vgl. u., S. 110 und S. 185ff.).
Nach dem Besuch vieler Kurse in Deutschland, Frankreich und Spanien erlangte ich das Diplom am Boltzmann-Institut für Akupunktur und habe inzwischen viele 1000 Behandlungen durchgeführt. Lasertherapie, Farbtherapie, Kräutertherapie und Zelltherapie waren dann als Variationen in Kenntnis der Lehren der Akupunktur in einer gezielten Weise möglich.

1972, 1976 bildeten Reisen nach China eine Ergänzung.
Der Besuch in China festigte meinen Glauben an die Akupunktur, die traditionelle chinesische Medizin lehrte mich, im Körper jede kleinste Zelle in ihrer Lebendigkeit zu sehen.
Die tiefen Geheimnisse führen zur Geheimformel des Lebens und in die 5000 Jahre alte Lehre des *I Ging* und der *Fu-Hsi*-Formel. Durch die heutige Wissenschaft findet man – nicht zufällige – Übereinstimmungen, und sie erklärt diese Lehre in der Physik, Chemie und Histologie.

1975 Studium der Niehans-Zelltherapie.
Eröffnung des *Kurheims Paracelsus,* in dem außer den obengenannten Behandlungen nun auch neue Spezialbehandlungen gegen die Schuppenflechte und die Magersucht eingeführt wurden.

Um aber gerade Skeptikern etwas mehr zu geben als nur eine Beschreibung von Therapien, versuche ich in diesem Buch die „Unendlichkeit der Strahlen" aufzuweisen, die sowohl im subatomaren Bereich der theoretischen Physik als auch in der traditionellen chinesischen Medizin eine lange nicht erkannte feste Bedeutung besitzen. Naturwissenschaft und Mystik finden zu einer ungeahnten Einheit im Raum, an dessen Tür in der Neuzeit Albert Einstein als erster klopfte.

Gleichzeitig sollen aber auch Zusammenhänge und Methoden in einfacher Darstellung aufgezeigt werden, wie die Fünf-Elemente-Lehre für Kräuter und der Jahresorgankalender.

Man findet Ursachen von Erkrankungen in Achtung der Natur. Das Beste auf dieser Erde müssen wir erkennen, um die Um- und Inwelt nicht durch Technik zu zerstören.

Paracelsus wies den Weg zur Naturheilkunde

1. Teil

Geheime Gesellschaften der Kräuter

Mensch und Natur

Unfaßbar wie die Energie ist das ewige Leben. Gleichnisse oder Vergleiche mit der Natur werden in China, heute wie vor 1000 Jahren, gesagt und verstanden. Sie berühren alles, was das innere und äußere Leben ausmacht. Durch diese Verquickung des Menschen mit der Natur in jeder seiner Handlungen bleibt er der Umwelt näher, der Rhythmus des Lebens wird dadurch bewußter und verständlicher. Wir sind doch in unserer Umwelt verloren, wenn wir nicht versuchen, mit ihr zu leben. Mechanisierung und Chemie genügen nicht für die Seele. Gemeinsames Leben mit Pflanzen und Tieren ist die Symbiose, die für den Menschen notwendig ist: Leben in richtiger Gemeinschaft gibt Kraft. Jedes Bild, jeder Blick, jede Bewegung, jeder Schatten und jedes Licht zeigen uns die Abhängigkeit des Menschen von seiner Umwelt.

Diese Abhängigkeit des Menschen von der Natur reicht hinab bis zur bescheidenen Wegblume, von der wir nicht wissen, ob sie nicht eines Tages unser größtes Heilmittel sein wird.

Wie sehr der Mensch in den Ablauf der Wandlungen in der Natur eingebettet ist, zeigt die chinesische Organstundenuhr (vgl. u., S. 32), die wieder nur ein Teil des Rhythmus der Lebensuhr ist. So können dann auch die modernen technischen Einrichtungen nur in Verbindung mit der Natur jene Kombination ergeben, die wir brauchen. So sind Tierkreiszeichen, Pflanzen, Kräuter, Symbolzeichen, Lebenszahlen als *I-Ging*-Sprache der Organe sowie die DNA als neue Eiweißsynthesesprache miteinander verbunden. Wir müssen lernen, die Augen wieder auf das Einfachste zu richten, auf das Einfachste, das immer bestand, morgen besteht und immer weiter sein wird. Die Natur ist das Licht, ohne das wir die Technik nicht bewältigen können. Das Lebenswunder wird immer wieder im Mittelpunkt unseres Denkens stehen. Über die Zelle als der Grundeinheit des Lebens bis zur Gruppenbildung müssen die besten Lebensbedingungen gesucht werden. Sie beginnen mit dem Plasma und dem Kern, dem *Yin* und dem *Yang,* dem Ei und dem Samen.

Die Zauberküche des großen Weltalls produziert alles für das Wachsen und Vergehen des Lebens. Wir müssen die Umwelt achten, wie wir die Menschen achten. Landschaften dürfen nicht willkürlich verändert werden, wie auch der Mensch, das Tier und die Pflanze nur kleine Veränderungen vertragen. Technik und Natur müssen miteinander harmonieren.

Die vier Säulen der Entwicklung, von denen Paracelsus spricht, sind bei den Pflanzen die Wurzel, der Stamm, das Blatt und die Frucht. Sie zeigen uns Jugend und Alter, sie zeigen uns in Farben die jeweilige Jahreszeit. Ja, einzelne Pflanzen zeigen sogar in Form und Farbe ihre Heilwirkung und Verwendbarkeit für Mensch und Tier.

Fünf-Elemente-Theorie, Akupunktur, Kräuterlehre

Tausende Jahre zurück verfolgen wir die Lehren der alten Chinesen. *Fu-Hsi* zeigt in seiner Formel (s. u., S. 94) als erster den Zusammenhang zwischen Makro- und Mikrokosmos. Auch Mensch, Tier, Pflanze stehen auf dieser Erde in engster Beziehung zueinander.

Der Mensch ist ein Bestandteil des Großen und gleichzeitig dessen verkleinertes Spiegelbild. Er enthält alles in sich, angefangen von der atomaren Explosion des Werdens, dem Urknall, bis zu den Farben der Natur, bis zu jenem Energiepotential, das die große und kleine Welt, den Makro- wie den Mikrokosmos, werden und vergehen läßt.

Schon vor Tausenden von Jahren war bekannt, daß der Mensch ein Energiebündel ist, und daß die Materie von dieser Lebensenergie abhängt, wenn sie in Harmonie auf dieser Erde bestehen will.

Vor 2800 v. Chr. hat *Huangti,* der Gelbe Kaiser, die Fragen der Energien im Menschen in seinen Büchern erklärt, die noch heute ihre Gültigkeit haben *(Nei King).* Es sind dies Energien, deren Kräfte sich bis in die Pflanzenkunde, in die Heilkräuterlehre bestätigen. Auf seinen Lehren beruht u. a. die Akupunktur, die heute genauso wirksam ist wie in der mythischen Vergangenheit.

Es ist ein großer Sprung von der Mystik der chinesischen Heilkunst zur Biophysik des technischen Zeitalters, doch die Auswirkung bleibt immer diesselbe. Ein Nadelstich in den Körper eines Menschen (oder Tieres) bewirkt psychisch und physisch eine Umstellung.

Die Akupunkturlehre gibt den Schlüssel zum Verständnis der Regulationsabläufe der psychosomatischen Formenkreise des Körpers. Der Mensch kann das Leben nicht selbst bestimmen. Die Stunde der Geburt, die Gene, die Chromosomen prägen die Gesetzmäßigkeiten des Lebensablaufes. Daher gibt es auch keine starren Krankheitsbilder, sondern nur gestörte Ordnungsprinzipien, die als Krankheiten Irritationen in den Ablauf unseres Lebens bringen.

Bei der Akupunktur werden Krankheiten nicht nur symptomatisch behandelt – wie es in der Schulmedizin der Fall ist –, sondern man versucht, mit Nadeln die Ursache zu bekämpfen, wozu allerdings eine genaue Kenntnis der „Fließsysteme" im menschlichen Körper erforderlich ist. So geschehen oft scheinbare Wunder, die in Wahrheit gar keine Wunder sind. Die Schulmedizin behandelt physikalisch, radiologisch, elektronisch oder chirurgisch, doch ist das meistens entweder zu wenig oder zu viel, und vor allem verabsäumt sie, den Menschen in seiner Ganzheit zu sehen. Gelingt es, durch Akupunktur Harmonie in den Organismus zu bringen, unterbleiben alle Nebenwirkungen, die in der

Schulmedizin durch Technik und Chemie auftreten, und der Körper kehrt auf natürlichem Weg zur Normstrahlung zurück.

Was ist nun eigentlich Akupunktur? In Hinblick auf den ewigen Rhythmus des *Tao* haben die Chinesen ihre Beobachtungen bei krank verteilter Energie – wie sie in ihrer blumigen Sprache die Krankheit im menschlichen Körper nennen – erstellt und eingebaut in das große Energiesystem, das Meridiansystem des menschlichen Körpers.

Die „Nahrungs-", „Wärme-" oder „Kälteenergie" – oder auch bei schweren Erkrankungen die „Erbenergie" – wurden von den chinesischen Weisen wie in einem „Lichtschaltkasen" mit verschiedenen „Sicherungen" in ein großes Ordnungsprinzip gebracht. Diese Ordnung im Körper zu erhalten bzw. bei Krankheit wieder herzustellen, war dann Aufgabe eines Akupunkteurs, der analog zum einfachen Elektriker – um beim Vergleich mit dem Schaltkasten zu bleiben – nach und nach die kompliziertesten Fehlsteuerungen des Organismus erkennen und beheben gelernt hatte.

Bei der klassischen Akupunktur werden mit Vorbedacht ausgesuchte und in einem Schema festgelegte Akupunkturpunkte gewählt. Nach dem *Nei King* gibt es 365 wichtige Akupunkturpunkte, genau so wie es 365 Tage im Jahr gibt. Ebenso gibt es 12 Hauptmeridiane analog den 12 Monaten. 52 Punkte gibt es allein auf den Energiemeridianen *Tou Mo* und *Jen Mo* (Lenker- und Konzeptionsgefäß), zahlenmäßig vergleichbar mit den 52 Wochen im Jahr. Akupunkturpunkte heißen im Chinesischen *Ju*-Punkte. Sie liegen in kleinen Grübchen, durch die die Energien der Meridiane an die Oberfläche kommen, und sind für einen geübten Akupunkteur tastbar.

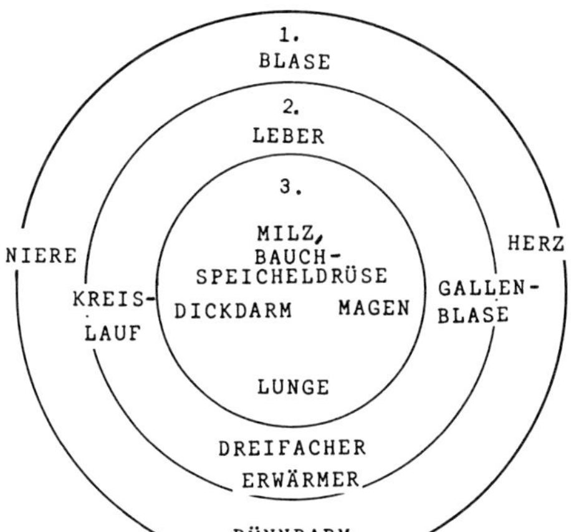

Die drei Energiekreise der Akupunktur

Um noch einmal auf das Meridiansystem zurückzukommen: Meridiane kennen wir zunächst von der Erdkugel. Beim Menschen sind es ebenfalls unsichtbare Linien, die Organen bzw. Funktionskreisen zugeordnet sind und deren Anfang oder Ende sich an Händen bzw. Füßen befinden. Dieses System ist elektronisch meßbar und dadurch wissenschaftlich beweisbar. Die Erkenntnis der Zusammenhänge der Meridiane untereinander ergibt dann als weiteren Schritt drei Regelkreise bzw. Energiekreise, analog den 3 Keimblättern der embryologischen Entwicklung (vgl. Abb. S. 13).

Das Akupunktursystem besteht also aus drei Regelkreisen mit 12 paarig angelegten Meridianen sowie dem Lenker- und dem Konzeptionsgefäß, wobei es jeweils ein Zusammenspiel von einem Werkstatt- und einem Arbeitsorgan gibt. Das Meridiansystem ist nämlich ein Werkstatt- und Verarbeitungssystem, das einen 2×12-Stundenrhythmus mit Optimal- (bzw. Maximal-) und Ruhezeiten kennt.

Der größte Kreis ist der Kreis von Niere, Blase, Herz und Dünndarm mit 129 Punkten. Der 2. Kreis besteht aus 92 Punkten. Er ist der mittlere Energiekreis und umfaßt die Energien von Leber, Gallenblase, Dreifacher Erwärmer und Kreislauf. Der innerste Kreis besteht aus 87 Punkten, die Milz/Bauchspeicheldrüse, Magen, Lunge und Dickdarm zugeordnet werden.

Die Behandlung mittels der Akupunktur erfolgt in Kenntnis des Meridiansystems mit seinen Punkten; die große Energie des Lebens wird in der chinesischen Tradition des jahrtausendealten Polaritätsgesetzes von *Yin* und *Yang* dirigiert.

Ist die ursprüngliche Energie an einem Punkt gestört, dann ist das Fließsystem in den Meridianen ebenfalls gestört. Die wellenförmige Bewegung des *Yin*- und *Yang*-Rhythmus wird unharmonisch, manchmal sogar blockiert, und die gesamte Versorgung im dynamischen Geschehen der Regulation unseres Körpers verändert ihre Wellenbewegung in einen zu großen *Yang*-Rhythmus oder zu niederen *Yin*-Rhythmus: *Yang*- oder *Yin*-Erkrankungen machen sich bemerkbar.

Die Regulierung des Fließsystems erfolgt dann durch Nadeln, die mit Hilfe der „einstellbaren Sicherungen" des Körpers, der Akupunkturpunkte, das richtige Strömungsverhältnis wiederherstellen, d. h. den gestörten Organismus wieder in die ausgewogene dynamische Ruhe führen. Durch das Nadeln eines Akupunkturpunktes (bzw. von Punktkombinationen) wird nämlich die endokrine Energiebeeinflussung ausgelöst. Dieser elektro-physikalische Vorgang reguliert den Stoffwechsel, und die Widerstandsverhältnisse der körpereigenen elektrischen Ströme werden wieder ins Gleichgewicht gebracht.

Schon durch das Setzen einer einzigen Nadel kann man das Fließen eines Energiefeldes verändern. Daher ist die genaue Kenntnis der Energiebahnen notwendig. Wichtig ist dabei im Hinblick auf den Ausgleich der Organe, daß man die Anregungs- und Beruhigungspunkte kennt. Kreuzungspunkte der Meridiane ergeben Reunionspunkte, die eine große therapeutische Breite haben und die Einsatzmöglichkeiten steigern.

Bei richtiger Nadelung spürt der Patient die Regulierung der Energie entweder durch einen leichten Schmerz, als ein elektrisierendes Prickeln, durch Wärmeempfindung oder durch Entspannung, aber auch durch eine große, angenehme Müdigkeit und innere Ruhe. So kann man die Energetik unseres Körpers ohne den Einsatz von Medikamenten vom Ist- in den Sollrhythmus bringen.

Eng verbunden mit der Akupunkturlehre ist die Fünf-Elemente-Theorie, die die Aufgabe hat, die fünf Hauptorganpaare (Leber/Gallenblase; Herz/Dünndarm; Magen/Milz-Bauchspeicheldrüse; Lunge/Dickdarm; Niere/Blase) energetisch in eine gewisse Elementenordnung zu bringen.

Die Fünf-Elemente-Theorie spielt auch bei der Deutung der Farben in der Natur (für Mensch und Pflanze) eine wichtige Rolle und ist im Sinne der Farbenlehre, die nicht nur Goethe, sondern auch die Weisen Chinas und Ägyptens kannten, u. a. auch im Hinblick auf die Auswahl von Heilkräutern, aber auch auf das Bestrahlen mit Farben als zusätzliche Therapie von großer Bedeutung, wie die folgenden Kapitel zeigen.

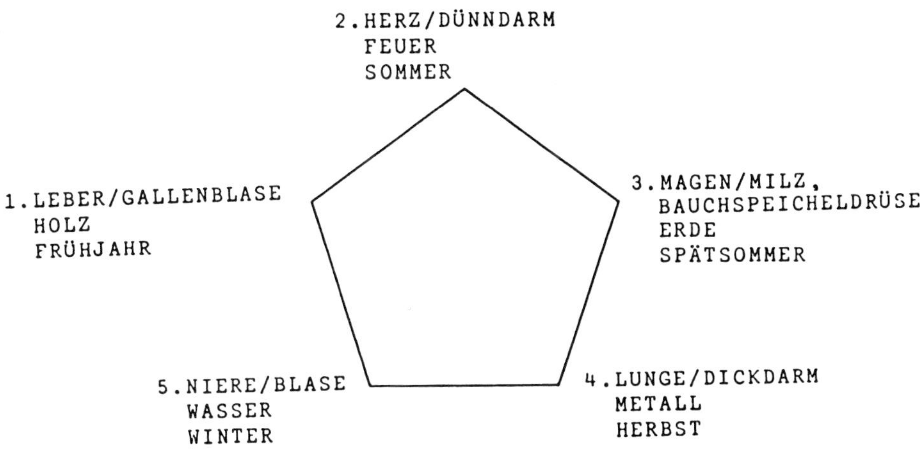

Die fünf Elemente – die Organe – die Jahreszeiten

Der erste Teil dieses Buches zeigt die heimischen Kräuter im Sinne dieser Fünf-Elemente-Lehre der traditionellen chinesischen Medizin in fünf „Gesellschaften“ eingeteilt, wobei jede „Gesellschaft“ hinsichtlich ihrer Wirkung einem bestimmten Organpaar zugeordnet ist.

Ähnliches geschah bereits vor Tausenden von Jahren, als *Schen-Nung* im ältesten, heute bekannten Kräuterbuch, dem *Pentsao,* die chinesischen Heilkräuter in Hinblick auf die fünf Elemente, auf Farbe, Geruch, Geschmack und Form dem Meridiansystem der Akupunkturlehre einordnete. Schon damals erkannte man, daß eine Verbindung von Akupunktur und Kräutertherapie die Heilwirkung verstärkt.

Holz, Feuer, Erde, Metall und Wasser sind laut *Nei King* die Urelemente, die fünf Organpaaren zugeteilt sind. Letztere wiederum können mit den ihnen zugeordneten Kräutern zu ganz bestimmten Jahreszeiten – zum Unterschied von der westlichen Einteilung kennt die chinesische Medizin fünf Jahrszeiten: Frühjahr, Sommer, Spätsommer, Herbst und Winter – am erfolgreichsten behandelt werden (vgl. Abb. S. 15).

Zu den fünf Elementen sagt das *Nei King* folgendes:

Trifft das Holz auf Metall, so wird es gespalten.
Trifft das Feuer auf Wasser, so wird es gelöscht.
Trifft die Erde auf Holz, so wird sie durchbohrt.
Trifft das Metall auf Feuer, so schmilzt es.
Trifft das Wasser auf die Erde, so wird es absorbiert.

(Vgl. auch „Destruktionskette“, S. 18.)

Die Fünf-Elemente-Lehre zeigt aber auch, wie sich die einzelnen Organe gegenseitig zu beeinflussen vermögen, wobei es im Uhrzeigersinn zu einer Sedierung und gegen den Uhrzeigersinn zu einer Tonisierung kommt.

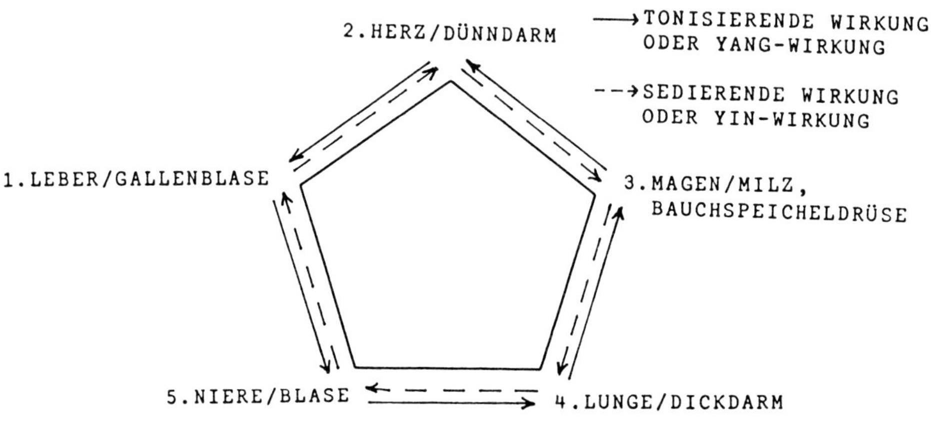

Doch auch noch andere Zusammenhänge erklären sich aus dem Fünfeck der Fünf-Elemente-Theorie. So kann es beispielsweise zu einer sogenannten „Balkenwirkung" kommen, die sich auf jeweils zwei einander gegenüberliegende Organpaare bezieht. Ein Beispiel einer solchen gegenseitigen Beeinflussung:

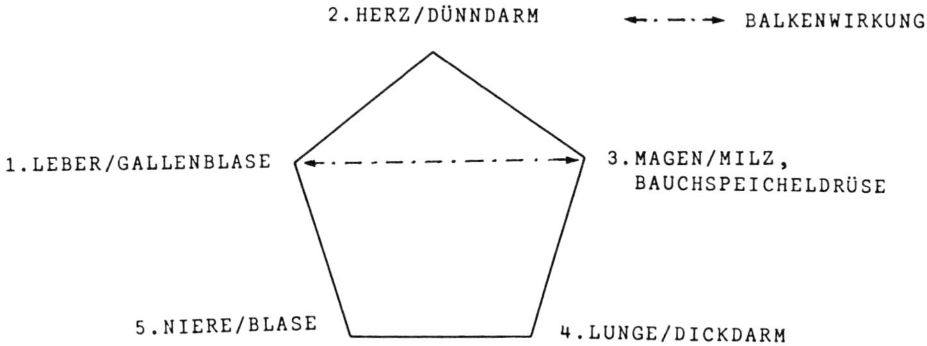

Bei Erkrankung eines Organpaares wird auch sehr häufig die Kraft von einem weiteren genommen („auszehren"), das dann zusätzlich gestützt werden muß. Dieses „Auszehren" erfolgt im Sinne der „Destruktionskette", von der im *Nei King* die Rede ist. Im Falle der folgenden Skizze wären bei Herz-Dünndarm-Erkrankungen noch Lunge-Dickdarm-Kräuter mit zu verwenden:

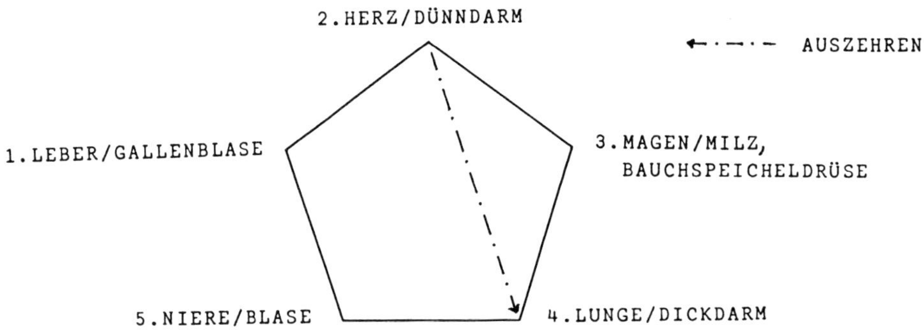

Es ist also oftmals nötig, neben den dem jeweiligen Organ zugeordneten Kräutern auch solche mit anderer Organwirkung einzusetzen, wenn man eine den Gesamtkörper umfassende Heilung erreichen will (Kräutermischungen).

Was nun die oben erwähnte „Destruktionskette" betrifft, kennt die traditionelle chinesische Medizin – ähnlich der progressiven und regressiven Vikariation der westlichen Medizin (Verschlechterung bzw. Verbesserung des Krankheitsbildes) – die Entwicklung der Krankheit in Richtung „tödliches *Yin*", d. h. nach der Destruktionskette (– · →), oder in Richtung „werdendes *Yang*", d. h. nach der Produktionskette (→):

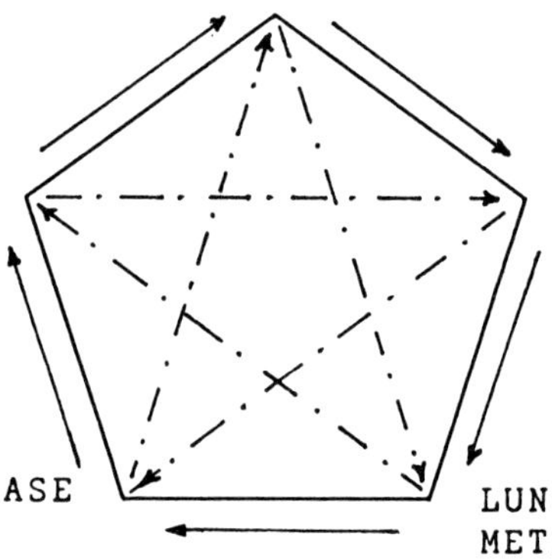

Weiters kann sich eine Krankheit nach der Meridianfolge weiterentwickeln, dann ist sie gemäß der chinesischen Lehre leicht zu heilen: Lunge → Dickdarm/Dickdarm → Magen/Magen → Milz – Bauspeicheldrüse/Milz – Bauchspeicheldrüse → Herz/Herz → Dünndarm/Dünndarm → Blase/Blase → Niere/Niere → Kreislauf/Kreislauf → Dreifacher Erwärmer/Dreifacher Erwärmer → Gallenblase/Gallenblase → Leber/Leber → Lunge (vgl. Organstundenuhr).

Die alten chinesischen Mythen berichten von der Entstehung der fünf Elemente und ihrem Zusammenhang mit den Himmelsrichtungen und den Farben:

> Ehe Himmel und Erde entstanden, war alles ein großer Ball von Wasserdunst, genannt das Chaos. Damals formten sich die Geister der fünf Grundkräfte (Elemente), die fünf Alten:

Der grüne Herr, der Beherrscher des Holzes, der im Osten lebte.

Der rote Herr, der Beherrscher des Feuers, der im Süden lebte.

Die (grau-violette) Metallmutter, die Herrin über die Metalle[1]), die im Westen lebte.

Der dunkle Herr, der Herr des Wassers, der im Norden lebte.

Der gelbe Herr, der Herr der Erde, der in der Mitte lebte.

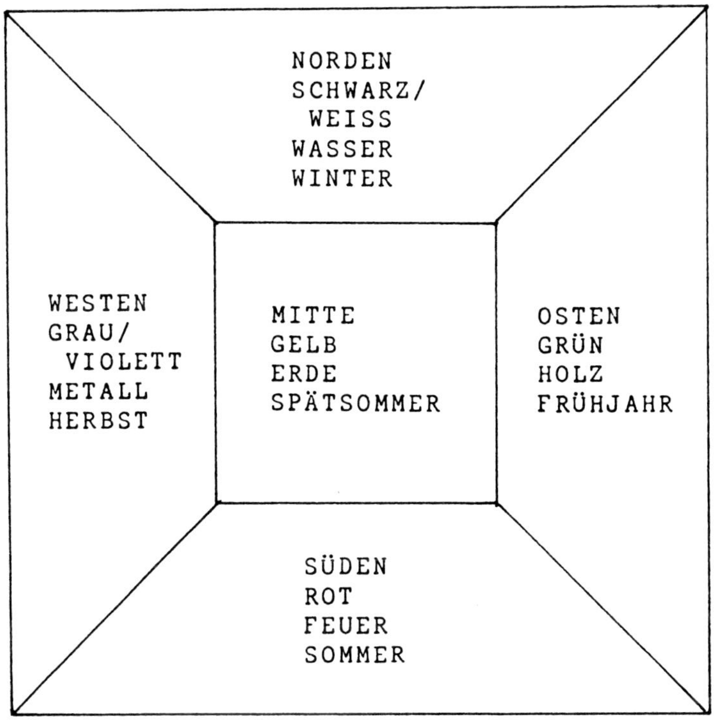

Diese Zeichnung, die Himmelsrichtungen, Farben, Elemente und Jahreszeiten miteinander verbindet, zeigt bereits die im Jahresorgankalender später noch deutlicher hervorgehobene Sonderstellung des Magen-Milz-Bauchspeicheldrüsen-Systems (gelb).

[1]) Metalle sind durch Formbarkeit, Leitfähigkeit und ihren metallischen Glanz gekennzeichnet. Letzterer erklärt sich durch die Wechselwirkung der Elektronen im Metallgitter mit der auftreffenden elektromagnetischen Strahlung, die reflektiert wird. Während der sichtbare Bereich für das weißliche Grau verantwortlich ist, gibt sich der kurzwelligere, an den UV-Bereich angrenzende Teil violett zu erkennen.

Auch Geruch und Geschmack werden in die Fünf-Elemente-Theorie mit einbezogen. Die folgende Tabelle gibt einen Überblick über den Zusammenhang zwischen den fünf Elementen, den Organpaaren, den Jahreszeiten, den Farben, dem Geruch und dem Geschmack:

Element		System (Organpaar)	Jahreszeit	Farbe	Geruch	Geschmack
1. Holz	☴	Leber/Gallenblase	Frühjahr	grün	ranzig	sauer
2. Feuer	☲	Herz, kleine Gefäße/ Dünndarm	Sommer	rot	verbrannt	bitter
3. Erde	☱	Magen/Milz, Bauchspeicheldrüse	Spätsommer	gelb	wohlriechend	süß
4. Metall	☶	Lunge/Dickdarm	Herbst	grau-violett	nach rohem Fleisch	scharf
5. Wasser	☵	Niere/Blase	Winter	weiß-schwarz	faulig	salzig

Die neben den Elementen stehenden Trigramme werden später durch das *I Ging* erklärt. Sie sind Zeichen für Wandlungen, die bis in die Quantenmedizin reichen (Moussat).
Auf das Fünfeck übertragen, sieht diese Einteilung folgendermaßen aus:

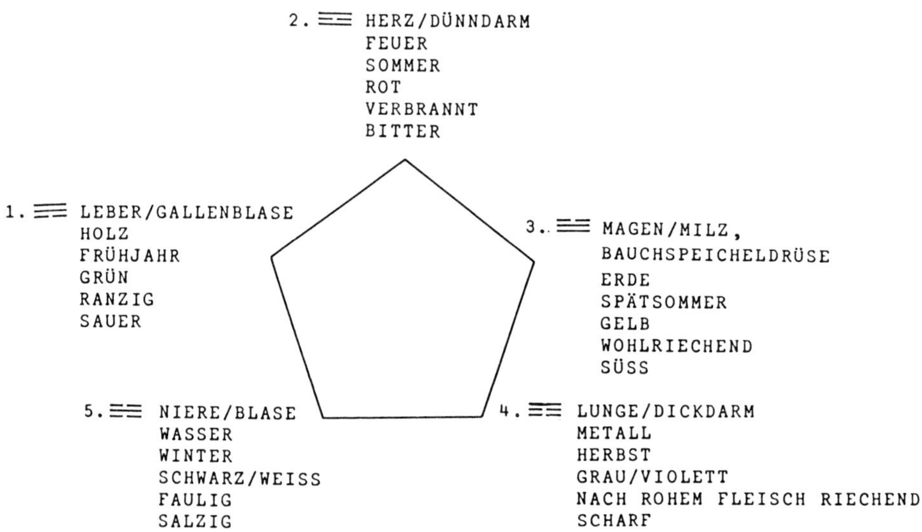

Das sechste, hier fehlende System, Kreislauf/Dreifacher Erwärmer (≡≡ ; blau), nimmt eine Sonderstellung ein (vgl. Jahresorgankalender, S. 136). Es hat keinen Geruch und keinen Geschmack, zumindest keinen, den wir wahrnehmen können.

Diese Einteilung kommt auch bei der Colortherapie gezielt zum Tragen. Früher war es außerdem üblich, daß der Arzt an dem Patienten roch. Auffallend ist beispielsweise der ranzig-faulige Geruch, der gerade bei Präcancerosen, Leber- und Nierenerkrankungen sehr deutlich auftritt, oder der Aceton-Atem, der ein Hinweis auf Stoffwechselstörungen der Kohlenhydrate ist (z. B. Alterszucker).

Auch Pflanzen haben Gerüche – ein weiterer Hinweis auf ihre Organzugehörigkeit.

Und schließlich sind den einzelnen Organpaaren auch *Emotionen* zugeordnet:

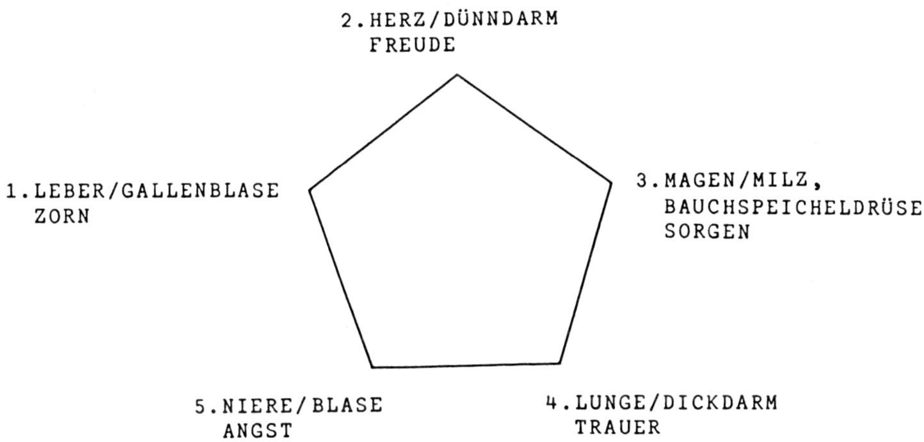

Aufgrund von Geschmack, Form und Farbe der Blüten, Blätter und Wurzeln können wir gleichfalls im Sinne der Fünf-Elemente-Theorie Schlüsse ziehen bezüglich der Heilwirkung einer Pflanze: Wir können also schon mit Hilfe äußerlicher Merkmale Pflanzen bestimmten Organen zuordnen.

So gibt es beispielsweise Pflanzen mit einer „Achterwirkung". Eine davon ist die in Korea beheimatete *Ginsengpflanze* mit ihrer weißen, bitter schmeckenden, menschenähnlich geformten Wurzel. Ihr wichtigster Bestandteil ist Germanin mit acht Sechsringen. (Auf die Bedeutung der Zahl 8 wird später noch eingegangen.) Allein schon die Form der Wurzel, die den ganzen menschlichen Körper zeigt, beweist die Wirkung auf den Menschen in seiner Gesamtheit.

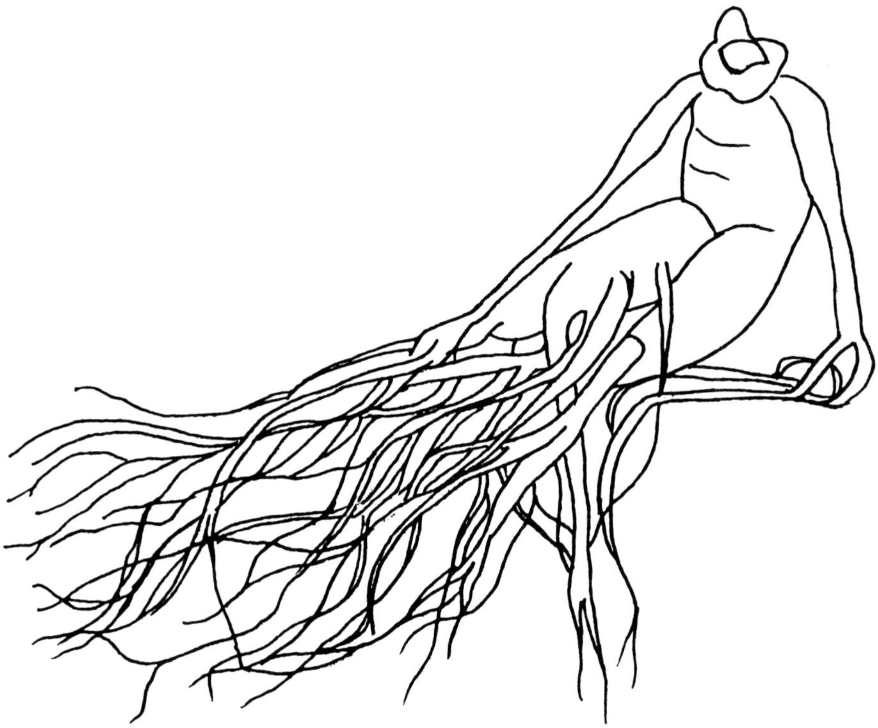

Ebenfalls aus den Tropen kommt die Modepflanze Afrikas, die *Teufelskralle*. Die Dickdarmform der schwarz-weiß gefärbten Wurzel gibt mit einen Hinweis auf die entschlackende Wirkung im Lungen-Dickdarm-Bereich. Die Farbe wiederum weist auf das Nieren-Blasen-System hin.

An das Großhirn erinnert das Innere einer *Walnuß*, die schon im Volksmund als „Hirnnahrung“ bezeichnet wird.

Die *Strophantusblüte* ist ein weiteres Beispiel. Aus ihr wird das Herzmittel *Strophantin* gewonnen. Durch die Farbe ihrer Blüte (innen gelb) zeigt sie ihre Zugehörigkeit zur Frucht und damit zu den Organen Magen/Milz, Bauchspeicheldrüse, wie später noch eingehend gezeigt wird, an. Laut Fünf-Elemente-Theorie wird mit ihr also das Herz tonisiert.

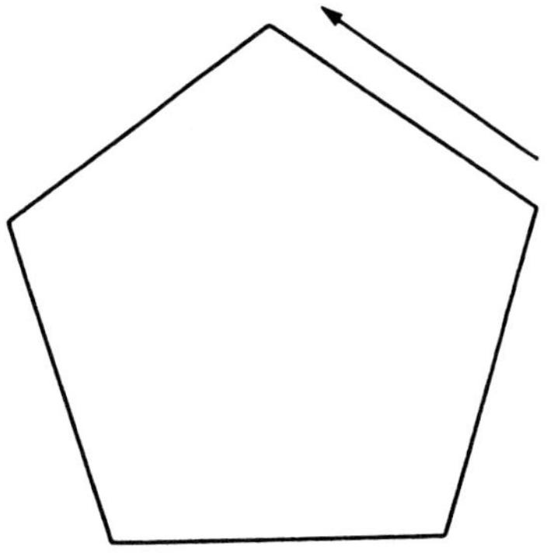

Unter dem Einfluß von 80prozentiger Schwefelsäure kommt es außerdem zur Rotfärbung: Rot ist die Farbe des Herzens.

Mit dem System der Fünf-Elemente-Lehre haben sich namhafte westliche Persönlichkeiten wie Guido Fish, Felix Mann und Franz Zeitler befaßt. Es bedarf allerdings einiger Zeit, bis ein westlicher Arzt die Symbolik, die philosophischen Gedankengänge, die die Grundlage der traditionellen chinesischen Medizin bilden, verstehen lernt.

Die große Ordnung der fünf Elemente wurde von den Chinesen nicht nur in die traditionelle Medizin, sondern in das gesamte Handeln ihres Lebens eingebaut. Es ist aber auch bei uns möglich, sowohl Allopathie als auch die alte traditionelle Homöopathie in das große Ordnungsschema der Fünf-Elemente-Lehre einzugliedern.

Der Apfel im Spiegel der Fünf-Elemente-Theorie

„Gesundheit im allgemeinen hängt von einer guten Funktion des Mikrokreislaufs ab", schrieb Dr. Franklin E. Bircher.

Im Mikrokosmos der Mikrozirkulation setzt nach unserer Geburt die Entwicklung des Kapillarsystems ein, jener 500 Millionen kleinster Blutgefäße, die den eigentlichen Umschlagplatz für die Ernährung und die Prophylaxe darstellen. Für Dr. Bircher ist der gesunde Apfel Symbol einer Ernährung mit wertvollen Energiequalitäten, die eine der Grundbedingungen für eine gut funktionierende Mikrozirkulation und somit für die Erhaltung unseres Lebens und unserer Gesundheit darstellt.

In seinem weltberühmten „Bircher-Müesli" hebt er auch den Apfel aus Hauptingredienz hervor:

1 gestrichener Eßlöffel Reiskeimlinge
1 Teelöffel Leinsamen
½ dl frisches Wasser
1 Eßlöffel frisch gepreßter Zitronensaft und etwas Schale
150 g Äpfel oder Früchte der Saison, wobei jedoch die Äpfel immer die Grundlage bilden sollen.

Betrachtet man diese Mischung in Hinblick auf die Fünf-Elemente-Theorie, erkennt man, daß damit jedes Organ angesprochen wird:

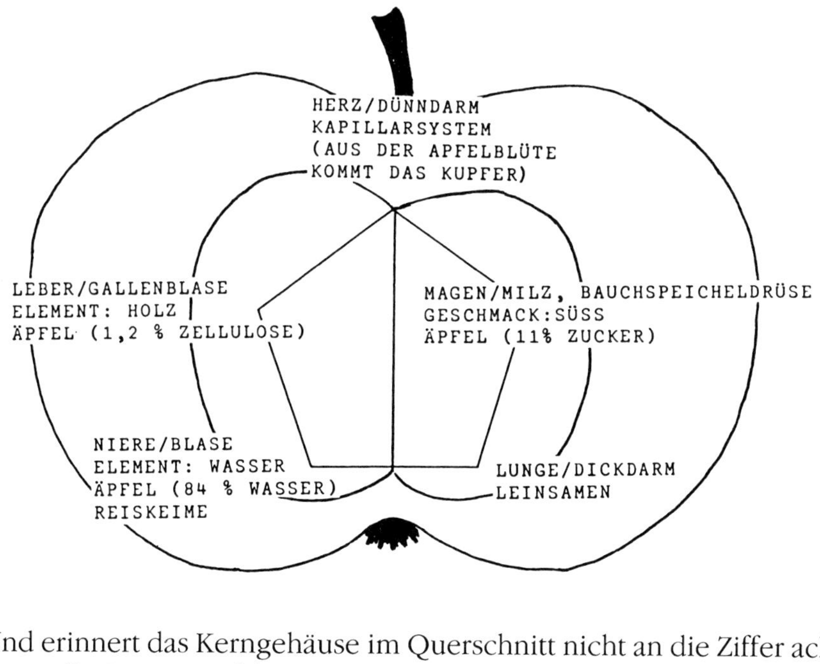

Und erinnert das Kerngehäuse im Querschnitt nicht an die Ziffer acht sowie an die DNA-Verschlingungen? Nur ein Zufall?

Pflanzen und Organe in der Anordnung der Fünf-Elemente-Lehre

Darstellung der „fünf Elemente" in Bildern

Geruch, Farbe und Form der Pflanze geben Hinweise auf ihre Anwendung. Die folgenden Bilder zeigen den Zusammenhang von Organen, Farben, Blumen, Pflanzen und Jahreszeiten im Wandel des ewigen Naturgeschehens. Die Verschmelzung von Kunst und traditioneller chinesischer Medizin ergibt das Lebendige des Lebens und soll helfen, das Gemeinsame im Rhythmus des Entstehens und Vergehens von Natur und Körper verständlich zu machen.

Die Sprache in Bildern beweist, daß wir vieles in der Kunst darstellen können, was in der Natur an Geheimnissen zu finden ist (vgl. Abb. S. 25).

Den fünf Elementen werden im Zusammenhang mit den fünf Jahreszeiten (vgl. o. S. 20) auch Tiere zugeordnet, die jeweils eine bestimmte Jahreszeit anzeigen (vgl. Abb. S. 28).

Die Hauptnahrung der Chinesen war stets der Reis. Daher wurden bestimmte Tiere mit dem Pflanzen, Blühen, Ernten und Verarbeiten dieser Nahrung – und dadurch mit einer bestimmten Jahreszeit – in Zusammenhang gebracht. Da jedes Tier dann zu einem bestimmten Zeitpunkt im Jahr zu einem Fest Anlaß gab, kam die Sitte auf, den dabei gebräuchlichen Tanz nach diesem Tier zu benennen. Auch Arbeitsbewegungen wurden tänzerisch ausgeführt – hauptsächlich von Leinenwebern und deren Frauen. Die Farben der Tiere (grün, rot, gelb, grau-violett und schwarz-weiß) gaben dabei die Jahreszeit an. So entstand im chinesischen Volk eine Art Volksgymnastik, denn Nichtbewegung und Faulheit machen die Menschen seelisch und körperlich krank. Die symbolischen Tiere (*Kong-fu*-Tiere) sollten dabei die Phantasie anregen und helfen, die Verbindung zur Gesundheit, zur Bewegung, zum Leben in der Gemeinschaft zu finden (vgl. auch das Kapitel „Aus der Weisheit des *I Ging* entstandene Bewegungstherapie").

Die *Kong-fu*-Tiere, die gemäß den Jahreszeiten auch den fünf Elementen und damit den Organen zugeordnet sind:

1. Schildkröte und Schlange – Frühjahr – Holz – Leber/Gallenblase – grün ☴
   (Die grüne Schlange hat dabei die Schutzfunktion.)
2. Roter Vogel – Sommer – Feuer – Herz/Dünndarm – rot ☲
   (Der rote Vogel zeigt Freude, Kampf, stampfende Bewegung.)
3. Der gelbe Vogel, der Phönix – Spätsommer – Erde – Magen/Milz, Bauchspeicheldrüse – gelb ☱
   (Den gelben Vogel charakterisieren ruhige, überlegte Bewegung, Denken, Planen, Vorsorgen.)

4. Der Affe – Herbst – Metall – grau/violett ☶
   (Bei den Indonesiern zeigt der Affe im symbolischen Tanz eine Verteidigung.)
5. Ein zweigesichtiges Mythentier – Winter – Wasser – schwarz/weiß ☵

Von den *Kong-fu*-Tieren zur Quantenmedizin ist ein weiter Weg, er wird aber durch das Studium der alten Lehren verständlich.

Bilder und Text der vorangehenden Seiten zeigen deutlich, daß man mit Hilfe der traditionellen chinesischen Fünf-Elemente-Theorie, des Jahresorgankalenders und des *I Ging* (vgl. 2. Teil) hinsichtlich Geschmack, Farbe, Geruch, Jahreszeit und Stunde Verbindungen zwischen Pflanzen und dem menschlichen Körper herstellen kann.

Ein Ausspruch von *Huangti*, dem gelben Kaiser:

Der Mensch ist ein kleines Universum. Er muß in Harmonie leben mit Himmel und Erde. Er existiert nur durch das Gleichgewicht der zwei Prinzipien von Yin und Yang. Seine Organe unterliegen dem Einfluß der „Fünf Elemente" der Natur. Die „Fünf Elemente" steuern alle beseelten Wesen der Natur, alle Phänomene der sichtbaren Welt. Ihre Veränderungen entscheiden über Leben und Tod, über Wachstum und Verfall, über Gesundheit und Krankheit. (Nei King)

So wird der große Zyklus der Verbindungen Pflanze–Mensch auf einmal verständlich, und dieses Wissen, das viele symbolhafte Erklärungen dieser Welt ermöglicht, ist notwendig, wenn man ganzheitlich medizinisch denken will. Die chinesische Medizin ist daher für jeden Arzt von größter Wichtigkeit.

Kong-fu-Tiere, Organe und Jahreszeiten

Kräuter und ihre Anwendung

Kräuter werden vielfach belächelt, doch dem Wissenden helfen sie. Feine Strahlungen sind in uns, und feine Strahlungen sind in den Pflanzen. Sie kommen aus der Natur, und wir sind die Natur; sie kommen aus der Erde, und wir sind die Erde. Wir brauchen sie: sei es in Form einer eigenständigen Therapie, sei es als Ergänzung verschiedener Heilmethoden.

Um aber die Vielfalt der Kräuter gezielt für vorbeugende und therapeutische Maßnahmen nutzen zu können, muß man über ihre Zugehörigkeit zu den Organen genau Bescheid wissen. Die vorliegende Zuordnung gewährleistet die richtige Kräuterwahl – in Hinblick auf eine eventuelle Eigenbehandlung – und macht das Zusammenspiel der verschiedenen Kräuter verständlich. Solche Kräutermischungen sind äußerst wirksam, da oftmals gerade im Zusammenwirken mehrerer Komponenten durch Addition oder Subtraktion von Einzelwirkungen ein Gleichgewicht erreicht werden kann.

Analog zur Medikamententestung können auch Tee-Zusammensetzungen genau ausgetestet werden, wodurch eine höchstmögliche Wirksamkeit erzielt wird (vgl. u., S. 186f.).

Zwei Rezepte sollen gleich zu Beginn die praktische Seite der Kräuterlehre aufzeigen:

1. Glückstee

Eine Teemischung kann die Psyche des Menschen beeinflussen:
Melisse – Magen/Milz–Bauchspeicheldrüse – Farbe: gelb.
Malve und Eisenkraut – Lunge/Dickdarm – Farbe: grau/violett.
Basilikum – Herz/Dünndarm – Farbe: rot.

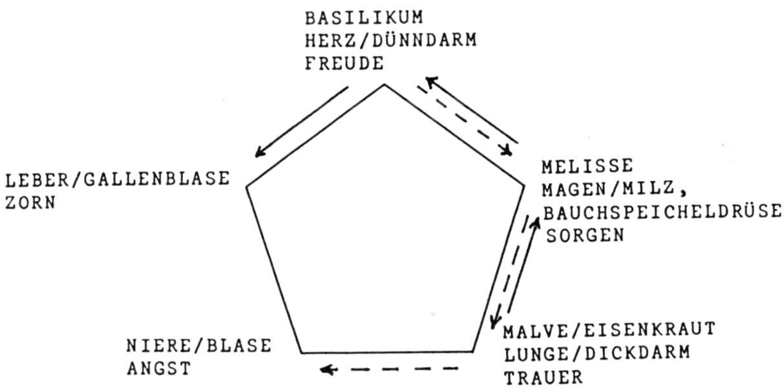

Von jedem der Kräuter soll eine Fingerspitze pro Tasse genommen werden.

2. Liebessuppe aus Feuerkräutern (Kräuter des Jupiter, der Sonne, des Mars):

Als Basis Kalbsknochensuppe legiert mit Eidotter und Rahm.

Würzen mit:

Basilikum:	Herz, Dünndarm (drüsenregulierend)
Rosenknospen:	Herz, Dünndarm (Spurenelemente)
Rosmarin:	Herz, Dünndarm, Ovar, Hypophyse
Jasminblüten:	Magen, Milz, Bauchspeicheldrüse
Salbei:	Magen, Milz, Bauchspeicheldrüse
Bohnenkraut:	Niere, Blase, Sexualsystem
Petersilgrün:	Niere, Blase, Sexualsystem
Petersilwurzel:	Niere, Blase, Sexualsystem (Einfluß auf Lunge und Dickdarm)
Schwarzer Pfeffer:	Niere, Blase, Sexualsystem
Sellerie:	Niere, Blase, Sexualsystem
Wacholderbeeren:	Niere, Blase, Sexualsystem
Knoblauch:	Kreislauf, Dreifacher Erwärmer

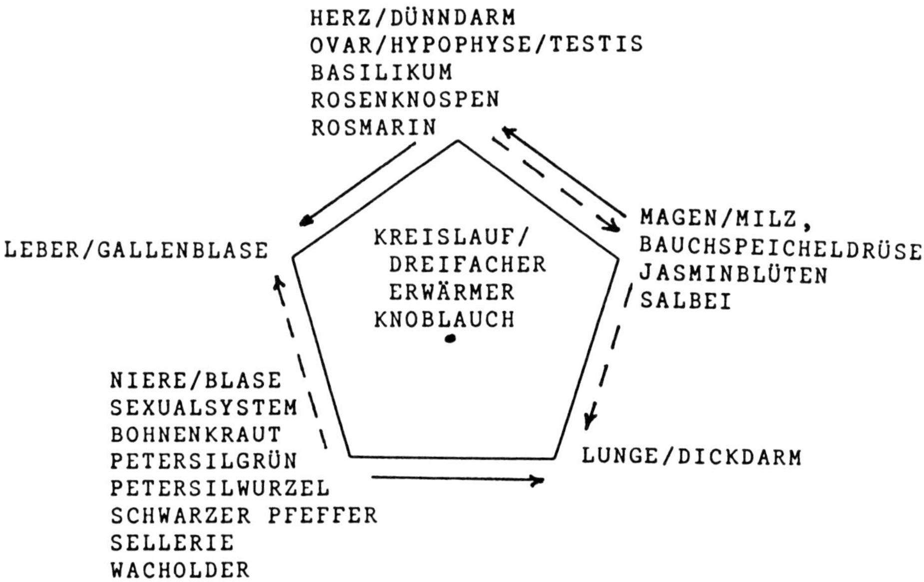

Die Fünf Gesellschaften der Kräuter

Organbezeichnung (Meridianpaar)	Chinesische Bezeichnung	Urelement nach der Fünf-Elemente-Lehre
1. Leber/Gallenblase	*Jin*	Holz
2. Herz/Dünndarm	*King*	Feuer
3. Magen/Milz – Bauchspeicheldrüse	*Ho*	Erde
4. Lunge/Dickdarm	*Ting*	Metall
5. Niere/Blase	*Jong*	Wasser

Die obenstehende Tabelle gibt einen Überblick über die Einteilung, wie sie die traditionelle chinesische Medizin vornahm. Bei der Fünf-Elemente-Theorie fehlt das sechste Meridianpaar Kreislauf/Dreifacher Erwärmer; dieses steht für das I. Grundmilieusystem der übrigen fünf Gesellschaften und wird später im Jahresorgankalender durch die Farbe Blau gekennzeichnet. Die *Yin-Yang*-Wirkung eines Organpaares ist bei der Therapie genau zu beachten.

Vier Gesellschaften werden zusätzlich noch einzelnen Drüsen zugeordnet, während die Gesellschaft Magen, Milz, Bauchspeicheldrüse – *Ho* – eine Sonderstellung einnimmt (vgl. Jahresorgankalender):

1. *Jin* – Schilddrüse
2. *King* – Ovar, Hypophyse, Testis
4. *Ting* – Nebenniere
5. *Jong* – Nebenschilddrüse

Um die praktische Anwendung und ein späteres Suchen zu erleichtern, wurde jede Gesellschaft mit einer „Fahne" in der ihr zukommenden Farbe ausgestattet. So finden wir, in der Reihenfolge der Fünf-Elemente-Lehre, grüne, rote, gelbe, grau-violette und schwarz-weiße Fahnen.

Die den einzelnen Gesellschaften vorangestellten Zeichnungen zeigen nur wenige Kräuter – sie sollen dazu anregen, die Kräutersträuße nach eigener Erfahrung zu vergrößern.

Die Kräuter haben übrigens eine spezielle Brückenfunktion: sie enthalten Aminosäuren und Metalle (Spurenelemente), die sie aus der Erde angereichert haben. Hier soll schon die Wichtigkeit einzelner Aminosäuren für bestimmte Organe hervorgehoben werden:

zu 1.: Glutamin
zu 2.: Prolin
zu 3.: Arginin
zu 4.: Serin
zu 5.: Glycin

Die *Fu-Hsi*-Zeichen (vgl. S. 94) zeigen wiederum die Zugehörigkeit zu den Organen und Pflanzen:

1. ☴   2. ☳   3. ☱   4. ☶   5. ☵

Das sechste „Organpaar“ hätte das Zeichen ☷ .

Die Organe sprechen zu bestimmten Uhrzeiten (Maximal- oder Optimalzeiten) besonders gut auf die Therapie an. Daran sollte man auch bei der Anwendung von Kräutern denken. Die folgende Organstundenuhr ist bei diesen Überlegungen eine große Hilfe.

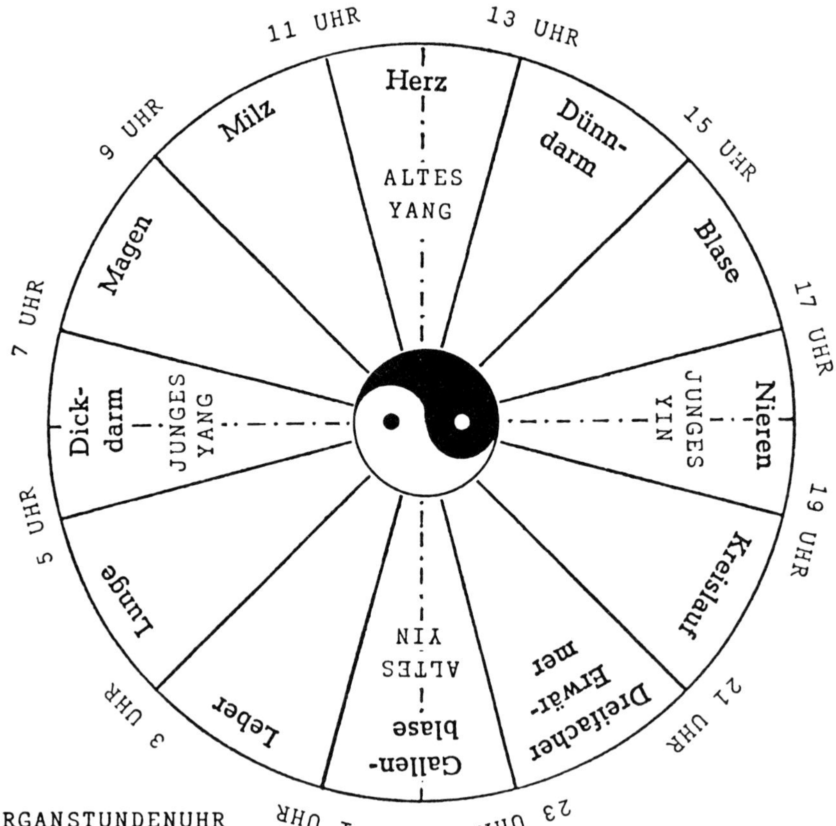

DIE ORGANSTUNDENUHR

In Zeichnungen kann man vieles sagen. Diese Abbildung des chinesischen Stundenkalenders soll die Wandlungen sowie die Optimal- bzw. Maximalzeiten der Organe des Menschen im ganzen Zellverband zeigen – eine weitere Teillehre der umfassenden traditionellen chinesischen Medizin. Die Organstundenuhr ist wichtig für Diagnose und Therapie, da ein zu einer bestimmten Uhrzeit immer wiederkehrendes Symptom Rückschlüsse auf das erkrankte Organ zuläßt und außerdem, wie gesagt, die Organe zu den Maximalzeiten besonders gut auf die Behandlung ansprechen.

1. Die *Jin*-Gesellschaft oder Holz-Gesellschaft

Die Kräuter dieser Gesellschaft sind dem System Leber–Gallenblase zugeordnet:

Brennessel
Kerbel
Lindenblüte
Löwenzahn
Quendel

Bei vielen Krankheiten ist eine Dysfunktion des Leberstoffwechsels festzustellen. Schon kleine Kinder zeigen im Verlauf von schweren infektiösen Erkrankungen Schwächen des Leberstoffwechsels.

In all diesen Fällen ist neben der üblichen Behandlung die Anwendung von Kräutern der *Jin*-Gesellschaft zu empfehlen.

Kuren mit *Jin*-Kräutern sollen im Frühjahr gemacht werden, da Leber und Gallenblase dieser Jahreszeit zugeordnet sind.

Die Zauberküche im menschlichen Körper ist der Organizismus[1], der alle z. B. von Heilpflanzen stammenden Wirkstoffe zunächst verwendungsgerecht verarbeiten läßt, um dann ihren Transport dorthin zu veranlassen, wo sie dringend gebraucht werden.

Diese Zauberküche kann aber nur in richtiger Zusammensetzung den gesunden Menschen formen. Der größte Küchenmeister dabei ist die Leber, die dem Grün, dem Wachsen, dem Frühling zugeordnet ist. Symbolisch ist sie das Holz des Körpers, und der in der Natur am meisten vorkommende Stoff ist die Zellulose. Sie baut die Wände der Pflanzenzellen, somit das Holz, auf.

1. LEBER/GALLENBLASE
BRENNESSEL
KERBEL
LINDENBLÜTE
LÖWENZAHN
QUENDEL

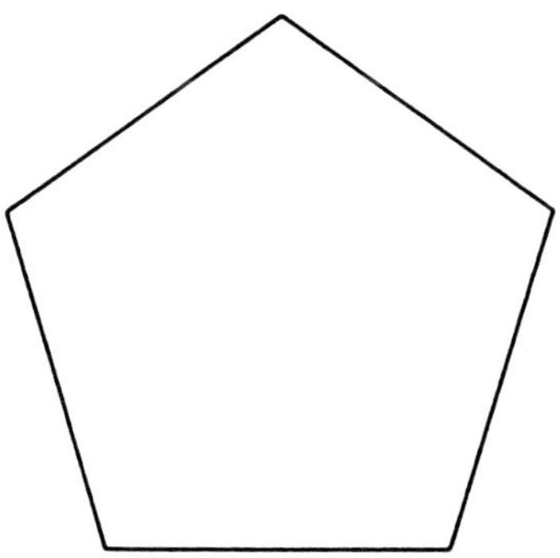

[1]) Steuerung des Organismus.

1. Organpaar:	Leber – Gallenblase ☱
Element:	Holz
Farbe:	grün
Geschmack:	sauer
Geruch:	ranzig
Jahreszeit:	Frühjahr
Tier-Symbol:	Schildkröte, Schlange
„Heilige Zahlen" des *I-Ging:*	44, 32, 48, 18, 46, 57, 50, 28
Emotion:	Zorn, Wut
Grundstruktur:	Guanidin
Jahresorgankalender:	15. 2.–15. 5.
Nerven:	*Nervus acusticus, Nervus intermedius* und *Nervus vagus* als Hauptnerv des parasympathischen Nervensystems
Muskeln:	siehe Beilage
Akupunkturmeßpunkte im EAP-Test:	Leber – große Zehe, innen; Gallenblase – 4. Zehe, außen
Wochentag:	Dienstag
Organuhr:	Gallenblase 23–1 Uhr, Leber 1–3 Uhr
Körner:	Weizenkeime
Kräuter:	s. u., S. 36 ff.
Aminosäuren als DNA-Codierung:	Glutamin, Alanin, Threonin
Lichtphotonen:	0,35 eV
Drüsen (lt. Jahresorgankalender):	Schilddrüse
Energiekreis:	7. und 8. Meridian
Naturvergleich (lt. Jahresorgankalender):	Blatt
Planet:	Mars
Metall:	Eisen

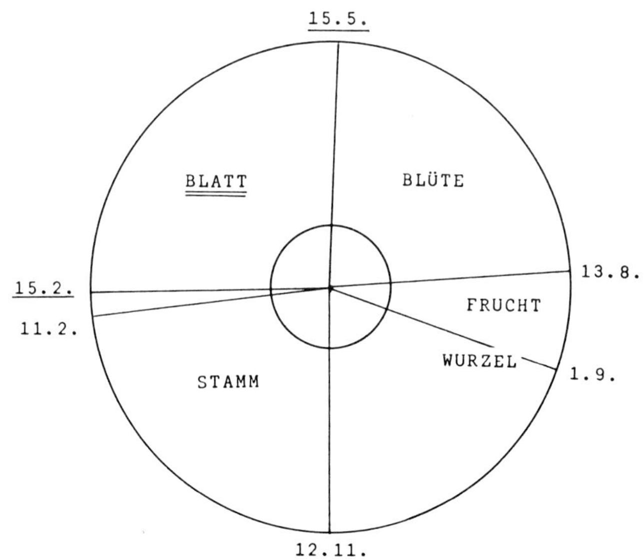

Es ist das 1. Organpaar, weil es dem Frühjahr zugeordnet ist, aber nicht das 1. Lebenssystem (vgl. u., S. 167).

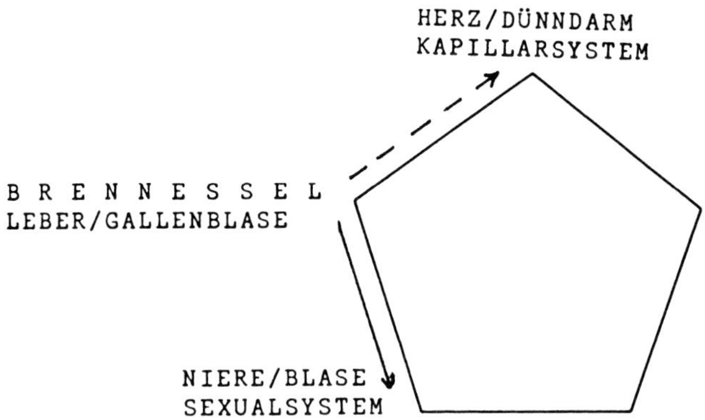

Die BRENNESSEL *(Urtica dioica* L.)

Die Brennessel mit ihren grünlichen Blüten ist ein „Leberkraut". Sie hat u. a. einen hohen Gehalt an Eisen, wichtig für die Produktion von roten Blutkörperchen und folglich für eine gute Sauerstoffversorgung. (Sauerstoff brauchen nicht nur die Gefäße, sondern auch die Leber.) Die in den feinen Härchen der Brennessel enthaltenen Enzyme üben eine ätzende Wirkung auf sämtliche Hohlorgane mit Zotten aus.

Im Sinne der Fünf-Elemente-Lehre wirkt die Brennessel anregend auf das Nieren-Blasen-System sowie auf die weiblichen Geschlechtsorgane und beruhigend auf das Herz.

Bei der Zelltherapie in Form einer gezielten Revitalisierung wird ergänzend Brennesseltee gegeben, um die Wirkung der Behandlung zu verstärken. Gerade neues Leben braucht viel Sauerstoff und Eisen, und die Brennessel hat großen Einfluß auf die Zellatmung. (Den Tee muß man dabei längere Zeit schluckweise über den Tag verteilt trinken lassen.)

Die Wirkung der Brennessel auf Gefäße und Schilddrüse erklärt sich aus dem Jahresorgankalender (vgl. u., S. 134 ff.).

Die Brennessel wird als Tee oder Spinat genossen. Brennesselbäder sind auch bei Ekzemerkrankungen anwendbar.

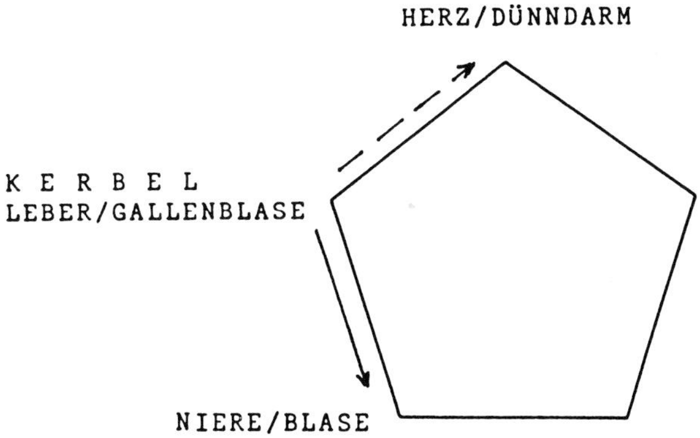

Der KERBEL *(Anthriscus cerefolium* Hoffmann)

Die entgiftende Eigenschaft dieses Leberkrautes, dem man auch eine Wirkung auf Krebszellen nachsagt, ist schon aus der Farbe ersichtlich: das Grün der Blüten geht über ins Schwarz der reifen Früchte. (Ein ähnlicher Zusammenhang zwischen den Farben Grün und Schwarz soll beim Farnkraut zu beobachten sein: Wenn man, einer alten Überlieferung nach, einem Rheumakranken grünes Farnkraut auflegt, soll sich dieses – bei gleichzeitiger Schmerzlinderung – schwarz verfärben. Dies wurde auch bei mit Farnkraut behandelten Krebskranken beobachtet.)

Kerbel wird bei Lebererkrankungen – sogar bei Leberzirrhose (Zelltherapie mit Thymus, Kerbeltee und Dinkelweizen) –, bei Verstopfung und bei Rheumatismus verwendet. Auch im Falle von Hauterkrankungen, die mit einer Erkrankung oder Funktionsstörung der Leber in Verbindung stehen, kann Kerbel helfen.

Kerbel hat ferner eine sedierende Wirkung auf den Dünndarm und eine tonisierende Wirkung auf die Nieren (Reinigung).

Bezüglich der Anwendung von Kerbel sei gesagt, daß Kuren mit dem frischen Saft dieses Krautes sehr gute Erfolge zeigen, ebenso Hand- und Fußbäder mit einem Aufguß oder Absud. In Teemischungen, vor allem mit Löwenzahn, wirkt Kerbel bei Koliken (*Yin*-Wirkung auf den Dünndarm). Bei akuter Verstopfung ist die Anwendung von abwechselnd heißen und kalten Kompressen mit Kerbel sehr zu empfehlen. Im Verlauf der Zelltherapie kann es mitunter zu einer vorübergehenden Verstopfung kommen. Mit der richtigen Ernährung und der richtigen Kräuteressenz als Zusatztherapie kann man diese unangenehme Begleiterscheinung verhindern.

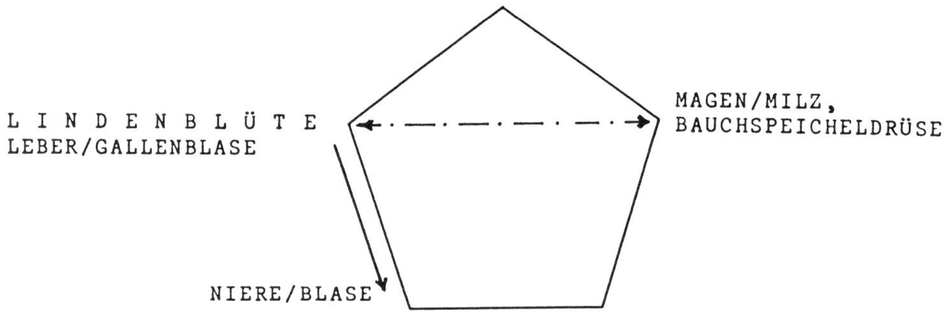

Die LINDENBLÜTE (Blüte der *Tilia europaea* L.)

Lindenblüten wirken bei Unterkühlungen; sie machen den Körper warm, indem sie den mittleren Energiekreis regulieren. Weiters sind sie leberwirksam, und es kommt in Hinblick auf den Magen zu einer sogenannten Balkenwirkung. Durch dic tonisierende Wirkung auf das Nieren-Blasen-System sind Lindenblüten auch harntreibend.

Da unser Körper zu sieben Achtel aus intra- und extrazellulärer Flüssigkeit besteht, hat man sich mit der Ausgewogenheit des Zellularsystems als einem der wichtigsten Faktoren für die Gesundheit (Thermodynamik des Körpers) intensiv beschäftigt. Wie wir wissen, sind grippale Infekte Überwärmungen oder Unterkühlungen des extra- und intrazellulären Systems; die Heilwirkung der Lindenblüte erklärt sich aus der Stimulierung dieses Zellularsystems.

Neben dem Lindenblütentee sind auch Fußbäder mit Lindenblüten (10 Fingerspitzen auf 5 l Wasser) sehr wirksam.

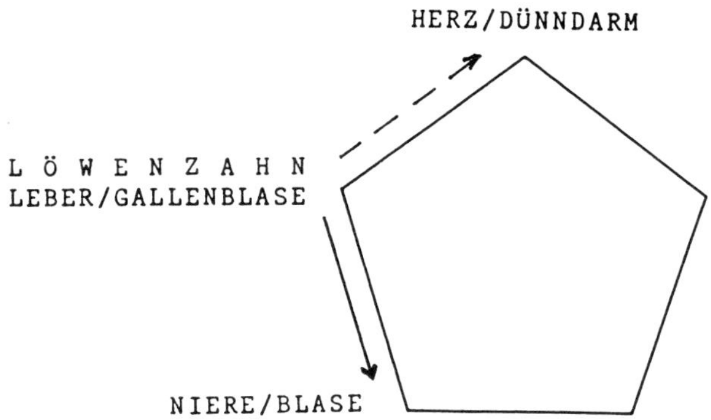

Der LÖWENZAHN (*Taraxacum officinale* [L.] Weber)

Durch die Blätter und Wurzeln des Löwenzahns wird die Gallenblase angeregt, indem es zu einer Förderung der Kontraktionen kommt. Die verstärkte Gallenproduktion hat wiederum einen günstigen Einfluß auf die Leber. Zellulitis, Akne, Ekzeme, Flechten usw. als Folgen einer Leber-Gallenblasen-Funktionsstörung können daher mit Löwenzahn behandelt werden.

Die harntreibende Wirkung dieser Pflanze erklärt sich aus der Fünf-Elemente-Lehre: Ein Leberkraut regt das Nieren-Blasen-System an, was u. a. bei Wassersucht, Rheumatismus und Gicht von großer Bedeutung ist.

Über die Förderung der Gallenblasentätigkeit reguliert der Löwenzahn die Darmfunktion; er wirkt beruhigend auf den Dünndarm. Weiters ist Löwenzahn appetitfördernd.

Löwenzahn in Form von Tee oder auch aufs Butterbrot gestreut, ist eine sehr empfehlenswerte Frühjahrskur.

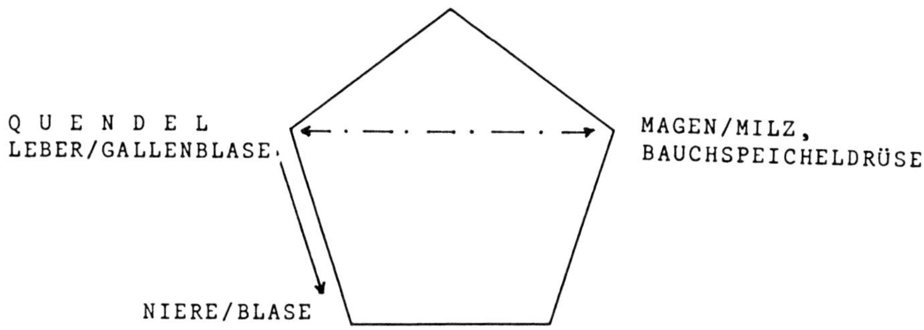

Der QUENDEL (*Thymus serpyllum* L.)

Der Quendel – oder wilde Thymian – hat eine regulierende Wirkung auf das Leber-Gallenblasen-System. Allergische Hautreaktionen, die von diesem Organpaar ausgehen, werden durch eine Kombination von Quendel mit Nierenkräutern oft gebessert. Weiters wirkt dieses Kraut tonisierend auf die Nieren. Haarausfall ist häufig eine allergische Reaktion des Stoffwechsels. Eine äußerlich angewandte Mischung von Quendel, Brennessel und Birke kann Abhilfe schaffen. Bei schweren Fällen wird man allerdings zur Zelltherapie (Thymus) greifen müssen, die durch die erwähnte Kräutermischung sowie eine zusätzliche Ernährung mit Hirse (Kieselsäure!) erfolgreich ergänzt werden kann.

Quendel wirkt weiters ausgleichend auf den Magen („Balkenwirkung“).

Bei *Psoriasis* (Schuppenflechte) wird Quendel zusätzlich zum *Balneozoon*[R]-Bad gegeben. Diese Kombination scheint eine bessere Wirkung zu haben als eine Bäderkur im Toten Meer.

2. Die *King*-Gesellschaft oder Feuer-Gesellschaft

Diese Gesellschaft umfaßt folgende „Herz-Dünndarm-Kräuter“:

Anis
Basilikum
Majoran
Orangenblüten
Rosenknospen
Rosmarin
Weißdorn

Wie die Erfahrung lehrt, sind Herzkräuter besonders bei leichter Dysfunktion des Herzens den starken allopathischen Medikamenten (mit Nebenwirkungen) vorzuziehen. Durch Tonisierung des Herzens helfen diese Kräuter auch bei niederem Blutdruck und haben dabei als Morgentee einen lang anhaltenden Erfolg. Weiters wirken sie auf den Dünndarm. Eine Kombination mit Körnern, in diesem Fall mit Hirse und Hafer, bewährt sich ausgezeichnet.

Gemäß der Fünf-Elemente-Theorie wirken *King*-Kräuter außerdem beruhigend auf das 2. Grundsystem (Magen-Milz/Bauchspeicheldrüse) und anregend auf den Leberstoffwechsel.

Kuren mit *King*-Kräutern sollten vor allem im Sommer gemacht werden.

2. Organpaar:	Herz – Dünndarm ☲
Element:	Feuer
Farbe:	rot
Geschmack:	bitter
Geruch:	verbrannt
Jahreszeit:	Sommer
Tier-Symbol:	roter Paradiesvogel
„Heilige Zahlen" des *I Ging*:	13, 55, 63, 22, 36, 37, 30, 49
Emotion:	Freude
Grundstruktur:	Cytosin
Jahresorgankalender:	15. 5.–13. 8.
Nerven:	*Nervus opticus, Nervus olfactorius*
Muskeln:	siehe Beilage
Akupunkturmeßpunkte im EAP-Test:	Herz – kleiner Finger, innen: Dünndarm – kleiner Finger, außen
Wochentag:	Freitag
Organuhr:	Herz 11–13 Uhr, Dünndarm 13–15 Uhr
Körner:	Hirse, Hafer
Kräuter:	s. u., S. 44ff.
Aminosäuren als DNA-Codierung:	Prolin, Arginin, Histidin, Glutamin, Glutaminsäure
Lichtphotonen:	0,45 eV
Drüsen (lt. Jahresorgankalender):	Ovar, Hypophyse, Testis
Energiekreis:	1. und 2. Meridian
Naturvergleich (lt. Jahresorgankalender):	Blüte
Planet:	Venus
Metall:	Kupfer

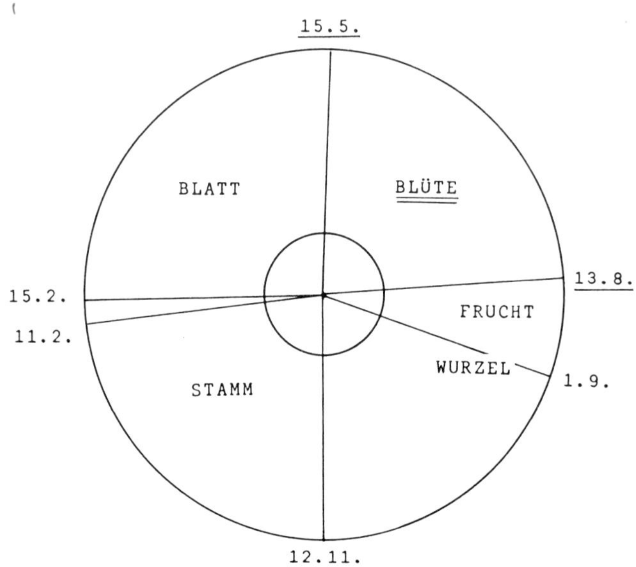

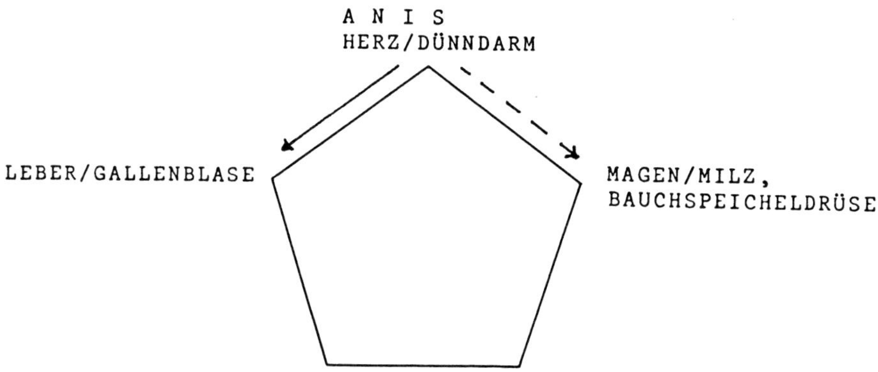

Der ANIS (*Pimpinella anisum* L.)

Anis (Bibernelle oder europäischer Anis, nicht zu verwechseln mit dem aus China stammenden Sternanis) war bereits in der alten chinesischen und indischen Heilkunde bekannt. Seine Früchte unterstützen die Herztätigkeit, regulieren die Verdauung und stärken durch den besonderen Geruch die Nervenzellen. Da durch Anis der Blutdruck erhöht und die Verdauung beruhigt werden können, bezeichnet man ihn als „Dünndarm-Herz-Kraut". Konkret gesagt: Anis kann bei schwachen Dünndarm-Werten des EAP-Tests (ca. 30, also schon Degenerationszeichen) und hohen Herz-Werten ausgleichend wirken.

Der Grund, weshalb Anis schon durch den Geruch wirkt, liegt darin, daß der *Nervus olfactorius*, der Geruchsnerv, als Hirnnerv Nr. 1 dem Herz-Dünndarm-System zugeordnet ist.

Aus der Sicht der Fünf-Elemente-Theorie wirkt Anis beruhigend auf den Magen und die Bauchspeicheldrüse und anregend auf das Leber-Gallenblasen-System.

Was die Anwendungsart betrifft, ist Anis sowohl als Tee als auch als Bad wirksam.

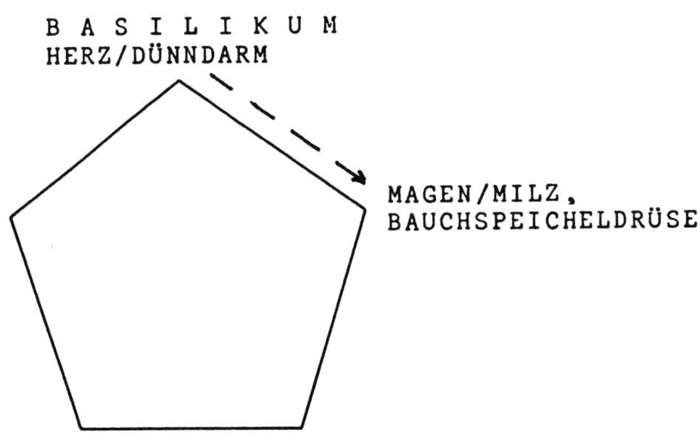

Das BASILIKUM (*Ocimum basilicum* L.)

Das Basilikum, ein Verwandter der Minze, des Bohnenkrauts und des Thymians, hat seine Heimat in Indien. Mit seinem Duft spricht es den *Nervus olfactorius* (Geruchsnerv), der dem Herz-Dünndarm-System zugeordnet ist, an.

Dieses „Königskraut", das auch „Kraut des Buddha" genannt wird, übt eine beruhigende Wirkung auf den ganzen Körper und auf die Psyche aus. Weiters wirkt Basilikum auf das Drüsensystem und kann bei Unruhe des Herzens – besonders im Klimakterium, wenn zusätzlich Schwindelgefühl und Hitze festgestellt werden – Beruhigung bringen. Auch Angstgefühl und Herzschmerzen können damit behandelt werden. Basilikum ist also ein „Herzkraut", wobei man unter „Herz" vielleicht auch noch „Seele", „Emotion" verstehen könnte, und ist vor allem angezeigt, wenn der EAP-Test einen niederen Herzwert und einen hohen Bauchspeicheldrüsenwert ergibt, wie es z. B. in Streßsituationen der Fall ist. Weiters wirkt es sedierend auf Magen, Milz, Bauchspeicheldrüse. Augentropfen mit Basilikum stärken die Sehkraft: der *Nervus opticus* gehört zum Herz-Dünndarm-System.

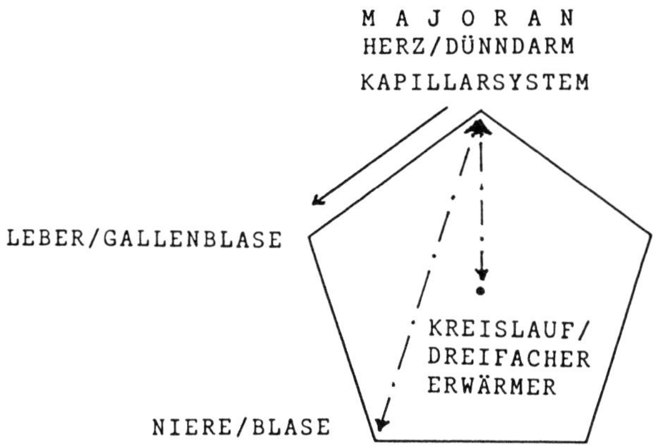

Der MAJORAN (*Majorana hortensis* L.)

Majoran ist mehr als ein Gewürz. Er wird bei hohem Cholesterinspiegel empfohlen und ist das Herzkranzgefäßmittel schlechthin. Er beeinflußt die Struktur der Kapillargefäße, und durch die in ihm enthaltenen Spurenelemente werden die Kreislauffunktion, die Gerinnungseigenschaft des Blutes und die Entschlackung des Bindegewebes gesteuert. Ferner tonisiert Majoran als Herz-Dünndarm-Kraut im Sinne der Fünf-Elemente-Lehre die Leber und wird äußerlich zur Bekämpfung der Altersflecken, die nichts anders sind als eine altersbedingte Schwächung der Stoffwechselfunktion, angewendet. Zusammen mit Heidekraut senkt Majoran den Harnsäurespiegel (Wirkung auf Niere und Blase).

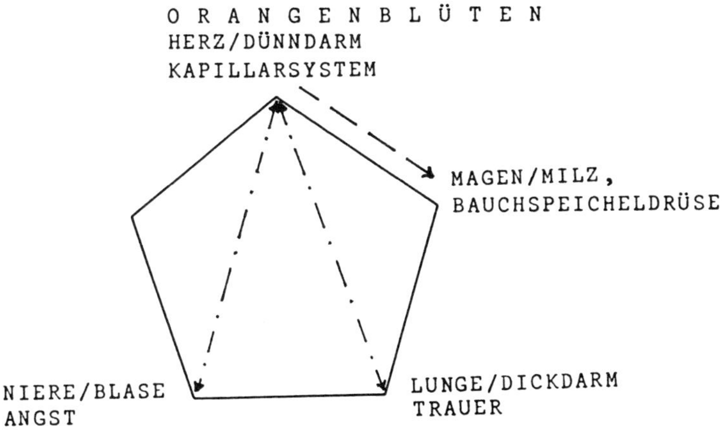

Die ORANGENBLÜTE (Blüte des *Citrus aurantium* L.)

Die fünf schneeweißen Blütenblätter der Orangenblüte sind mit winzigen Sekretionsdrüsen ausgestattet, die einen köstlichen Duft verströmen. Dieser wirkt anregend auf den *Nervus olfactorius* (Geruchsnerv) und damit auf das diesem Nerv zugeordnete Herz-Dünndarm-System. So haben diese Blüten einen guten Erfolg bei Menschen, deren Herz schon bei der kleinsten Aufregung wild zu schlagen beginnt. Überhaupt sind Orangenblüten ein wirksames Beruhigungsmitel gegen Nervosität, und eine Tasse Orangenblütentee vor dem Schlafengehen hat schon vielen geholfen.

Bei Magenkrämpfen und anderen Verdauungsstörungen – sofern diese nicht organisch bedingt sind – bringen Orangenblüten Erleichterung. Im Falle von Angstgefühlen und Depressionen kann eine Mischung mit Rosmarin und Lindenblüten empfohlen werden.

Die Orangenblüte enthält nicht nur viel Vitamin C, sondern auch Spurenelemente, die für den Gesamtorganismus von Bedeutung sind, wie z. B. Magnesium, von dem in letzter Zeit sehr viel gesprochen wurde. Durch das Spurenelement Kupfer werden die Organe aktiviert.

Bei Durchblutungsstörungen der kleinen Gefäße ist Orangenblütentee gleichfalls angebracht.

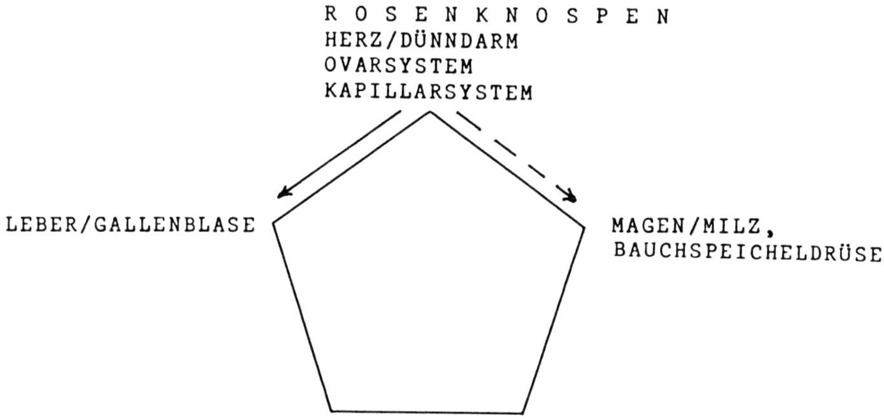

Die ROSENKNOSPE (Knospe der *Rosa gallica* L.)

Der Brauch, der Dame seines Herzens rote Rosen zu schenken, kommt wohl nicht von ungefähr, denn Rosenknospen sorgen für Spannkraft und Stärkung des Herzens. Ferner beruhigen sie Magen und Bauchspeicheldrüse und kräftigen die Milzfunktion. Durch den großen Gehalt an Spurenelementen stärken sie außerdem das Nervensystem.

Besonders Frauen sollten in der Zeit vom 27. Juli bis 13. August (vgl. Jahresorgankalender, S. 134 ff.) Rosenknospentee trinken, denn er sorgt für Wohlbefinden während des ganzen Jahres. Er zielt in dieser Zeit auf das Ovarsystem und vertreibt außerdem die Sommergrippe. Die Rosenknospe ist auch zuständig für die Gesundheit von Leber und Dünndarm und kann für Augenwaschungen bei Bindehautentzündungen sowie zum Gurgeln verwendet werden.

In der Kosmetik angewendet, verleihen Rosenknospen den Wangen nicht nur ein rosiges Aussehen, sondern wirken über diese auf das Energiezentrum, den Bauchraum.

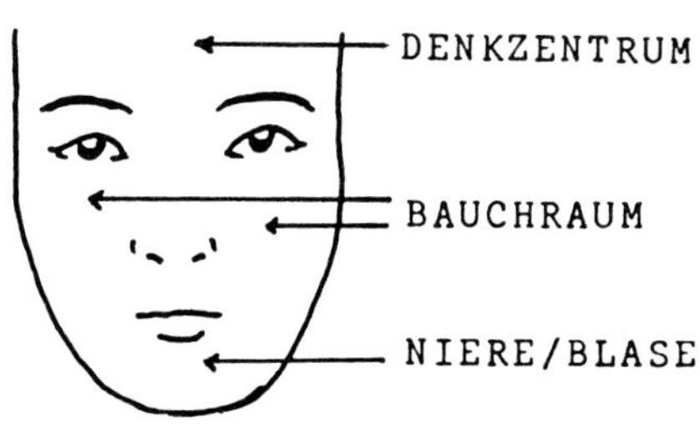

Man kann dabei sowohl Cremen als auch mit Rosenknospentee getränkte Wattebällchen verwenden.

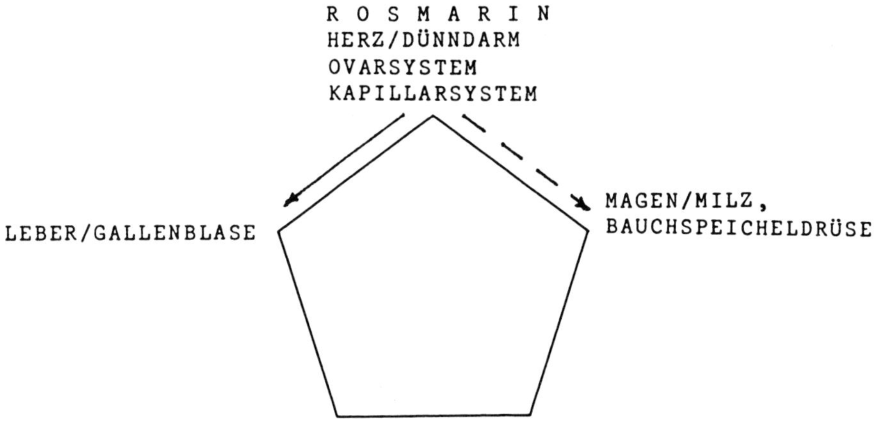

Der ROSMARIN (*Rosmarinus officinalis* L.)

Durch besondere *Yin*-Kräfte ist Rosmarin für das weibliche Sexualsystem wichtig. (Ovar ist die laut Jahresorgankalender dem Herz-Dünndarm-System zugeordnete Drüse.) Er sorgt aber auch für eine bessere Durchblutung des Herzens und eine Erhöhung des Blutdrucks, in letzterem Fall soll der Rosmarintee am Morgen genossen werden.

Auf das Magen-Milz-Bauchspeicheldrüsen-System übt Rosmarin eine beruhigende Wirkung aus. Leber, Gallenblase und damit die Schilddrüse werden durch Rosmarin angeregt.

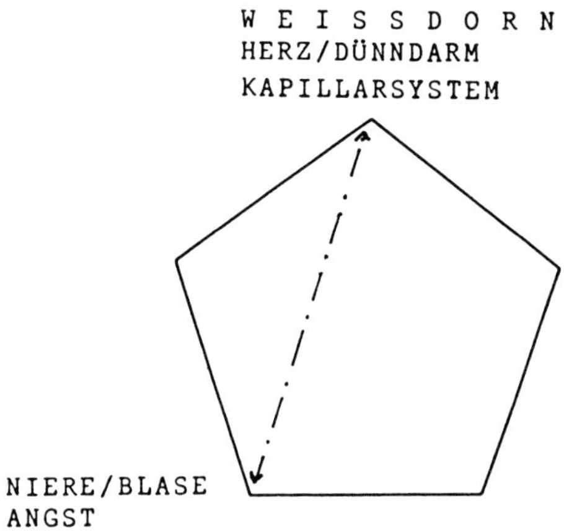

Der WEISSDORN *(Crataegus oxyacantha)*

Weißdorn ist eine vielseitig verwendbare Pflanze. Ihre Rinde wird bei Fieber empfohlen, die Früchte helfen gegen Durchfall, und die Blüten ergeben ein wichtiges Herzmittel für jung und alt. Letzteres kräftigt die Herzmuskulatur, fördert die Durchblutung der Herzkranzgefäße, wirkt ausgleichend auf den Herzrhythmus, öffnet das Kapillarsystem und reguliert den Blutdruck. Es ist angezeigt bei Herzmuskelentzündungen, bei altersbedingten Herzmuskelschäden (ab dem 50. Lebensjahr sollte überhaupt eine Tasse dieses Tees an jedem Freitag zwischen 11 und 13 Uhr getrunken werden), bei Arteriosklerose, nervösen Herzbeschwerden, Herzerweiterung, Herzwassersucht, Herzklappenfehlern, Kreislaufstörungen, Wechselbeschwerden und in der Rekonvaleszenz.

Auch in der Schulmedizin wird Weißdorn den Digitalis- und Strophantinpräparaten häufig vorgezogen. Er hat zwar nicht deren schnelle Wirkung, reguliert aber den Kreislauf besser und hat vor allem keine giftigen Eigenschaften. (Da Weißdorn kein sofort wirkendes Heilkraut ist, sollte er immer über einen längeren Zeitraum genommen werden.)

In der Homöopathie wird *Crataegus* auch bei Ohrensausen, Schlaflosigkeit und Schwindel eingesetzt, soferne diese Erscheinungen eine Folge einer Herzerkrankung sind. Weißdorn wirkt aber auch beruhigend bei nervösen Störungen, besonders des Kreislaufs, bei Angstgefühl und streßbedingten Erkrankungen.

3. Die *Ho*-Gesellschaft oder Erden-Gesellschaft

Bei dieser Gesellschaft handelt es sich um Kräuter, die dem Magen-Milz-Bauchspeicheldrüsen-System zugeordnet sind:

Citronellkraut
Kamille
Melisse
Olivenblätter
Salbei
Süßholzwurzel
Schwarzer Tee
Zinnkraut

Nach dem Jahrsorgankalender (vgl. u., S 134 ff., gelbe Farbe) haben gerade diese Kräuter ein weites Feld. Sie sind als Steuerungskräuter zur Bereinigung der Gesamtsituation des Körpers immer noch zusätzlich zu anderen Kräutern zu geben, denn das Magen-Milz-Bauchspeicheldrüsen-System ist im Organkalender als Grundmilieu Nr. II eingezeichnet.

Das Magen-Milz-Bauchspeicheldrüsen-System reguliert außerdem den Zeitrhythmus (Biorhythmus) des Körpers. Zusammen mit dem System Kreislauf-Dreifacher Erwärmer bildet es das „Lebenspendel" (vgl. u., S. 148).

Kuren mit *Ho*-Kräuter sollten prinzipiell im Spätsommer gemacht werden. Zusätzlich wäre als Ernährung Gerste zu empfehlen.

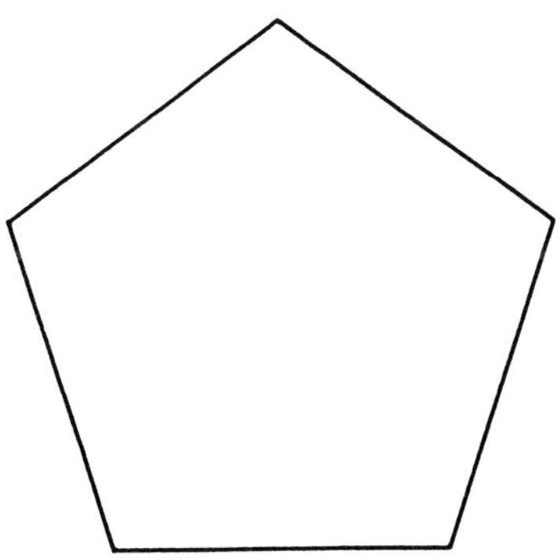

3. MAGEN/MILZ, BAUCHSPEICHELDRÜSE
CITRONELLKRAUT
KAMILLE
MELISSE
OLIVENBLÄTTER
SALBEI
SÜSSHOLZWURZEL
SCHWARZER TEE
ZINNKRAUT

3. Organpaar:	Magen/Milz, Bauchspeicheldrüse ☷
Element:	Erde
Farbe:	gelb
Geschmack:	süß
Geruch:	wohlriechend
Jahreszeit:	Spätsommer – Wendezeit
Tier-Symbol:	„gelber Vogel"
„Heilige Zahlen" des *I-Ging:*	*10, 54, 60, 41, 19, 61, 38, 58*
Emotion:	Sorgen
Grundstruktur:	Adenosin
Jahresorgankalender:	13. 8.–1. 9.
Nerven:	*Nervus hypoglossus* und *Nervus accessorius*
Muskeln:	siehe Beilage
Akupunkturmeßpunkte im EAP-Test:	Bauchspeicheldrüse – rechte große Zehe, außen; Milz – linke große Zehe, außen; Magen – 2. Zehe, innen
Wochentag:	Donnerstag/Sonntag
Organuhr:	Magen 7 bis 9 Uhr, Milz/Bauchspeicheldrüse 9 bis 11 Uhr
Körner:	Gerste
Kräuter:	s. u., S. 54ff.
Aminosäuren als DNA-Codierung:	Arginin, Serin, Isoleucin, Methionin, Leucin
Lichtphotonen:	0,3 eV
Drüsen (lt. Jahresorgankalender):	2. Steuerung für Lymphsystem (Thymus) und alle Drüsen
Energiekreis:	11. und 12. Meridian
Naturvergleich (lt. Jahresorgankalender):	Frucht
Planet:	Jupiter (außen), Sonne (innen)
Metall:	Zinn, Gold

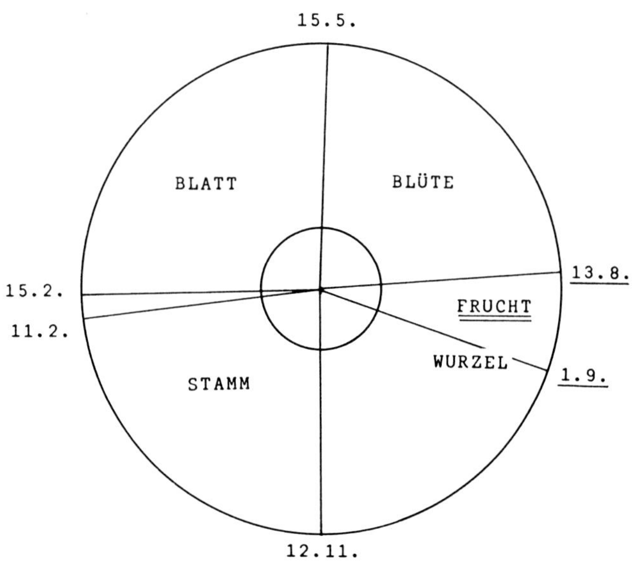

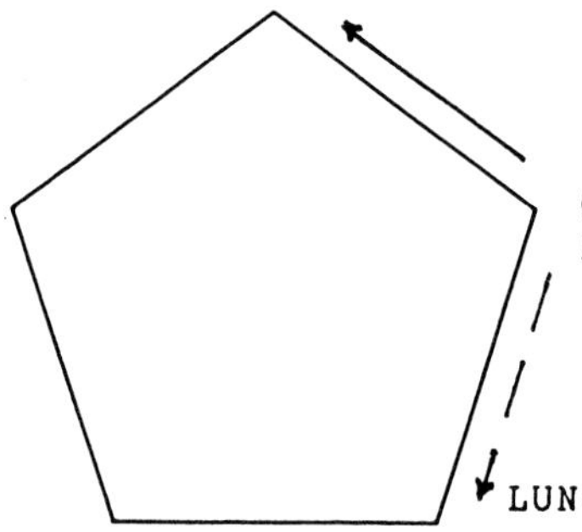

Das CITRONELLKRAUT *(Cymbopogon nardus)*

Das Citronellkraut (südamerikanisches Eisenkraut) hat zum Unterschied zum heimischen Eisenkraut eine Wirkung auf das Magen-Milz-Bauchspeicheldrüsen-System. Es wirkt bei leichten Krämpfen, Schwindel, leichtem Asthma, Nabelkoliken von Kindern und bei Magenneurosen. Auf Lunge und Dickdarm übt es eine sedierende Wirkung aus. Ein unregelmäßiger und vor allem schwacher Puls wird durch Citronellkraut angeregt. Ein Absud von Citronellkraut, regelmäßig getrunken, fördert die Hautfunktionen. Neben dem Tee sind auch – im Falle von Magenneurosen kühle – Wickel sehr wirksam.

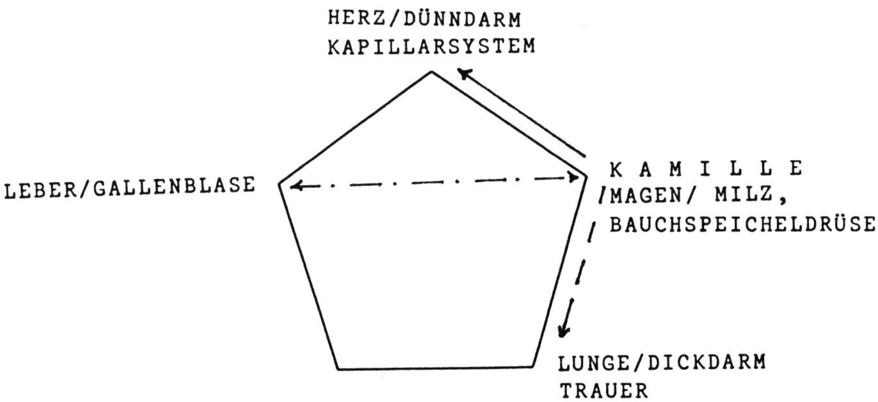

Die KAMILLE *(Chamomilla romana)*

Die Kamille, als *Ho*-Kraut, wirkt beruhigend auf das ganze Organsystem, ob es sich nun um Entzündungen oder Krampfzustände handelt. Kopfschmerzen, Gesichtsneuralgien, Gastritis, Menstruationsbeschwerden erfahren eine Besserung, bei Bindehautentzündungen sind Augenbäder mit Kamille angezeigt. Die schmerzstillende und desinfizierende Wirkung des Kamillenabsuds hilft weiters bei offenen Wunden, Verbrennungen, Flechten, Ekzemen. Vor den Mahlzeiten ist Kamille appetitanregend, nach den Mahlzeiten verdauungsfördernd. Auch bei einer Verhärtung der Leber oder der Milz kann diese Pflanze Linderung schaffen. Auf die kleinen Gefäße übt Kamille eine tonisierende Wirkung aus. Gegen Depressionen hilft eine Mischung mit Orangenblüten und Lindenblüten.

Kamille kann als Tee oder als Kompresse oder in Form von Bädern angewendet werden, und man gibt sie den verschiedensten Kräutermischungen bei. Allerdings muß vor einem zu langen Gebrauch gewarnt werden, da Kamille Gewebe und Schleimhäute austrocknet. Aus diesem Grund wird Kamillentee oft Malve zugesetzt.

Bei fettem Haar sind Vollbäder mit Kamille sehr zu empfehlen.

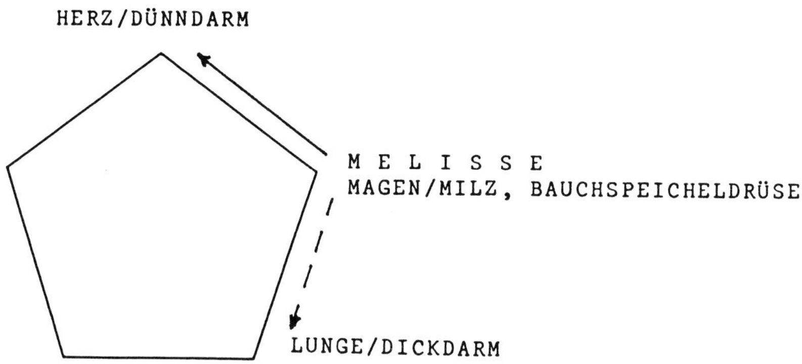

Die MELISSE (*Melissa officinalis* L.)

Trinken Sie am Abend Melissentee. Er hat eine Goldfarbe und Zitronenduft. Die Hauptwirkung der Melisse bezieht sich auf das Magen-Milz-Bauchspeicheldrüsen-System: die Ruhe des Verdauungstraktes ist für den Schlaf sehr bedeutungsvoll. Melisse hat im Sinne der Fünf-Elemente-Lehre auch einen günstigen Einfluß auf das Nervensystem (*Nervus vagus,* dem Lunge-Dickdarm-System zugeordnet), wirkt sedierend auf Dickdarm und Lunge und tonisierend auf das Herz, vor allem dann, wenn im Streß des Alltags das Herz überbeansprucht ist und keine Kraft mehr hat.

Wie aus dem Jahresorgankalender ersichtlich ist (vgl. u., S. 134 ff.), wirkt Melisse vor allem in der heißen Jahreszeit ausgleichend und hat, wie alle *Ho*-Kräuter, eine den Gesamtorganismus umfassende Wirkung.

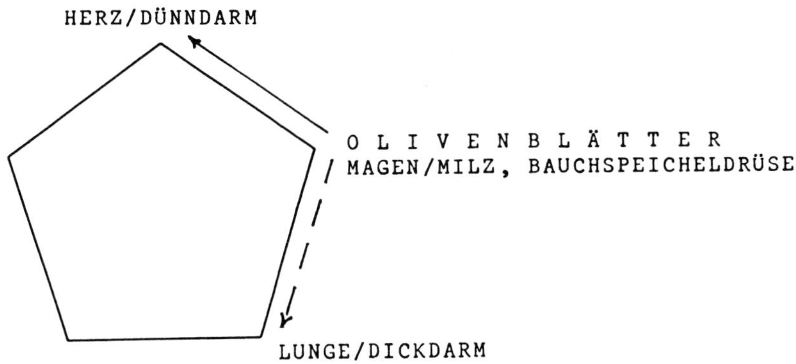

OLIVENBLÄTTER (Blätter des Ölbaumes – *Olea europaea*)

Nur die alten Blätter dieses Baumes haben Heilkräfte. Sie wirken sedierend auf Lunge und Dickdarm und senken, zusammen mit Eukalyptus, den Blutzuckerspiegel, wodurch man bei Zuckerkranken den Verbrauch von anderen Medikamenten reduzieren kann. Altersdiabetes wird durch Kräuter allein gut beeinflußt.

Wichtig ist auch die Wirkung auf den 10. Hirnnerv, den *Nervus vagus,* der das gesamte parasympathische Nervensystem reguliert.

Weiters reguliert ein Aufguß von Olivenblättern den Blutdruck und läßt Fieber zurückgehen. Auch bei Insektenstichen sind frische Olivenblätter zu empfehlen.

Die Olive selbst ist darmregulierend, die schwarze wirkt sedierend auf den Dickdarm, die grüne baut die Leber auf.

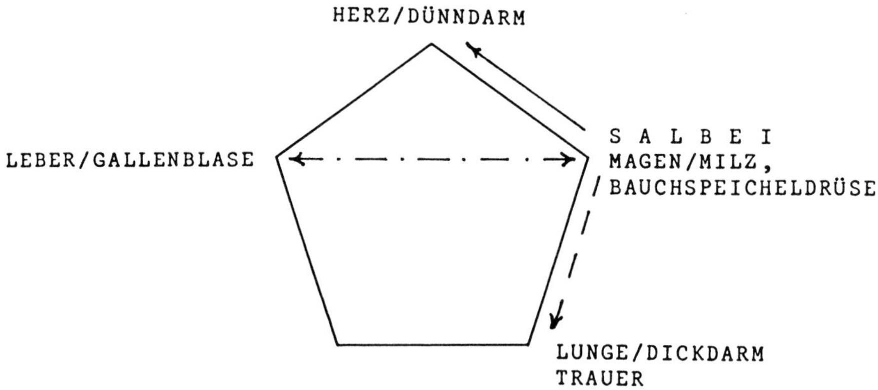

Der SALBEI (*Salvia officinalis* L.)

Der „Griechische Tee" oder das „Heilige Kraut", wie der Salbei noch genannt wird, belebt als *Ho*-Kraut den gesamten Organismus und hat eine entgiftende, nervenstärkende, antidepressive Wirkung (violette Blüten!). Er tonisiert den Dünndarm, regt den trägen Magen an, lindert Brechreiz und anhaltenden Durchfall und hilft überhaupt, allzu schwere Mahlzeiten besser zu verdauen. (Daher sollte Salbei beim Kochen schwer verdaulicher, fetter Speisen zugegeben werden.)

Durch *Yang*-Wirkung regt Salbei die Milz an und behebt Blutarmut und Krampfzustände. Auf die Lunge übt er eine *Yin*-Wirkung aus: er wirkt beruhigend bei chronischer Bronchitis und Asthma.

Im Falle von Kopfschmerzen oder grippalen Infekten werden die ursächlichen Schäden wie Müdigkeit, Leere oder Fülle der Organe mit Salbei oft behoben. Bei Leber- oder Gallenblasenerkrankungen wird außer Brennessel gerne noch Salbei genommen (Balkenwirkung). Auf Frauen soll Salbei außerdem eine östrogenartige Wirkung haben.

Vom Salbei sollte man nur jeweils 1 Fingerspitze voll für 1 Tasse Tee nehmen.

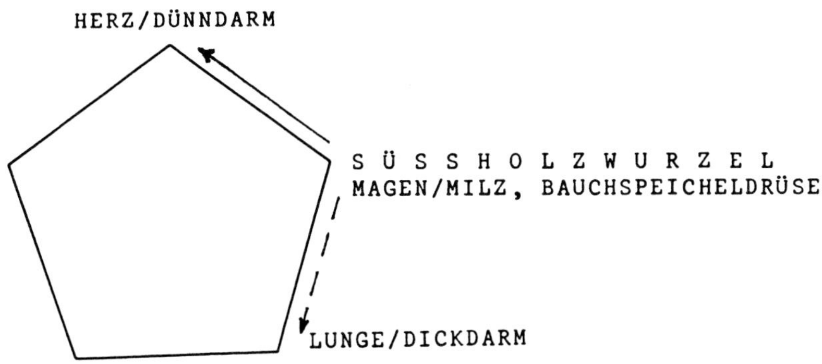

Die SÜSSHOLZWURZEL *(Glycyrrhiza glabra)*

Die Süßholzwurzel ist dem Ginseg ähnlich, auch bei ihm scheint der Germaningehalt ausschlaggebend zu sein für seine Heilkraft (Germanin ist ein Weckamin des Lebens.) Mit ihrem lieblichen Geschmack ist die Süßholzwurzel besonders in bezug auf die Bauchspeicheldrüse, auf Magenentzündungen, Magen- und Zwölffingerdarm-Geschwüre wirksam. Ferner bringt sie bei Husten Linderung und fördert den Auswurf bei Lungen- und Bronchialbeschwerden. Auch wirkt sie tonisierend auf das Herz-Dünndarm-System.

In China wird die Wurzel zum allgemeinen Wohlbefinden gekaut. Man sollte von der Süßholzwurzel allerdings nicht zu viel nehmen, da sie eine Substanz enthält, die den Blutdruck steigert.

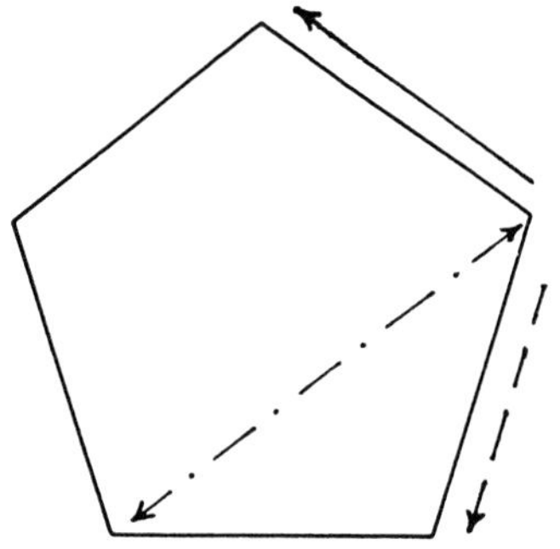

Der SCHWARZE TEE *(Thea chinensis)*

Die Blätter oder Knospen des Teestrauchs sind magen- und nervenberuhigend. Bei Migräne haben sie eine tonisierende Wirkung auf das Gefäßsystem und beseitigen gleichzeitig geistige Müdigkeit, indem sie das zentrale Nervensystem anregen. Weiters ist schwarzer Tee harntreibend und wird zur Verhütung der Arterienverkalkung eingesetzt. Gegen Tränensäcke und Ringe unter den Augen sollen abwechselnd warme und kalte Kompressen von starkem Teesud helfen. Nicht sehr bekannt ist, daß schwarzer Tee, äußerlich angewandt, auch zur Erhaltung der Sonnenbräune beiträgt.

In bezug auf das Nervensystem wird die tonisierende Wirkung durch kurzes, die sedierende durch längeres (über drei Minuten) Ziehenlassen erreicht.

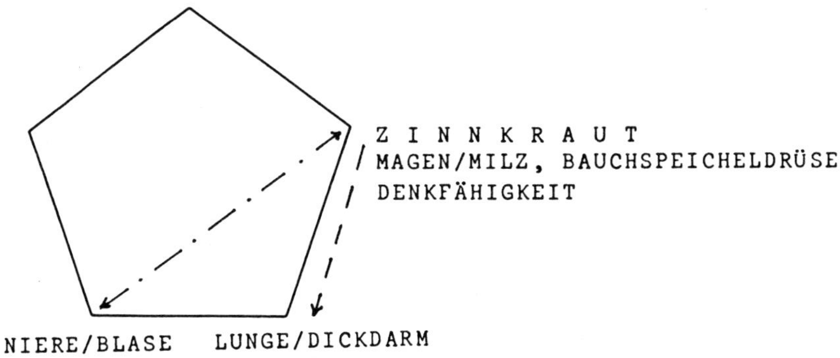

Das ZINNKRAUT (*Equisetum arvense* L.)

Das Zinnkraut (oder Ackerschachtelhalm) ist die wirksamste heimische Kieselsäurepflanze. Für Tees wird nur die auf Äckern und Feldwegen wachsende Art verwendet, das hohe, auf versumpften Wiesen und Almböden gedeihende Zinnkraut eignet sich nur für die äußere Anwendung (Sitzbäder).

Wie schon sein Name sagt, gehört das ZINNkraut zu Magen und Milz (vgl. S. 157). Die Milz ist die „Placenta" des Gehirns, somit fördert dieses Heilkraut u. a. die Denkfähigkeit. Weiters hat Zinnkraut eine gute Wirkung auf den Stoffwechsel und auf das Bindegewebe; es ist vor allem lungengewebefestigend. Es ist auch antiseptisch, blutstillend und harntreibend, wirkt bei Rheuma und Gicht sowie bei Wasseransammlungen oder Ödemen infolge von Rippenfell- oder Herzmuskelentzündungen. Auch bei Arthrosen, chronischer Polyarthritis, Beinschwellungen, Beschwerden der Wechseljahre, Arterienverkalkung und bei Lungentuberkulose ist Zinnkraut zu empfehlen.

In Form von Gurgelwasser kann diese Pflanze außerdem bei Mandel- und Zahnfleischentzündungen helfen.

Zinnkraut soll in kaltem Wasser angesetzt werden (1 Eßlöffel pro Tasse). Dann läßt man es eine Stunde ziehen und anschließend 30 Minuten lang kochen.

4. Die *Ting*-Gesellschaft oder Metall-Gesellschaft

Folgende Kräuter sind dem Lungen-Dickdarm-System zugeordnet:

Eisenkraut
Eukalyptus
Lavendel
Malve
Minze
Schafgarbe
Ysop

Sie werden vor allem bei chronischer Bronchitis, aber auch bei schlechter Funktion des Dickdarms eingesetzt und haben ferner eine Wirkung auf die Psyche (grau/violette Farbe der *Ting*-Gesellschaft).

Die beste Jahreszeit für eine Kur mit *Ting*-Kräutern ist der Fünf-Elemente-Lehre nach der Herbst. Dazu ist eine Diät mit Mais sehr zu empfehlen.

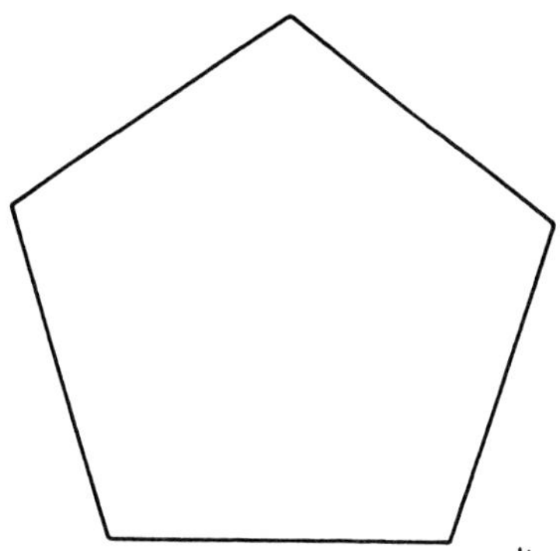

4. LUNGE/DICKDARM
EISENKRAUT
EUKALYPTUS
LAVENDEL
MALVE
MINZE
SCHAFGARBE
YSOP

4. Organpaar:	Lunge – Dickdarm ☱
Element:	Metall
Farbe:	grau/violett
Geschmack:	scharf
Geruch:	nach rohem Fleisch
Jahreszeit:	Herbst
Tier-Symbol:	Affe
„Heilige Zahlen" des *I-Ging:*	33, 62, 39, 52, 15, 56, 31
Emotion:	Trauer
Grundstruktur:	Thymin
Jahresorgankalender:	13. 8.–12. 11. (Überschneidung)
Nerven:	*Nervus vagus, Nervus glossopharyngeus*
Muskeln:	siehe Beilage
Akupunkturmeßpunkte im EAP-Test:	Lunge – Daumen, innen; Dickdarm – Zeigefinger, außen
Organuhr:	Lunge: 3 bis 5 Uhr; Dickdarm: 5 bis 7 Uhr
Wochentag:	Samstag
Körner:	Mais
Kräuter:	s. u., S. 65ff.
Aminosäuren als DNA-Codierung:	Tyrosin, Serin
Lichtphotonen:	0,25 eV
Drüsen (lt. Jahresorgankalender):	Nebenniere
Energiekreis:	9. und 10. Meridian
Naturvergleich (lt. Jahresorgankalender):	Wurzel
Planet:	Saturn
Metall:	Blei

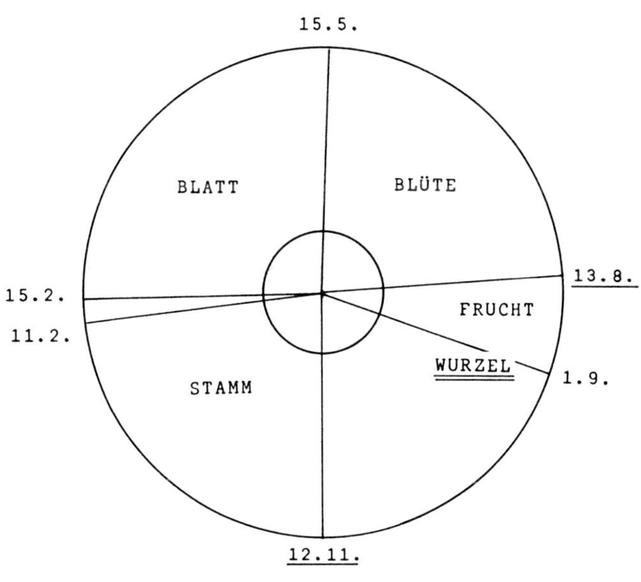

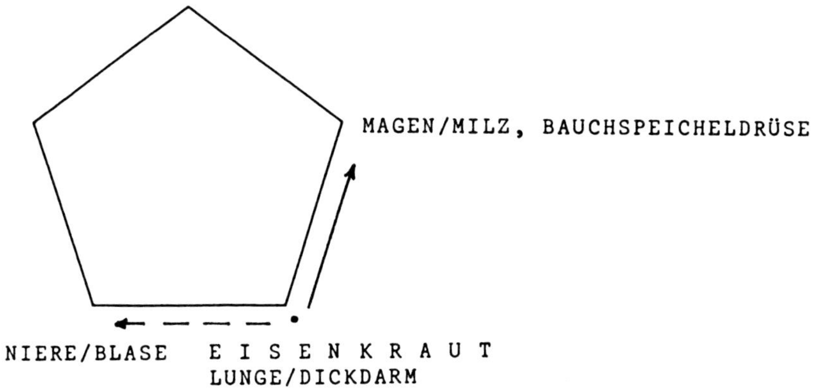

Das EISENKRAUT *(Verbena offinalis)*

Diese „Träne der Iris" wurde bereits im alten Ägypten zu Heilzwecken verwendet. Die Farbe der Blüten zeigt schon die Zugehörigkeit zum Lunge-Dickdarm-System; das Eisenkraut ist ein gutes Linderungsmittel bei Asthma. Auch spricht es die Psyche an: Dickdarmentzündung z. B. ist eine psychische Krankheit und wird durch Eisenkraut positiv beeinflußt.

Weiters ist eine Tonisierung des Magen-Milz/Bauchspeicheldrüsen-Systems zu beobachten – Eisenkraut wirkt u. a. gegen Magenkrämpfe – sowie eine Sedierung von Nieren und Blase. Da Kräuter mit lila/violetten Blüten allgemein beruhigend wirken, zeigt auch das Eisenkraut sedierende Eigenschaften in bezug auf den *Nervus vagus* (Hirnnerv Nr. 10). Es ist also ein Nervenkraut, das das sympathisch-parasympathische Nervensystem stärkt und daher u. a. eingesetzt wird bei Magersucht und anderen nervösen Störungen, wobei es einen Ausgleich zwischen den beiden Extremen Trauer und Freude schafft. Eisenkraut wirkt auch auf das „große Zittern", die Epilepsie. Nebenniere und Schilddrüse sind bei dieser Erkrankung besonders zu beachten. Eine dabei meist zu beobachtende embryonale Schwäche der Leber kann sich auf eine besondere Aggressivität der Schilddrüse beziehen (siehe Jahresorgankalender, S. 134ff.).

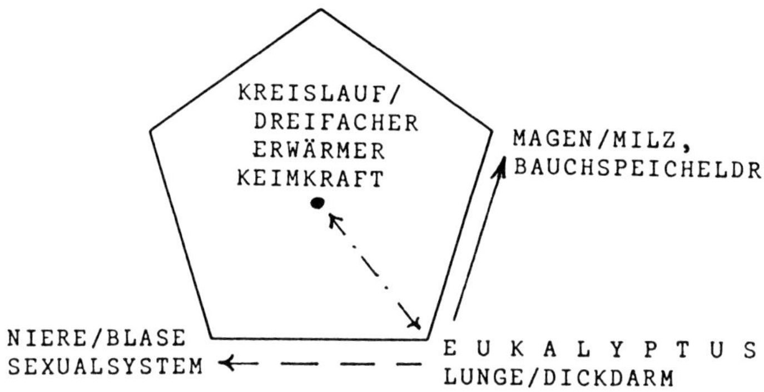

Der EUKALYPTUS *(Eucalyptus globulus)*

Von diesem „blauen Gummibaum" werden nur die älteren Blätter verwendet, da sie die meisten Wirkstoffe – wie z. B. Eukalyptusöl – aufweisen. (Blau ist die Farbe der Keimkraft und des Kreislauf-Dreifacher-Erwärmer-Systems.)

Eukalyptus wirkt besonders auf die Bronchien, gleichzeitig anregend auf die Bauchspeicheldrüse und senkt den Blutzuckerspiegel. Zusammen mit Lavendel wird Eukalyptus auch bei bakteriellen Infekten und Pilzerkrankungen angewendet (Enzymwirkung). Ferner wird er für Inhalationen (beispielsweise bei durch Sinusitis hervorgerufenen Kopfschmerzen) und Bäder verwendet, wobei durch letztere das Kreislaufgeschehen angeregt wird. Durch die *Yin*-Wirkung auf Nieren und Blase wird die Entschlackung des Körpers gefördert. Neben anderen Kräutern dient Eukalyptus auch der Geburtseinleitung. Tigerbalsam, das beliebte Heilmittel aus China, enthält gleichfalls Eukalyptusöl. Weiters wirken Eukalyptusblätter bei Störungen des Verdauungstraktes, kräftigen das Nervensystem und helfen bei Verletzungen und Blutergüssen.

Vielleicht sollte noch der typische scharfe Geschmack dieser Lunge-Dickdarm-Pflanze hervorgehoben werden.

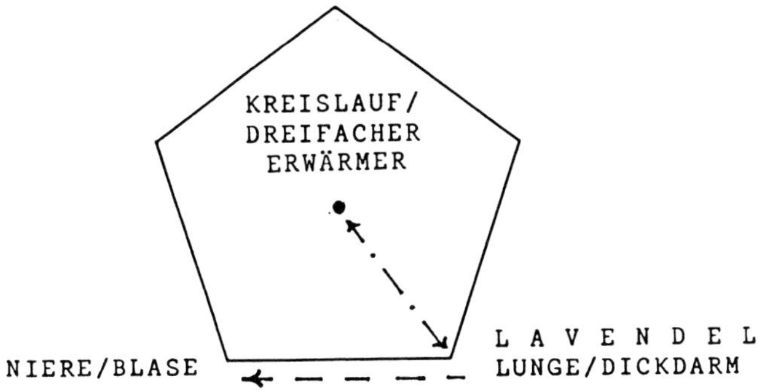

Der LAVENDEL *(Lavendula officinalis)*

Der Lavendel hat blauviolette Blüten: Blau wirkt beruhigend auf das Kreislauf-Dreifacher-Erwärmer-System und entkrampfend sowie regulierend in bezug auf die Gefäße. (Bei Arterienverkalkung wird zusätzlich Sauerklee – *mellilotus* – genommen.) Violett wiederum beeinflußt im Sinne der Fünf-Elemente-Theorie die Psyche und das Nervensystem. (Zum Lunge-Dickdarm-System gehört der *Nervus vagus,* der 10. Hirnnerv; somit ist eine Beeinflussung des gesamten parasympathischen Nervensystems gegeben.) Lavendel wird daher auch bei lokalen Lähmungen für Gesichtsbäder verwendet.

Müdigkeit ist nur ein Verkrampfungszustand und vergeht gleichfalls bei Anwendung von Lavendelbädern.

Infolge seiner beruhigenden Wirkung hilft Lavendel außerdem bei Schlaflosigkeit.

Als Folge einer herabgesetzten Immunabwehr entstehen oft Ekzeme, die, wie auch eventuelle Reste von chronischen Infekten, durch Lavendeltee oder Lavendelbäder positiv beeinflußt werden können. Trockene Ekzeme werden mit Lavendelöl behandelt.

Bei Darmentzündungen, Krämpfen im Verdauungstrakt, Schwindelgefühl, Bronchitis und Keuchhusten wird Lavendel gleichfalls erfolgreich eingesetzt.

Durch die harntreibende Wirkung hilft diese Pflanze außerdem bei Rheuma.

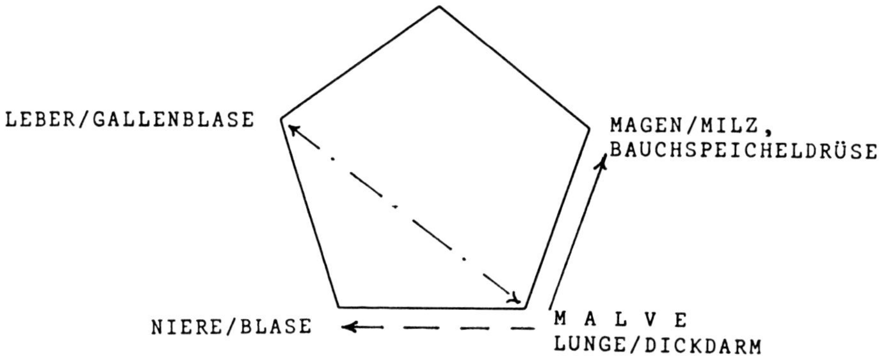

Die MALVE *(Malva sylvestris* L.)

Besonders bei Kindern und alten Menschen kann man mit Malve eine gute Heilwirkung erzielen. Bei Kindern fehlen noch verschiedene zur Beschleunigung der Heilwirkung nötige Stoffe, bei alten Menschen wiederum kommt es bereits zu Mangelerscheinungen. So können beispielsweise mit der violetten Blüte – äußerlich angewandt – Altersflecken geheilt werden. Bei Kindern sorgt diese Pflanze für ein schnelleres Abheilen von Infektionskrankheiten der Haut, wie z. B. im Falle von Schafblattern. (Für ein Bad nimmt man zehn Fingerspitzen dieser Pflanze.)

Malve ist außerdem ein hervorragendes Schleimhautmittel und wirkt auf die Bronchien; überall also, wo wir es mit der Sauerstoffaufnahme zu tun haben.

Auf das Magen-Milz-Bauchspeicheldrüsen-System übt Malve eine tonisierende Wirkung aus, auf Nieren und Blase wirkt sie beruhigend. Bei Leber- und Gallenblasenerkrankungen kann sie zusätzlich stützend gegeben werden.

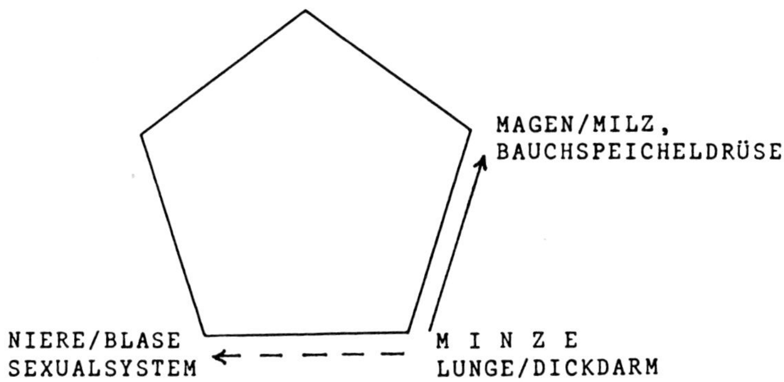

Die MINZE *(Mentha sylvestris)*

Die Minze hat zum Teil eine ähnliche Wirkung wie Eukalyptus. Sie schafft einen klaren Kopf – im Altertum wand man sie sich in Kränzen ums Haupt – und macht durch die Einwirkung aromatischer Öle die Atemwege frei. Weiters hilft sie bei Heiserkeit, regt die Menstruation an, lindert Magenschmerzen, Brechreiz und Singultus.

Im Falle von durch Sinusitis hervorgerufenen Kopfschmerzen sind Inhalationen mit Minze angebracht. (Sinusitis ist eine Erkrankung der Nasenneben- und Stirnhöhle; während letztere dem Niere-Blasen-System zugeordnet ist, gehört die Nasennebenhöhle zum Lunge-Dickdarm-System). Für eine Inhalation nimmt man fünf Fingerspitzen dieses Heilkrauts.

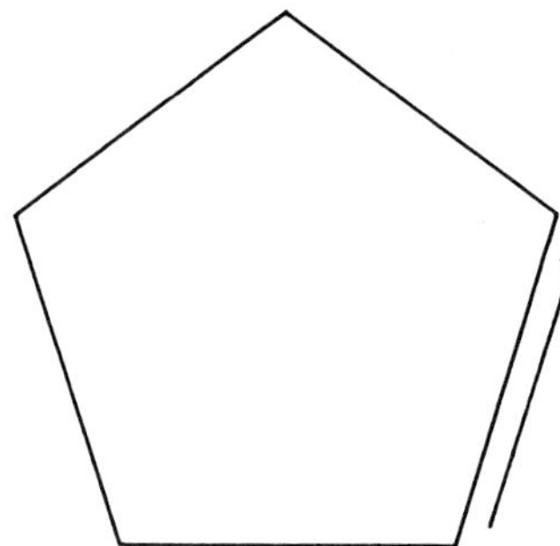

Die SCHAFGARBE (*Achillea millefolium* L.)

Die Schafgarbe, auch „Nasenblutenkraut“, „Teufelsvertreiber“ oder „Tausendlöcherkraut“ genannt, hat eine restringierende Wirkung bei Blutungen, Weißfluß, Blutergüssen, Durchfällen. So wirkt der frische Saft der Schafgarbe auf Wunden blutstillend. Bei Erkrankungen des Venensystems ist er gleichfalls sehr zu empfehlen. Schafgarbe bessert ferner das Bettnässen bei Kindern und heilt Brandwunden sowie Insektenstiche. Schmerzhafte Menstruation, Magen- und Darmkrämpfe werden durch Schafgarbe gelindert; sie ist außerdem ein gutes Mittel gegen Akne und Flechten, wirkt beruhigend und reguliert – als Zusatz für ein Vollbad – die Blutzirkulation. In diesem Zusammenhang kann sie auch bei Sehstörungen helfen. Die Schafgarbe ist weiters zu empfehlen bei Sommergrippe, da sie die Schutzenergie ausgleicht. (Der Jahresorgankalender gibt zwei Schutzdrüsen an: die Schilddrüse und die Nebenniere. Die chinesische Medizin nennt diese Schutzenergie *Nei*-Energie – innere Energie – und lehrt, nur wenn diese gestört sei, könne der Mensch von Insekten bzw. Bakterien befallen werden).
Schließlich lindert Schafgarbe Allergien und Schmerzen verschiedenster Art.
Bei Nasenbluten sind kühle Handbäder mit Schafgarbe (5 Fingerspitzen) sowie das Massieren der Akupunkturpunkte H 9 und KS 9 (kleiner Finger und Mittelfinger) angezeigt.

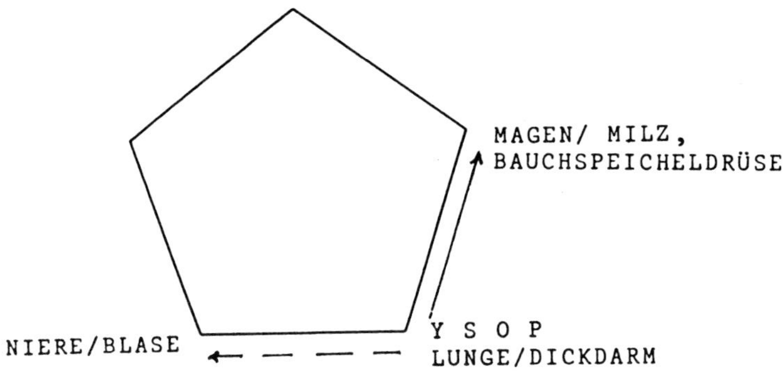

YSOP *(Hyssopus officinalis)*

Der scharfe, ein wenig bittere Geschmack dieser Pflanze weist sie als Lunge-Dickdarm-Kraut aus. Sie hilft daher bei Asthma und Bronchitis, reguliert die Verdauung, lindert Blähungen und Koliken und wird erfolgreich gegen Darmparasiten eingesetzt. (Die Wirkung gegen Darmparasiten ist durch den Geruch des Krauts erklärbar. Bakterien, auch Darmparasiten, mögen außerdem die blaue Farbe nicht. So kann man mit blau blühenden Pflanzen wie Ysop – und natürlich auch mit Blaubestrahlung, vgl. Colortherapie, bereits Erfolge erzielen.) Ferner kann bei Anwendung von Ysop ein Magengeschwür besser vernarben.
Ysop hat eine harntreibende Wirkung und ist deshalb bei Rheumatismus und Wassersucht angebracht. Bei Hautkrankheiten und bei Nierensteinen wird gleichfalls Ysop empfohlen. Weiters ist diese Pflanze appetitanregend und reguliert eine unregelmäßige Menstruation.

5. Die *Jong*-Gesellschaft oder Wasser-Gesellschaft

Das Niere-Blasen-System wird u. a. durch folgende Pflanzen beeinflußt:

Bohnenkraut
Enzian
Erdbeere
Fenchel
Heidekraut
Lindensplint
Wacholderbeeren

„Niere-Blasen-Kräuter“ wirken immer entwässernd, sie sind daher auch bei rheumatischen Beschwerden und Wassersucht angezeigt. Weiters wirken sie auf das weibliche Sexualsystem.

Zusätzlich zu den Kräutern sollte ungeschälter Reis bevorzugt genossen werden.

Die beste Jahreszeit für eine Kur mit *Jong*-Kräutern ist der Winter.

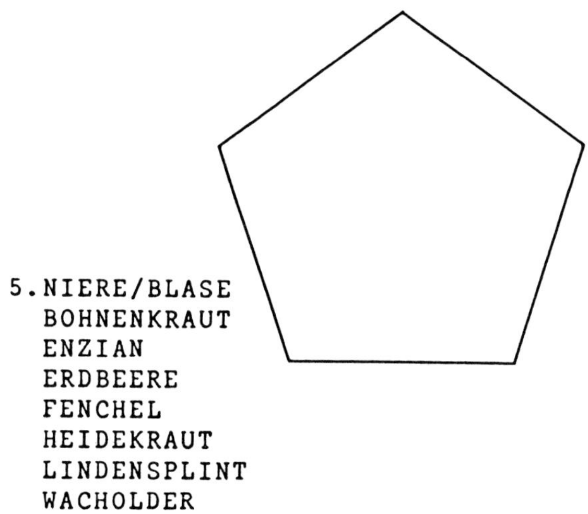

5. Organpaar:	Niere – Blase ☵
Element:	Wasser
Farbe:	schwarz/weiß
Geschmack:	salzig
Geruch:	faulig
Jahreszeit:	Winter
Tier-Symbol:	zweigesichtiges Pferd
„Heilige Zahlen" des *I Ging*:	6, 40, 29, 4, 7, 59, 64, 47
Emotion:	Angst
Grundstruktur:	Guanidin
Jahresorgankalender:	12. 11. – 11. 2.
Nerven:	*Nervus oculomotorius, Nervus abducens*
Muskeln:	siehe Beilage
Akupunkturmeßpunkte im EAP-Test:	Blase – kleine Zehe außen, Niere – kleine Zehe innen
Organuhr:	Blase: 15–17 Uhr – Niere: 17–19 Uhr
Wochentag:	Mittwoch
Körner:	Reis
Kräuter:	s. u., S. 75 ff.
Aminosäuren als DNA-Codierung:	Glycin, Valin
Lichtphotonen:	0,3 eV
Drüsen (lt. Jahresorgankalender):	Nebenschilddrüse
Energiekreis:	3. und 4. Meridian
Naturvergleich (lt. Jahresorgankalender)	Stamm
Planet:	Merkur
Metall:	Quecksilber

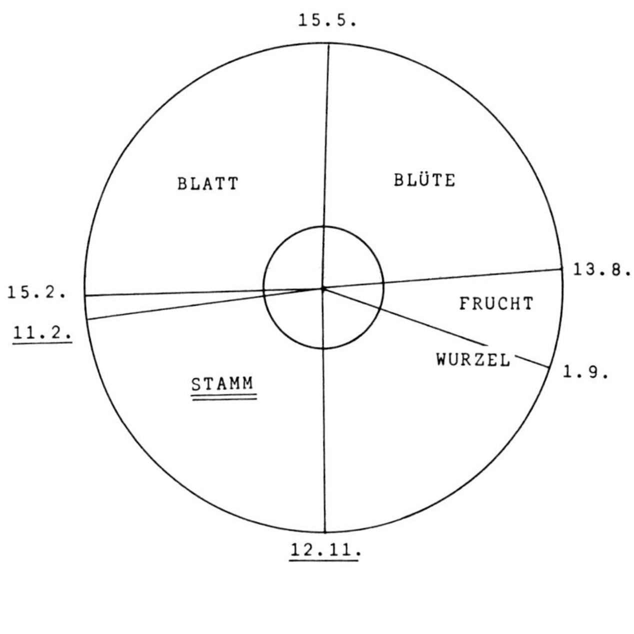

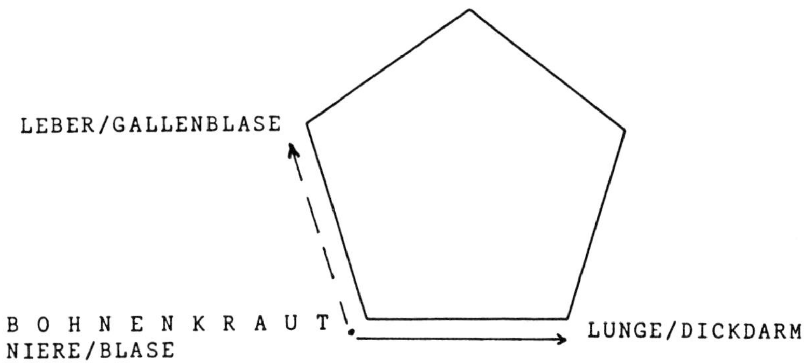

Das BOHNENKRAUT (*Satureia hortensis* L.)

Diese Pflanze beeinflußt das gesamte Drüsensystem. Sie wirkt im *Yin* auf die Nieren und im *Yang* auf das Blasen-Sexual-System und beruhigt Leber und Gallenblase. Tonisierend wirkt Bohnenkraut auf Dickdarm (verdauungsfördernd) und Lunge (Husten, Asthma). Ferner erhöht es die Spannkraft und bekämpft dadurch u. a. geistige Ermüdung und sexuelle Schwäche. Äußerlich wird es bei Insektenstichen und als Zusatz von Massageöl bei der Akupressur angewendet. Bei Halsschmerzen ist das Gurgeln mit einem Absud von Bohnenkraut sehr zu empfehlen; ein Vollbad hilft rachitischen Kindern und lindert Rheumaschmerzen.

Bohnenkraut ist krampfstillend und vertreibt die Würmer (Geruch). Die Duftstoffe von Kräutern sind überhaupt ein wichtiger Faktor: Sie wirken einerseits anregend auf das Nervensystem und vertreiben bzw. vernichten andererseits Würmer und körperfremde, d. h. schädliche Bakterien. Körpereigene Bakterien (z. B. Darmflora) werden nicht angegriffen. (Zum Unterschied dazu die Antibiotika der Schulmedizin, die neben den schädlichen auch die nützlichen, körpereigenen Bakterien vernichten, was zu unangenehmen, oft sogar gefährlichen Situationen führen kann.)

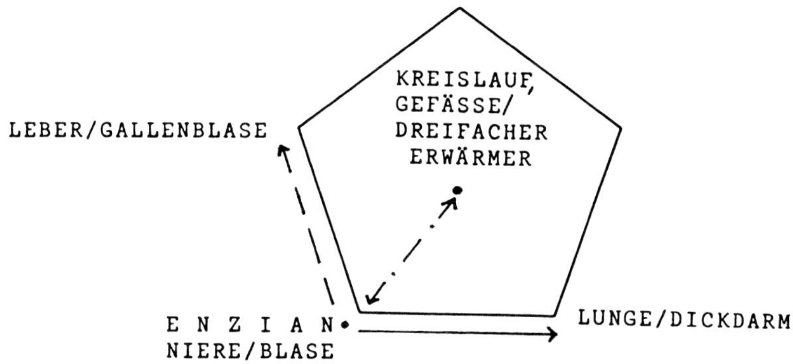

Der ENZIAN *(Gentiana lutea)*

Dem Enzian schreibt man eine große Gefäßwirkung zu, was der bittere Geschmack der Wurzel und die blaue Farbe der Blüte bestätigen. Ferner ist die Wurzel *yin*-wirksam, besonders in bezug auf die großen *Yin*-Organpaare Niere/Blase, Lunge/Dickdarm (vgl. Farbeinteilung der Fünf-Elemente-Theorie), wobei sie auf das letztere eine tonisierende Wirkung ausübt. Gemeinsam mit Majoran, Salbei, Erdbeeren und Schafgarbe kann Enzian den Cholesterinspiegel senken.

Außerdem kann man Enzianwurzel auch bei Leberbeschwerden einsetzen (sedierende Wirkung). Sie ist ferner harntreibend und wirkt gegen Fieber.

Bei schlechter Verdauung helfen Enzian-Kompressen auf den Bauch.

Da Enzian besonders nierenwirksam ist, beeinflußt er auch die Nebenschilddrüse, die den Kalziumspiegel reguliert (vgl. Jahresorgankalender, S. 134ff.).

Es ist allerdings zu beachten, daß eine zu große Dosis von Enzian zum Erbrechen führen kann. Pro Tasse sollte also nur eine schwache Fingerspitze genommen werden.

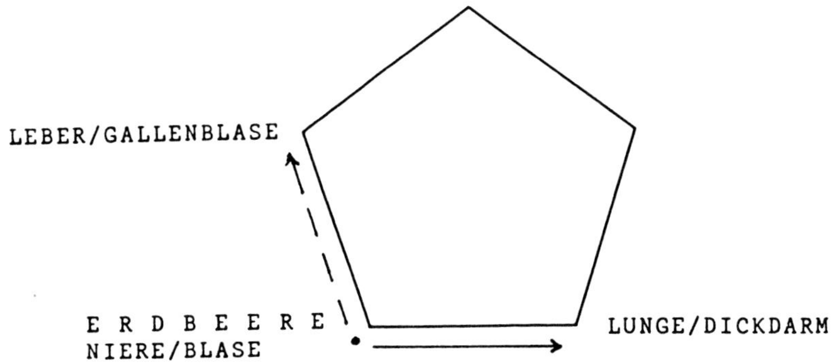

Die ERDBEERE (*Fragaria vesca* L.)

Im Mittelalter schätzte man die „Zauberkraft" dieser Pflanze, von der sowohl Blatt als auch Wurzel und Frucht Heilkräfte besitzen.

Der Aufguß der jungen Blätter wirkt harntreibend und hilft bei Nieren-, Blasen- und Leberentzündungen (beruhigende Wirkung auf die Leber im Sinne der Fünf-Elemente-Theorie) sowie bei Rheuma und Gicht.

Wurzeln und Blätter wirken ferner tonisierend auf den Dickdarm und helfen aufgrund ihrer zusammenziehenden Kräfte bei Durchfall und unregelmäßiger Darmfunktion. Die Frucht wird bei Blutarmut, Tuberkulose (tonisierende Wirkung auf die Lunge), Gicht, Verstopfungen und erhöhtem Blutdruck empfohlen. Weiters kräftigt die Erdbeere das Zahnfleisch. Durch ihre reinigenden, entgiftenden Eigenschaften eignet sich die Erdbeere auch für die Bekämpfung von Hautunreinheiten.

In Form von Umschlägen übt diese Pflanze eine kräftigende Wirkung auf die Muskeln aus. Da es sich bei Wirbelsäulenbeschwerden oft nur um eine Verspannung der Muskeln handelt, können auch Erdbeeren mitunter helfen. Erdbeertee zusammen mit Symphytum (Schwarzwurzeln) 50 Tage hindurch genossen ist eine gute Aufbaubehandlung für das Knochensystem.

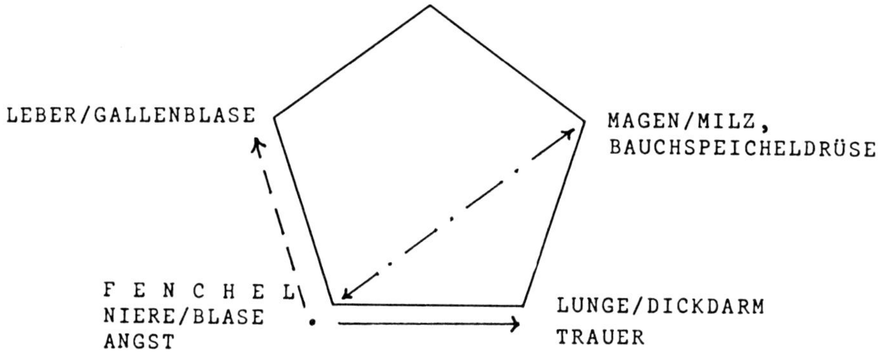

Der FENCHEL *(Foeniculum vulgare* M.)

Die Form der Fenchelsamen – ein längliches Ei – zeigt schon die drüsenregulierende Wirkung dieser Pflanze. So regeln Fenchelkörner beispielsweise Menstruation und Milchsekretion. Bei Angstzuständen (laut Fünf-Elemente-Theorie gehört die Emotion Angst zum Niere-Blasen-System) hilft eine Mischung von Basilikum und Fenchel. Diese Heilpflanze hat weiters eine beruhigende Wirkung auf die Nieren-, Blasen- und Gallenblasentätigkeit, lindert die Stirnkopfschmerzen (Beginn des Blasenmeridians), beeinflußt auf milde Weise die oberflächlichen Gewebe (wichtig u. a. für Menschen mit Fettleibigkeit) und wirkt entwässernd auf Schwellungen der Augenlider.

Bei drogensüchtigen, alkohol- und nikotinabhängigen sowie bei depressiven Menschen kann Fenchel mit Erfolg eingesetzt werden.

Fenchel ist zwar in erster Linie nierenwirksam, hat aber gleichfalls einen Einfluß auf das Lymphsystem und wirkt tonisierend auf Lunge/Dickdarm (Blähungen). Bei Magenschmerzen sind Fenchelkörner gleichfalls zu empfehlen. Beim rheumatischen Formenkreis, bei dem eine entwässernde Wirkung erwünscht ist, kann man Fenchel zusätzlich verwenden. Ebenso sind Fenchelkörner zusammen mit Bohnenkraut als Entwurmungsmittel einsetzbar.

Im Falle einer Grippe ist das Kauen von Fenchelkörnern zu empfehlen (antibakterielle Wirkung). Bei Augenentzündungen haben Kompressen oder Kopfdampfbäder mit Fenchel großen Erfolg.

Fencheltee, um 19 Uhr getrunken, hilft bei Kindern gegen das Bettnässen.

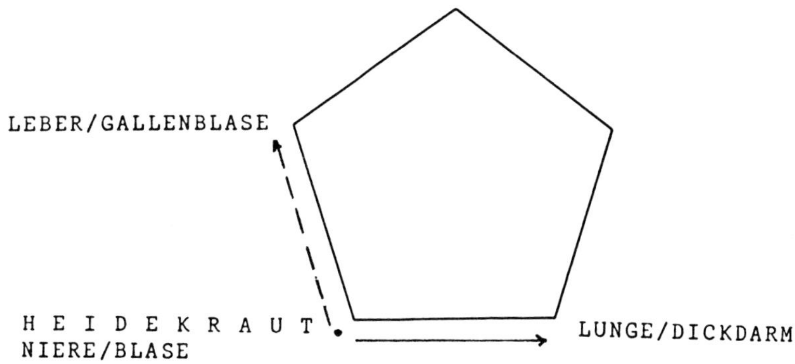

Das HEIDEKRAUT *(Calluna vulgaris)*

Durch die Anwendung von Heidekraut, einem erprobten Blutreinigungsmittel, können schädliche Rückstände aus dem Körper ausgeschieden werden. Es ist also ein wichtiges Lymphmittel bei Präcancerosen (Trübung des Lymphsystems) und kann – als harntreibendes Niere-Blasen-Kraut – bei Nierenkoliken, Nierensteinen, Eiweißüberschuß im Harn, Harnblasenentzündung und Prostataerkrankungen wirksam eingesetzt werden. Ferner wirkt Heidekraut beruhigend auf das Leber-Gallenblasen-System und tonisierend auf Lunge/Dickdarm.

Gemeinsam mit Erdbeerblättern wird Heidekraut gegen Sommersprossen und Altersflecken und – in Form von Bädern – gegen Flechten (auch als ergänzende Behandlung von Psoriasis – Schuppenflechte) eingesetzt. Mit Öl vermischt, findet Heidekraut bei Massagen Anwendung (1–2 l Olivenöl mit 5 Fingerspitzen Heidekraut ansetzen und 15 Tage luftdicht verschlossen aufbewahren). Mit Heilkräutern versetzte Massageöle haben übrigens eine noch tiefere Wirkung: über die Haut beeinflussen sie außerdem die inneren Organe.

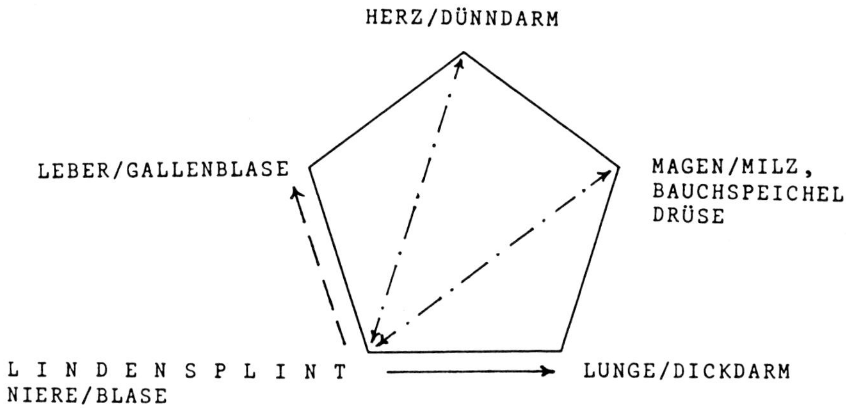

Der LINDENSPLINT (Holz der *Tilia sylvestris* L.)

Das zarte Holz der wilden Linde, das sich zwischen Mark und Rinde befindet, nennt man Lindensplint. Dieses Holz der jüngsten Jahresringe hat eine besonders reinigende Wirkung, da es bei schlechter Ausscheidung hilft. (Dadurch erleichtert es u. a. auch die Gewichtsreduktion bei Fettleibigkeit.)

Lindensplint ist ein leberberuhigendes, also entkrampfendes Mittel, das Niere und Blase anregt. Es wirkt gegen die Bildung von Gallen-, Nieren- und Harnsteinen. Durch seine harntreibenden Eigenschaften ist es auch bei *Cellulite* angezeigt. Über die Entwässerung des Körpers ist auch eine Wirkung auf das Magen-Darm-System gegeben. Ferner läßt sich Lindensplint in Kombination mit Schwarzwurzel (Symphytum) bei Arthrosen erfolgreich einsetzen.

Am Mittwoch, dem „Quecksilber-Wasser-Tag", sollte man mit dem Absud von Lindensplint (9 Fingerspitzen auf 1 l Wasser) eine salzlose Gemüsesuppe herstellen und mit Reis servieren.

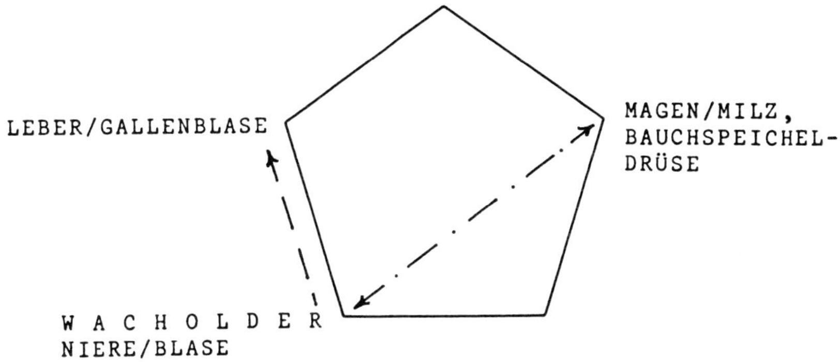

Die WACHOLDERBEEREN (Beeren des *Juniperus comunis*)

Ein Absud von Wacholderbeeren (1 Eßlöffel voll Beeren auf 1 l Wasser) bringt Erleichterung bei Verdauungsbeschwerden, regt den Appetit an, wirkt entkrampfend auf die Leber und ist zusammen mit Kerbelkraut bei Leberzirrhose zu empfehlen.
Wacholderbeeren in etwas größerer Menge (2–3 Eßlöffel auf 1 l Wasser oder Weißwein) sind entzündungshemmend, harn- und schweißtreibend. Sie können daher bei Wassersucht, Nierensteinen, Entzündungen der Harnblase, Erkrankungen des Harnleiters, Rheuma und Gicht angewendet werden. Im Falle von Wasserstauungen der Nieren sind zwei Wacholderbeeren pro Tag zu empfehlen. Der Rauch von verbrannten Wacholderbeeren heilt den Schnupfen, das Kauen von Beeren hilft, Ansteckungen zu verhüten.
Bei Diabetes ist eine Kombination von Wacholderbeeren, Eukalyptus und Olivenblättern blutdrucksenkend.
Eine Spülung mit einem Absud von Wacholderbeeren nach der Haarwäsche hilft bei Haarausfall.
Wacholderbeeren enthalten Glycin, eine Aminosäure, die eine besondere Bedeutung in der DNA-Codierung hat. Glycin darf daher nicht im Übermaß genossen werden. Aus diesem Grund kann ein Zuviel an Wacholderbeeren zu Nierenblutungen führen.

Die Teezubereitung

Die Kraft deines Körpers liegt in den Säften der Kräuter (Shen-Nung). Das älteste erhalten gebliebene Kräuterbuch der Welt, das *Pentsao* von *Shen-Nung,* entstand um das Jahr 3400 v. Chr. und behandelt rund 200 Heilpflanzen. Bereits damals wußte man, daß nur eine gezielte Kräutertherapie zum Erfolg führen kann: Bei der Aufbewahrung und Zubereitung von Kräutertees müssen daher bestimmte Vorschriften eingehalten werden.

1. Die Aufbewahrung

Die Kräuter sollen an einem kühlen, schattigen und trockenen Ort aufbewahrt werden – also nicht im Neonlicht der Drogerien.

2. Die Zubereitung

Man unterscheidet zwischen einem *kalten Auszug,* einem *Aufguß* oder einer *Abkochung (Absud).*

Beim *kalten Auszug* werden Pflanzen in kaltem Wasser eingeweicht: Blätter und Blüten ca. 12 Stunden, Rinden, Wurzeln oder Stiele ca. 24 Stunden. Die Menge: ca. 1 Eßlöffel zerkleinerte Pflanzenteile für ¼ l Wasser.

Der Aufguß ist speziell für Blätter und Blüten gedacht. Dabei werden die zerkleinerten Pflanzenteile (ca. 1–3 Teelöffel pro Tasse) mit kochendem Wasser übergossen, worauf man sie zugedeckt ziehen läßt. Die Dauer des Ziehens richtet sich nach der Art der Pflanzenteile: die ätherischen Öle enthaltenden Blätter und Blüten – Kamille, Lindenblüte usw. – 3–5 Minuten, die härteren ätherischen Ölsamen – Anis, Fenchel usw. – ca. 10 Minuten. Bitterkräuter wie Enzian oder Tausendguldenkraut soll man nur ganz kurz ziehen lassen, da sie sonst ungenießbar werden. Das gleiche gilt für zusammenziehende Kräuter wie Salbei. Nach dem Ziehen wird der Tee abgeseiht.

Harte und holzige Pflanzenteile wie Wurzeln, Rinden und Stiele muß man abkochen, da sonst die Wirkstoffe nicht frei werden. Sie werden – zerkleinert – in kaltem Wasser angesetzt und dann zum Kochen gebracht. Danach läßt man sie 5–10 Minuten wallen und gießt den *Absud* sofort ab.

Enthält eine *Teemischung* außer Blüten und Blättern auch noch Wurzeln, Rinden und Stiele, so trennt man das harte vom weichen Material. Die harten Bestandeile werden abgekocht, dann wird der noch kochende Absud über die Blätter bzw. Blüten gegossen. Nach 10 Minuten Ziehen abseihen.

Bei besonders zarten Blüten wird der Aufguß nur mittels warmem, nicht kochendem Wasser gemacht.

Schleimige Pflanzen wie Eibisch oder Bockshornklee läßt man ½ bis 1

Stunde in kaltem Wasser stehen und rührt ab und zu um. Nach dem Abgießen sollte man die Flüssigkeit leicht erwärmen.
Kalter Auszug, Aufguß und *Absud* haben außerdem ganz unterschiedliche Wirkungen:
Der *kalte Aufguß* wirkt auf die Keimkraft, den Zellkern – das Innere wird aktiviert. So kann beispielsweise der Misteltee bei Krebs oder Polyarhritis der kranken Keimkraft der Zellen helfen und Blockierungen beseitigen. Die Reinigung erfolgt durch das Geben (für die Keimkraft) und das Nehmen (für die Fruchtkraft) – die Mistel ist eine Schmarotzerpflanze.
Der lauwarme oder heiße *Aufguß* wirkt, grob gesagt, wie eine innere Sauna. Diese Tees regulieren den Elektrolyt-Haushalt, sie haben eine intra- und extrazelluläre Wirkung. Lauwarm getrunken, sind sie für leichte Entzündungen, heiß sind sie schweißtreibend und helfen bei Fieber.
Der *Absud* stärkt die Grundstruktur der Zellmembranen, z. B. beim Knochensystem.
Bei jeder Zubereitungsart aber ist es wichtig, daß der Tee nur solang getrunken wird, wie die Krankheit es erfordert, dann sollen die Kräuter dem Jahresorgankalender gemäß gewechselt werden.
Kräutertees sollen außerdem möglichst ungesüßt getrunken werden, vor allem bei Erkrankungen des Verdauungsapparates. Wenn ein besonders großes Bedürfnis zum Süßen vorhanden ist, kann man eine kleine Menge Honig beifügen.
Wenn nicht anders verordnet, ist in bezug auf die Trinkmenge folgendes zu beachten:
Die normale Tagesportion beträgt 2 Tassen. Sie ist gedacht für 24- bis 60jährige Menschen. Im Alter von 14 bis 23 Jahren sollte man nur zwei Drittel davon trinken, mit 7–13 Jahren nur die Hälfte, mit 4–6 Jahren ein Drittel und mit 1–3 Jahren ein Achtel bis ein Viertel der Tagesportion. Menschen über 60 sollen dann nur noch die Hälfte der normalen Menge trinken.
Es ist auch ratsam, die Kräutertees langsam und schluckweise über den Tag verteilt zu sich zu nehmen, außer man möchte eine besondere Wirkung in bezug auf den Organstundenkalender erzielen.
Was die äußerliche Anwendung betrifft, kann man Tees als Badezusatz, zum Gurgeln oder in Form von Kompressen verwenden. Für solche Zwecke muß der Tee allerdings wesentlich stärker sein: 30–40 g auf 1½ l Wasser.

So gesehen ist die Teezubereitung fast eine Zeremonie – nicht nur in China, wo man den Tag mit dem grünen Tee beginnen läßt: Grün, die Farbe von Leber/Gallenblase, ist dem Frühjahr, mit dem das Jahr beginnt, zugeordnet.

2. Teil

Geheimer Rhythmus der Lebensuhr

Der Geheimformel des Lebens näher

Der Wandel ist das Unwandelbare.

Der zweite Teil des Buches stellt einen Versuch dar, im Begreifen der Natur die Unendlichkeit des Wandels, des Werdens und Vergehens, energetisch und evolutionär zu erfassen und damit das Wunder der Großzelle Mensch in ihrer Komplexität zu erklären. Wenn es dabei gelingt, anderen Menschen etwas für das eigene Verstehen des Lebens zu geben, dann ist der Zweck der Arbeit erfüllt.

Diese Aufzeichnungen sollen keine rein medizinischen werden. Sie sollen vielmehr gewisse Zusammenhänge im menschlichen Dasein als etwas Energetisches darstellen, das auch in anderen Bereichen, im Großen wie im Kleinen, seine Entsprechung findet. Makrokosmos und Mikrokosmos werden dann mit der Energie ein Ganzes. Alle Religionen, besonders die östlichen, tragen diesen Gedanken in sich, aber sie haben immer einen mystischen Beiklang. Die Menschen bewundern und verehren, doch sie verstehen vieles nicht. Die Naturphilosophie der chinesischen traditionellen Medizin kann hier einen Weg weisen. Er mag zwar neu und fremdartig erscheinen, ist aber schön und eigentlich einfach, für jeden Menschen verständlich.

Das aus der Homöopathie bekannte Gesetz *similia similibus curantur* (Gleiches wird mit Gleichem geheilt) wird dann in vielen Situationen des Lebens, aber besonders für die Betrachtung des Menschen, von immer größerer Bedeutung. Die minutiösen Systeme, Regeln der Natur erscheinen plötzlich klar, und man erkennt, daß sie nie umgeworfen werden können: Krankhafte Abweichungen sind nur durch neuerliche Eingliederung in den ewigen Rhythmus der Natur wieder zu beheben.

Die Grunderkenntnisse kamen nicht von selbst. China ist weit, und hier wurde immer nur von der „Gefahr der gelben Rasse" gesprochen. Von Anbeginn an faszinierten die ersten Worte der Akupunkturlehre: „Bestimmte Punkte helfen Krankheiten heilen". Sehr einfach, aber fast zu wenig, als daß sie geglaubt werden könnten. Das nächste waren die wunderschönen, bildnishaften Namen der Akupunkturpunkte: *Göttliche Gleichmut, Freude des Herzens.* Wenn dem Menschen mit Hilfe von Nadelstichen solche Stimmungen vermittelt werden können, dann allein schon lohnen sich die Versuche mit den kleinen Nadeln. Dies alles aber waren erst Teilerkenntnisse.

Aus Frankreich kamen die ersten Bücher über Akupunktur. Den Menschen bei Schmerzen wirklich als Ganzes zu betrachten, war neu und verlangte Loslösung von den Lehren der Schulmedizin. Wie weit aber die Zusammenhänge wirklich reichen, wurde erst nach Erscheinen weiterer Bücher über diese empirische Heilkunde klar. Grundkenntnisse der Akupunktur vermittelten die Bücher von Doktor Bischko. Darauf basierend, war es möglich, wie nach einer guten Grundausbildung weiterzustudieren. Die höhere Ebene der *Fünf-Elemente-Theorie* der chinesischen Medizin, die Übersetzungen der 3000 Jahre alten Bücher *Huang-ti Nei King* und *Pentsao* ergaben dann langsam ein Bild der hochstehenden Kultur der chinesischen Tradition. Danach war es erst möglich, unabhängig von dieser Literatur eigene Überlegungen anzustellen. Die daraus gewonnenen völlig neuen Erkenntnisse sind in diesem Buch zusammengefaßt.

Die Lebenskraft aus der Natur

Eine Hilfe zum Verstehen des Seins ist die jahrtausendealte chinesische Lebensphilosophie: das vor 6000 Jahren entstandene *I Ging,* das wohl älteste schriftliche Zeugnis überhaupt, wie auch die im *Nei King* minutiös gesammelten Aufzeichnungen, die die wertvollsten, bedeutendsten Erkenntnisse und Lehren aus China, Indien und Tibet enthalten. Vieles ist erklärbar, vieles ist noch zu suchen.

Das Werden und Vergehen der Natur im ewigen Rhythmus des *Chi,* im Rhythmus des *Yin-Yang,* das in der Zweiheit die Dreiheit formt – Körper, Seele, Geist – sollte von jedem verstanden werden. Die Dreiheit läßt sich in Religionen, aber auch in der Aktivität und Kodierung der DNA geistig und materiell erklären. Die DNA codiert die Eiweißsynthese, die gemeinsam mit dem *I Ging* betrachtet werden soll.

Wandlungsphasen, Wechselspiel komplementärer Aspekte der Natur sind das große *Yin* und *Yang* in der Vereinigung der „Fünf Elemente" der Erde. Nur wer die Natur kennt im Werden und Vergehen, in Zweiheit und in Dreiheit, im Rhythmus der Jahreszeiten, in den Schwingungen des Windes und in den Bewegungen des Wassers, bei Tag und bei Nacht, mit Sonne und Mond, mit dem Feuer und der Kälte im minutiösen Lebensrhythmus, wird auch den Menschen als Mikrokosmos in den Makrokosmos stellen.

Leid und Freude erscheinen in der Natur im Gedeihen der Pflanze, in dunklen Wolken, im Sturm, im fünffarbigen Regenbogen ausgedrückt. Umwelt ist, so gesehen, viel mehr als nur das, woran wir beispielsweise bei der Verschmutzung der Seen denken – Umwelt ist soviel wie das Menschenleben in seiner Wertschätzung.

Warum aber macht man sich überhaupt Gedanken über den Menschen und seine Umgebung? Müßte es nicht genügen, als Arzt Tausende von Akupunkturen zu machen, also chinesische Medizin zu betreiben, und damit Erfolg zu haben? Harrer gelangte durch seine Expeditionen – besonders durch jene nach Tibet – zu Weltruhm, dennoch erklärte er: „Es gibt noch so viele weiße Flecken auf der Welt, die nicht erforscht sind." Auch der Mensch hat solche weiße Flecken, die nur gefunden werden können im geduldigen Lernen, durch Verstehen und Betrachten. Affekte, Krankheiten und Emotionen müssen erkannt und reguliert werden. Wir kennen aber oft nicht einmal alle Schrauben unseres „Autos" Mensch oder gar die „Landschaft", das „Klima" unseres Körpers. Die Chinesen haben vor 3000 Jahren Punkte im Körper als *Rauschendes Bächlein,* als *Jadeberg,* als *Meer der Energie* bezeichnet. Doch, obwohl diese unfaßbare Energie das Leben ergibt, haben sie noch nicht die richtige Erklärung für die

Regulierungspunkte ihrer Sicht, die Akupunkturpunkte, gefunden, die den Rhythmus des *Yin-Yang* verständlich machen könnte. Und noch immer ist die Frage offen, was diese Energie, diese unsichtbare, mit Hilfe moderner elektronischer Geräte meßbare Kraftausströmung, eigentlich sei. Die traditionelle chinesische Medizin sieht sie im Meridiansystem der Akupunkturlehre als *Chi* fließen, ferner weiß sie von den Speicher- und Werkstattorganen des *Yin* und des *Yang*. Aber wie und wo entsteht diese Energie, wie bleibt sie im menschlichen Körper? Und wie ist das energetische Fließsystem mit den Organen in Verbindung zu bringen? In welchem Zusammenhang dazu steht die Eiweißsynthese, stehen die genetischen Informationen der DNA? Die Komplexität des Menschen ist durch Physik, Chemie, Biologie allein nicht erklärbar. Wir müssen uns auch – zunächst intuitiv – mit der Bioastronomie, mit den Möglichkeiten der Erd-, Sonnen-, Mond- und Eigenstrahlung beschäftigen, müssen die Strahlungsverhältnisse auch im menschlichen Körper mit Hilfe des *I Ging* und seiner heiligen Zahlen verständlich machen. Es sind drei Rhythmen – die drei Energiekreise der Akupunkturlehre –, die mit den drei Hauptstrahlungen von Sonne, Mond und Erde in Zusammenhang zu bringen sind. Aber aus dem *I Ging* läßt sich noch viel mehr herauslesen: Die „heiligen Zahlen" erklären die Zusammenhänge von Aminosäuren und Organen, sie lassen die Reihenfolge der Organentstehung nach der Verschmelzung von Ei und Samen erkennen, ja, noch weiter zurückgehend, die Entstehung der DNA als Helixspirale. Die Bildung der Helixspirale ist die genetische Information über die ersten Elemente der Erde in der Sprache der lebendigen Zellen. Aus den beiden Komponenten Silicium und Silbersalz wird eine Grundstruktur gebildet, die an eine Photozelle gemahnt. Und wenn wir bedenken, daß die Kieselerde als Urbestandteil der Erde auch im menschlichen Körper vorhanden ist, beginnen wir uns die Frage zu stellen, ob der Mensch nicht eine lebende Photozelle des Kosmos sei.

Weiter stellt sich die Frage, ob man nicht die Energie im menschlichen Körper als Lichtstrahlung sehen könne, bestehend aus den von der Quantentheorie her bekannten Wellen und Teilchen? Wird diese Erkenntnis mit *Yin* und *Yang* in Zusammenhang gebracht und wiederum mit den Zahlen des *I Ging*, wird der Wandel, werden Krankheitsgeschehen, Werden und Vergehen, immer klarer.

Heute stehen die alten Symbole der chinesischen Weisheit modernen chemischen Formeln gegenüber, und beide bedeuten im Grunde dasselbe, sind Bilder innerster Lebensvorgänge. Die Quantentheorie läßt sich in die alte Schrift des *I Ging* einreihen (vgl. Moussat), und es gibt beispielsweise *Yin*- oder *Yang*-Erkrankungen, die aus der Quantentheorie herauszulesen sind. Doch nicht nur die moderne Wissenschaft spielt hinein: Es werden auch Bibelstellen verständlich, wie z. B. der Schöpfungsakt. Jetzt ist es nicht mehr verwunderlich, daß Christus gerade mit *vier* Evangelisten dargestellt wird: *Vier* Grundstoffe ergeben unser Leben auf Erden. Symbole wiederholen sich also in Gleichnissen und Zeichnungen der Religionen.

Die Betrachtung der oben genannten Strahlungen in Zusammenhang mit dem Zahlensystem des *I Ging* läßt aber auch die Funktion von Thymusdrüse, Gehirn, Solarplexus und Milz begreifen. Auch die Ernährungslehre wie die auf der Fünf-Elemente-Theorie aufgebaute Kräuterlehre oder die Farbenlehre und die Astronomie können durch die Geheimformel des *I Ging* für das Leben verstanden und in die Therapie eingebaut werden.

Alle hier angerissenen Fragen, Erkenntnisse werden in diesem Buch behandelt, und es wird der Versuch unternommen, sie in ihren Auswirkungen zu untermauern.

Weiters wird die chromosomale Steuerung im Zusammenhang mit den „heiligen Zahlen" des *I Ging* gesehen. Das große Wissen der Weisen Chinas wird dabei in ein neues Licht gestellt, und es wird die Notwendigkeit aufgezeigt, die Grundstoffe der Natur höher zu bewerten.

I Ging, das „Buch der Wandlungen", ein Grundstein der chinesischen Kultur

Die Erde ist zwischen dem *Yang* der Sonne und dem *Yin* des Mondes eingependelt. Unser Lebensraum besteht aus den fünf Elementen Holz, Feuer, Erde, Metall und Wasser. Ohne den ewigen Rhythmus der unfaßbaren Energie des Lebens kann nichts vergehen und nichts entstehen. Die große Lebensenergie, das *Chi,* wiederholt sich seit Millionen von Jahren in den Wandlungen der Natur im Makro- wie im Mikrokosmos. Unser Leben ist verbunden mit dem Bestand der Erde, mit Pflanzen und Tieren, und entsteht aus einer Explosion des *Yin–Yang.* In der Bewegung wird dann die Dreiheit (Körper–Seele–Geist) geboren. Der Mensch entsteht aus der weiblichen Eizelle, dem *Yin,* und dem Samen des Mannes, dem *Yang,* im „Meer der Energie", dem Bauchraum.

Die oben erwähnte unfaßbare Energie mit den fünf Elementen wiederholt sich auch in den Planeten: Holz – Mars – Leber/Gallenblase; Feuer – Venus – Herz/Dünndarm; Erde – Sonne und Jupiter – Magen/Milz, Bauchspeicheldrüse; Metall – Saturn – Lunge/Dickdarm; Wasser – Merkur – Niere/Blase. Als sechstes System gehört Kreislauf/Dreifacher Erwärmer zu Silber – Mond.

Aus dem Wissen um diese Zusammenhänge entstanden dann in China die ersten astrologischen Hinweise.

Das große *Tao* ist überall und systematisiert den Ablauf des Lebens. Die psychologischen und historischen Aspekte sind bei der Betrachtung der chinesischen Medizin in der unübersehbaren Verschlungenheit der fünf Elemente mit dem *Chi* der Lebensenergie von großer Bedeutung. Die Substanz dazu ist dem chinesischen Arztphilosophen in den fünf Elementen der Erde bildhaft gegeben.

Die chinesische Philosophie ist Jahrtausende alt. Sie wurde zur Volksphilosophie, und kein Krieg konnte dieses Denken in der Verbundenheit mit der Natur verdrängen.

Um dafür die richtige Geisteshaltung zu bekommen, müssen wir uns damit eingehend beschäftigen. Nur dann werden wir die Bedeutung, die unsere Welt in der Kombination der großen Sterne mit Pflanzen, Tieren und Menschen erlangt hat, in ihrer Größe erfassen.

Der altchinesische Philosoph Konfuzius (551–479 v. Chr.) soll das Orakelbuch *I Ging* erstmals zusammengestellt haben. Dessen Urformen sind jedoch sehr viel älter. Um so mehr verblüfft die exakte Übereinstimmung in Systematik und Bedeutung zwischen der Weltformel des *I Ging* und dem erst 1953 von den Biochemikern James D. Watson und Francis H. C. Cricks entschlüsselten genetischen Code der DNA:

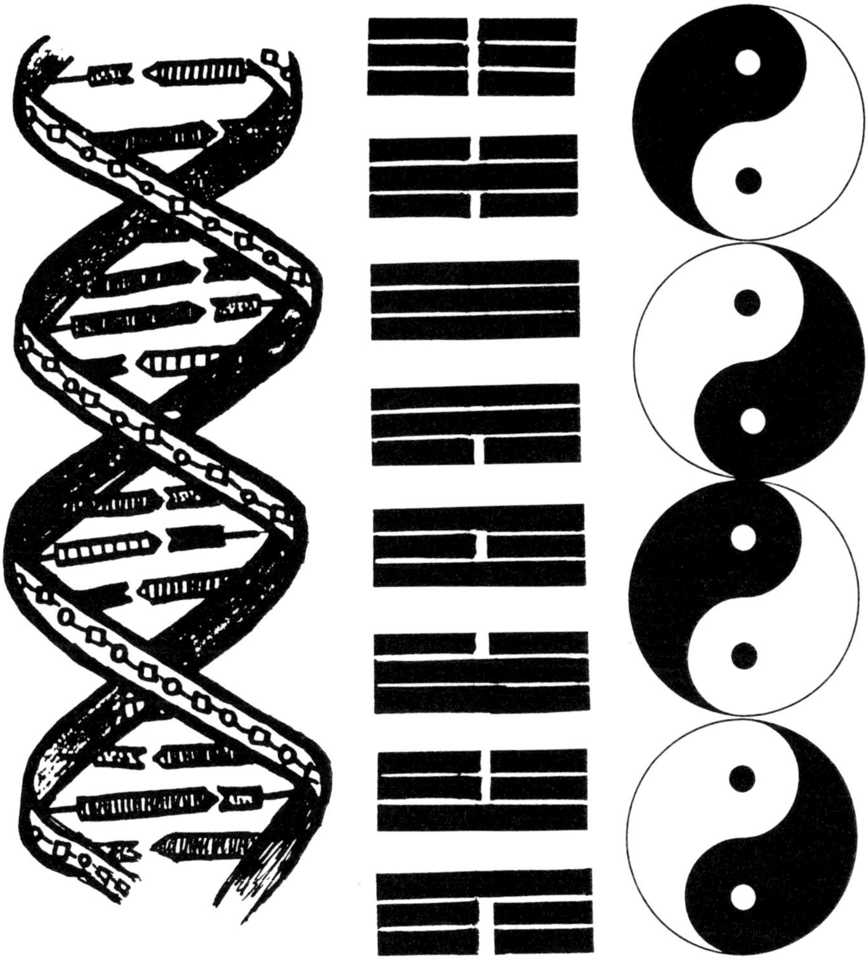

DNA
2.000 NACH CHRISTI

I GING

AKUPUNKTUR-SYMBOL
2.000 VOR CHRISTI

Die Desoxiribonucleinsäure (DNS, DNA), ein Zellkern-, insbesondere ein Chromosomenbestandteil, wird gebildet aus zwei Basenpaaren bzw. 4 Grundstrukturen (Adenosin–Thymin, Guanidin–Cytosin), Desoxiribose (eine in den Nucleinsäuren vorkommende Pentose – Kohlenhydrat –, deren Molekül 5 C-Atome besitzt) und Phosphorsäure. Sie stellt das Codesystem für die Bildung körpereigenen Eiweißes dar und ist als eine spiralförmig gewundene Doppelkette (Doppelhelix) angeordnet. Diese Molekülkette der DNA ist nach Art einer Strickleiter gebaut: Holme, gebildet von Phosphorsäuremolekülen und den Molekülen der Pentose, Sprossen, gebildet von den oben erwähnten, jeweils wie Schlüssel zum Schloß passenden und in genetisch festgelegter Sequenz (Aufeinanderfolge) aufgereihten Basenpaaren, die durch Wasserstoffbrückenbindungen miteinander verbunden sind.

Im Jahre 1973 veröffentlichte Schönberger sein Buch *Verborgener Schlüssel zum Leben, Weltformel I Ging im genetischen Code,* in dem er erstmalig eine bis in die biochemischen Details gehende Ausarbeitung der Strukturanalogie zwischen den beiden Codes versuchte. Nun begann man vorsichtig, die Möglichkeiten zu diskutieren, die sich aus der „erstaunlichen Übereinstimmung" für die Wissenschaft ergeben. Erst 1923 erschien die bis heute maßgebliche Gesamtübersetzung des *I Ging* von Richard Wilhelm, durch die das „Buch der Wandlungen" einem breiteren westlichen Publikum erschlossen wurde. Der Dichter Hermann Hesse verarbeitete es als poetisches Motiv seines „Glasperlenspiels" zu einer romantischen Vision. Der Tiefenpsychologe C. G. Jung sah in dem System der 64 „Urbilder" (= 64 Hexagramme) eine Bestätigung seiner Archetypenlehre. In seinen späteren Jahren gelangte er darüber immer mehr zu der noch sehr hypothetischen Ahnung eines strukturalen Zusammenhanges mit der physikalischen Grundkonstitution der Materie.

Es ist aber nicht das erste Mal, daß sich das Symbolsystem des *I Ging* in der Geschichte der europäischen Wissenschaft bemerkbar macht.

Schon Anfang des 18. Jahrhunderts stand es Pate bei der Entwicklung des binären Zahlensystems durch den Philosophen und Mathematiker Leibnitz. Leibnitz, dem ein christlicher Missionar eine Darstellung der Hexagramme aus China geschickt hatte, sah darin den Beweis, daß die alten Chinesen bereits dieses System als Rechenform gekannt haben mußten. Inzwischen ist es bekanntlich zur arithmetischen Grundlage für die Funktion der elektronischen Rechenmaschine geworden.

Bilder zweier Welten, die das gleiche bedeuten: das Symbol für *Yin*

und *Yang* (oben links, innerer Kreis) inmitten einander komplementär gegenüberliegender „Trigrammformeln“ des *Fu-Hsi (I Ging)* und die elektronenmikroskopische Aufnahme eines gewundenen doppelten Bandes von DNA-Molekülen (oben rechts), das alle Erbinformationen eines Lebenwesens enthält. Schon vor Jahrtausenden entstanden, entsprechen wie gesagt die Sinnbilder des chinesischen Orakelsystems *I Ging* in Struktur und Bedeutung genau dem Lebenscode der DNA, der erst im Rahmen modernster Forschung entdeckt worden ist.

Es war der Molekularbiologe Gunther S. Stent, der in Amerika die Übereinstimmung zwischen *I Ging* und DNA als erster bemerkte und in seinem 1969 erschienenen Buch „The Coming of the Golden Age“ („Die Heraufkunft des goldenen Zeitalters“) publizierte.

Die oben abgebildeten „Trigrammformeln“ oder 8 Zeichen des *Fu-Hsi* bedeuten folgendes:

☰ Lenkergefäß (Same)

☷ Konzeptionsgefäß (Ei)

☳ Kreislauf – Dreifacher Erwärmer (6. Organ)

☵ Niere – Blase – Wasser

☱ Lunge – Dickdarm – Metall

☴ Leber – Gallenblase – Holz

☲ Herz – Dünndarm – Feuer

☶ Magen – Milz, Bauchspeicheldrüse – Erde

In die Organstundenuhr eingebaut, zeigen diese Zeichen durch die Aufteilung in Striche nach *Yin* und *Yang* den Tag- und Nachtrhythmus des Körpers.

Durch die Trigramme lassen sich ferner Wandlungen der Grundstruktur aus der Aktivitätsvariation der Aminosäuren bis zur fehlerhaften Organtätigkeit und der Hilfesetzung genau bestimmen.

Das *Yin-Yang*-Zeichen im Zentrum der Abbildung als das große Symbol dieser Lehre ist dabei nichts anderes als eine Andeutung der Doppelhelixstruktur, und die Striche um das Zeichen deuten auf die chemische Formel der embryonalen Entwicklung.

Weiters kann die Akupunkturlehre mit Hilfe des *I Ging* besser verstanden werden. So wird dieses Buch auch in der Praxis in die Therapie mit einbezogen.

Das Wesentliche sind dabei die 64 „heiligen Zahlen", die in einem 8×8-Zahlenquadrat angeordnet sind. (Siehe u., S. 106f.) Auf der linken und der oberen Seite des Quadrats stehen die Trigramme, das heißt je drei volle oder unterbrochene Linien, die die Aufteilung von weiblichen (– –) und männlichen (–) Kräften bzw. von Minus- und Plus-Energie ausdrücken. Im Quadrat zu Hexagrammen vereint, ergeben sie dann die verschiedenen Kombinationen von *Yin* und *Yang*, wobei jede Kombination einer bestimmten „heiligen Zahl" entspricht, die mit der Lebensentstehung und Lebensformung in Zusammenhang steht.

Die Trigramme wurden mit der Natur, mit Pflanzen und Tieren (vgl. o., S. 25ff.) in Verbindung gebracht und dann mit den fünf Elementen Holz, Feuer, Erde, Metall und Wasser beschrieben. Auf diese Weise entstand die bereits behandelte Fünf-Elemente-Theorie (vgl. o., S. 12ff.), die Zeichen wurden bestimmten Organen zugeordnet.

Die Hexagramme weisen außerdem – als doppelte Trigramme – Ähnlichkeiten mit den Tripletts der Eiweißsynthese auf.

Grundbegriffe der Werdung sind auch in der Quantenmedizin von Moussat zu sehen. Moussat hat gezeigt, daß die Trigramme von unten nach oben gelesen werden müssen und in ihrer Anordnung am Fu-Hsi-Zeichen streng mathematisch-naturwissenschaftlichen Gesetzen unterliegen. Es wird durch diese Anordnung deutlich, daß das Universum mit reinen Zustandsgrößen – Materie, Energie und Bewegung – abhängig von der Zeit als Funktionsvariable eindeutig beschrieben werden kann. Die Anordnung berücksichtigt den Süden als das Energie-Maximum ☰ (III) und weist damit dem Norden das Materie-Maximum ☷ (000) zu.

Die Zeichen III und 000 sind dem binären Zahlensystem von Leibnitz entnommen.

Materie–Maximum – Erde 000

Energie–Maximum – Himmel III

Zwischen dem Energie-Maximum und dem Materie-Maximum, also zwischen Himmel und Erde, steht der Mensch (vgl. u., S. 125), wie auch die chinesischen Schriftzeichen der folgenden Seite zeigen.

Man sieht immer wieder, daß Akupunktur und *I Ging* zusammengehören. Beide zeigen das Verschlingen und Lösen der Lebensströme von der kleinsten Zelle bis zum Großverband Mensch, in Verbindung zur Pflanzen- und Tierwelt, zur Biochemie und Physik.

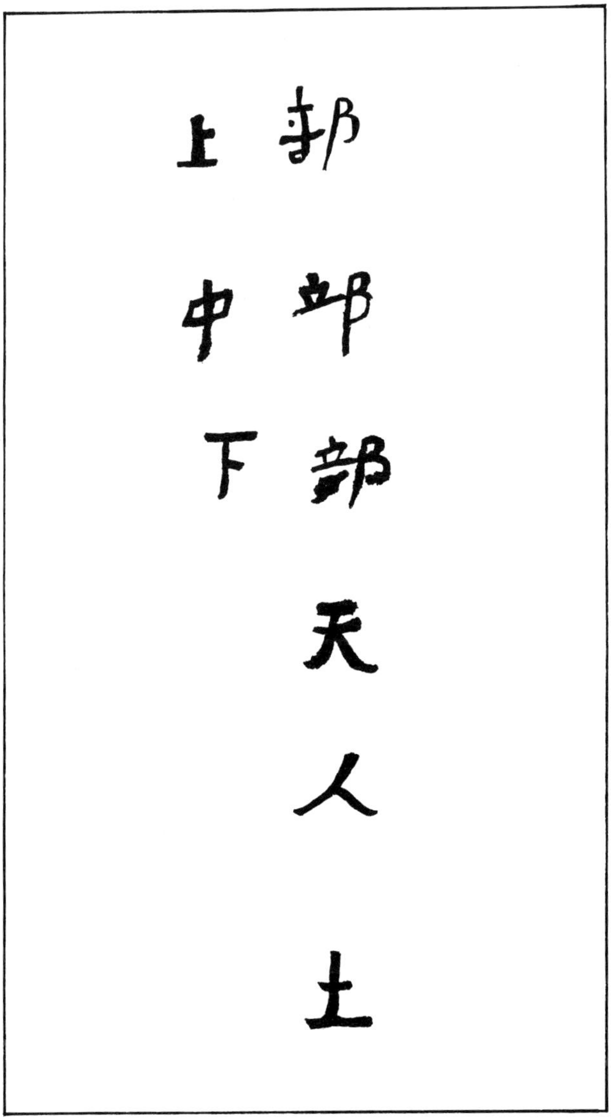

Oben	Mitte	Unten
Himmel	Mensch	Erde
schöpferisch	1. Vermischung	empfangend

Das *I Ging* spricht jedoch nicht nur in Gleichnissen, sondern erklärt mathematisch genau in verschlüsselten Zahlen und Strichen die Unsichtbarkeit der Formung: Auch im polynesischen Schöpfungsbericht (vgl. Ende des Kapitels) bestätigt sich die alte Weisheit, zeigt sich in wenigen Zeilen das Wissen um diese Formung. Das „Chinesische Zahlengeheimnis" von Granet wird verständlich bis in die beginnende Steuerung jedes Lebens. Er spricht dabei von magischen Zahlenquadraten, denn die Zahlen sind nicht zufällig. Auch hier soll mittels des Wissens um die Akupunkturlehre, die antiken Punkte, die Meridiane, die Zuteilungen der Kräfte von *Yin* und *Yang* und um die neuesten Forschungen der Eiweißsynthese das Geheimnis des Lebens begreiflich gemacht werden. Die Übereinstimmung zwischen der Weisheit des *I Ging* und der DNA kann keine Zufälligkeit sein. Keine der beiden Erkenntnisse, weder die neue noch die alte, sollen eine Schmälerung erfahren; im Gegenteil, durch ihre Verschmelzung können sie noch wirksamer werden.

Die Weisheit des *I Ging* zeigt uns die Entstehung vom Urknall, von der Ursuppe her. Es ist eine Weisheit, die Astronomie, Medizin, Biologie, Pflanzenkunde, Mikro- und Makrokosmos, Ebbe und Flut, Organzeiten, Stunden und Sekunden in einem Ordnungssystem umschließt. Diese große Lehre, durch die ein Arzt wirklich zum Heiler der Menschheit werden kann, wird jedoch im Westen noch immer weitgehend ignoriert. Vielleicht deshalb, weil es Erkenntnisse sind, die man nicht nur erlernen, sondern auch erfühlen muß?

Kennen wir aber einmal die Energieschwächen des Menschen, so sind wir in der Lage, die physische und psychische Harmonie wiederzufinden und die ökologische Harmonie neu zu schaffen. Die großen Zusammenhänge im Körper werden in der Ganzheit der chinesischen Medizin besonders gut verstanden. Ein Beispiel: Das Ohr ist als kleine „Zeichnung" eines Embryos zu betrachten, dementsprechend sind die Anordnung und Wirkung der Ohrakupunkturpunkte.

Auch die Gedanken sind oft Gesund- oder Krankmacher, auch sie erzeugen Strömungen in uns und um uns, die wir über unsere Aura aufnehmen oder abgeben. Sie müssen daher harmonisch sein, sie müssen sich in ein Ganzes einreihen, in das *Yin* und *Yang* unseres Körpers.

Die Mandalas der östlichen Völker zeigen die Geheimformel des Lebens in wunderbaren Goldbildern. Fu-Hsi, Kipah, Kublai Khan (der Neffe des Dschingis Khan), Marco Polo und Missionare, deren Namen nicht bekannt sind, übergaben uns viele geheime Formeln. Auch in Ägypten haben unbekannte Priester in den Pyramiden überlieferte Heilkünste vollbracht. Jesus Christus, Buddha – sie schufen Gleichnisse, die das *Tao* im unsterblichen Sinn des Lebens erkennen lassen. Hippokrates, der Sohn eines Priesters, der heute jedem Medizinstudenten durch den „Hippokratischen Eid" bekannt ist, hat das Leben in seiner Ganzheit zu verstehen versucht und hat die Astronomie mit einbezogen. Wenn wir anderen Menschen helfen wollen, müssen wir uns diese Gedanken jener Großen zu eigen machen. Wir müssen die chinesische Lehre in unser Wissen aufnehmen und eine Brücke zur modernen Wissenschaft errichten. Denn die Menschen werden nicht mittels der Technik und in Laboratorien geschaffen. Jeder Mensch ist etwas Besonderes mit einer eigenen Ausstrahlung. Diese müssen wir im Wissen der großen Kosmetik des Körpers erfassen lernen. – Kosmetik ist hier im ursprünglichen Sinn als Formung des Körpers gemeint.

Die Zivilisation hat die Urkräfte verschüttet, der Rationalismus in den Laboratorien hat die Grenzen des menschlichen Verständnisses eingeengt. Disharmonie muß anders betrachtet werden als nur durch das Teilwissen der modernen Forschungsmethoden.

Die Logik mit lernbarem Wissen verschüttet das innere Vermögen und die Intuition des Arztes und macht ihn blind für die Folgeerscheinungen übergroßer Emotionen, die zwar histologisch nicht erfaßbar, aber dennoch für fast alle Krankheiten zumindest mitbestimmend sind und bei der Therapie berücksichtigt werden müssen. Das energetische Steuerungssystem des Körpers, das wir erst durch die chinesische Lehre erkennen können, gibt wertvolle Hinweise in bezug auf Gesundheit und Krankheit.

Selbst die Einsteinsche Lehre kann in dieses Denken eingebaut werden: Energie wird Masse, Masse wird Energie[1]).

Bei der Werdung entsteht durch Strahlung das Gasförmige, dann folgt das flüssige Stadium und daraus die feste Masse, die wiederum Energie abstrahlt. Alle diese Formungen und Überlegungen werden bereits durch die Zeichen des Fu-Hsi beschrieben.

Die 64 Zeichen des *I Ging* zeigen weiters die Zusammensetzung der 4:3 gegliederten Helixspirale (das ist der Ablauf, die Sequenz der Aminosäuren; 4:3 bedeutet, daß 3 Aminosäuren durch die 4. gelenkt werden).

Der polynesische Schöpfungsmythos

- Te Kore, das Nicht-Sein, das Nichts. Ruhe, Stofflosigkeit, Finsternis. Weder Zeit noch Raum.
- Te-Po, die Ur-Nacht. Sie wallt auf, sobald eine Welt sich aus dem Nichts trennt. Sie ist erste Zeit und öffnet eine Ahnung von erstem Raum und erster Bewegung.
- Te Rapunga, das Sehnen. Ein zarter Hauch, erstes zitterndes Leben, das bleiben möchte. Aus ihr kommt
- Whaia, die Dauer. Zeitgewordenes Sehnen wird zur Sehnsucht. So entsteht

---

[1]) Dieses Wissen formte Einstein in die Gleichung $E = m \cdot c^2$ (E = Energie; m = Masse; c = Lichtgeschwindigkeit), ohne die heute eine Weltraumforschung nicht möglich wäre.

- Te Kukuna, die erste Empfindung. Zu ihr gesellt sich
- Te Pupuke, die Ausdehnung, die der Empfindung eine räumliche Dimension gibt. Aus der Wirkung im Raum kommt
- Te Hikiri, das Bewußtsein: wachgewordenes, verdichtetes Empfinden. Es bringt
- Te Mahara hervor, den Gedanken, der aus der Einmaligkeit heraussteigt zu
- Te Hinangaro, dem Denken. Aus erneuter Verbindung mit dem zarten Sehnen entsteht
- Te Manako, der Wunsch. Er ist, wie das Denken, nur eine Kraft an sich und sucht nach Inhalt. Er gebiert
- Te Wananga, das heilige Lebensrätsel. Damit stellt die dunkle Allgewalt eine Aufgabe. Sie löst sich in
- Te Akua, der Schönheit, dem ersten Glanz aus dem Dunkel des großen Geheimnisses. Aus ihr entsteht
- Te Atamai, die Liebe, die einer festen Form zustrebt, um Schönheit zu fassen und zu halten. Sie zeugt
- Te Whiwhia, das Umschlingen, das geistige Besitzen. Damit bricht heiß und gewaltig
- Rawea herauf, die Wollust. Aus allen so gewandelten Kräften formt sich
- Hopu Tu, die erste Form, das Aufrechtsein, das Körperhafte, das nun
- Hau Ora hervorbringt, den wirklichen glühenden Lebensatem.

So wurde aus Nicht-Sein das Sein, aus Geist Körper. Nun sammelt sich alles und bildet
- Atea, das Weltall, schwingend als Raum in der Zeit, das aber noch Chaos ist im Sinne der einen Form.

Jetzt erst, in vielen weiteren Schöpfungsstufen, scheiden sich in Atea Himmel und Erde, entstehen erste Lebewesen, trennt sich das Wasser vom Land, löst sich die Nacht vom Tag, erwachen Verstand und Können. Der erste Mensch, Lai Lai, Friedensstille (das Weib), und dann der Mann Kii werden geboren.[1])

---

[1]) Interpretation des von White übermittelten Maori-Textes von Kurt von Boeckmann, die auf der „Heiligen Sage der Polynesier" von A. Bastian (Weltreisender und Begründer der Völkerkunde, 1826–1905) aufbaut.

Das Leben aus dem *I Ging* gesehen

Wie entsteht das Leben, und was ist das Leben überhaupt? Das in China auch für Orakelsprüche zum Zwecke der Diagnose verwendete Zahlensystem des *I Ging* („Heilige Zahlen") gibt, wie gesagt, eine Erklärung des unsichtbaren energetischen Ordnungsprinzips und müßte daher in die heutigen Naturwissenschaften und in die Therapie eingebaut werden. Das nicht sichtbare Lebensprinzip kleidet sich in Materie, in Menschengestalt. Mensch sein, heißt Geist sein; Formlosigkeit wandelt sich in Form.

Ein Zellklümpchen entsteht nicht von selbst. Es gehören dazu Wärme und Energie. Ist da nicht schon vor Beginn des kleinen Zellklümpchens, das photosynthetisch erkannt wird, Bewegung und Aktivität, die sich durch das Zusammenkommen von Ei und Samen ergeben? Diese Aktivität, dieses Unsichtbare, das der Ergründung wert ist, wird im „Orakelbuch", dem alten Weisheitsbuch, bis zum *Bardo*-Zustand erklärt. (*Bardo*-Zustand ist ein Begriff aus dem Totenbuch der Tibeter, der für etwas nicht Existentes, in Werdung Befindliches verwendet wird.) Die Entstehung und der Wandel des Unsichtbaren in uns, das nach der Vollendung des Menschen wie ein Netzwerk von elektronisch meßbaren Energiekanälen aufscheint, sind im *I Ging*, im „Buche der Wandlungen", in Zahlenform dargestellt. Die Striche der Hexagramme geben Hinweise über Lebensfunktionen, die sich bis in die Bio-Astronomie erklären lassen.

24 Tage nach der Befruchtung des Eies kann das Schlagen des Herzens bereits gehört werden, aber schon vor diesem Zeitpunkt ist Bewegung in den Zellen in einem bestimmten Ablauf feststellbar. So läßt z. B. das Hexagramm der „heiligen Zahl" 30 die Vereinigung von *Yin* und *Yang* als Organfunktion des Herzens erkennen.

Die 64 Hexagramme des *I Ging* geben den vielfachen Wandel der Energien im Menschen zahlenmäßig wieder und weisen auf die Meridiankreise der Akupunktur im Sinne der größten Harmonielehre, bezogen auf den ganzen Menschen, nämlich auf Körper, Seele und Geist. Sie führen zur *Farbenlehre* und zur *Fünf-Elemente-Theorie* und geben damit Antwort auf Fragen wie: „Warum bin ich nicht glücklich?", „Warum habe ich Angst?", „Warum bin ich zornig?", „Warum bin ich krank?"

Aus den Zeichen des *I-Ging*-Orakels ziehen wir neue Erkenntnisse über die Formung, die als Zellerneuerung und Regeneration genetisch verstanden werden sollte, und sehen in unserem Körper die Zusammenhänge von Krankheiten und gestörten Energieformen.

Die Miteinbeziehung des Seelisch-Geistigen ist wichtig, denn erst die Vereinigung von Symptomen des Materiellen in Form von körperlichen

Schmerzen mit dem Unsichtbaren der Seele kann wahre Medizin bedeuten. Eine vollkommene Erklärung unseres Wunders Mensch wird es wohl nie geben. Durch das Lesen des *I Ging* kommen wir aber diesem Geheimnis etwas näher. Wir müssen imstande sein, die taoistischen Erkenntnisse zu verarbeiten, Laotse zu lesen, aber auch Konfuzius zu begreifen, der sich mit 70 Jahren den Lehren des *I Ging* unterworfen hat, da er hoffte, das Materielle in die Geist-Seele-Verbindung einbauen und diese Dreierkombination für die Gesundwerdung des Menschen in der Therapie einsetzen zu können. Es ist allerdings leichter, das Primitiv-Materielle, das zwar aus Energie entstanden ist, umzustellen (z. B. durch Schmerzmittel), als das Nicht-Bewußte, die Psyche, die in unserem Leben oft so viele Probleme schafft, zu beeinflussen und die Energie, das *Chi,* aufzubauen.

Durch das Wissen aus dem *I Ging* kann aber die Psychosomatik weiter ausgebaut, können Zelltherapie und Homöopathie im Sinne der Ganzheitsmedizin erst richtig eingesetzt werden.

Es ist notwendig, die Dreiheit des Lebens (drei Energiekreise) und die Aktivitäten des Menschen – als vierte Einheit – zu verstehen:

——— ———	MENSCH - GEIST	
——— ———	HIMMEL - SEELE	AKTIVITÄTEN DES MENSCHEN
——— ———	ERDE - MATERIE	

(Bei den Hexagrammen des *I Ging* gehören jeweils zwei Linien zu jeder einzelnen der drei Einheiten.)

Die Pharaonen der Ägypter haben nach Bulganin schon die Atomwissenschaft gekannt, ebenso die Laserstrahlen (Laserkanone von Meroe). So ist es nicht erstaunlich, daß die weisen Mönche aus Tibet bereits die Zusammenhänge der universellen Steuerung im Geheimnis der Lebenswerdung erfaßten.

Früher waren die Enträtselungen nur weisen Mönchen und hohen Priestern vorbehalten und wurden als Geheimnis bewahrt, in China wie in Ägypten. So wurden wohl die Schriften übernommen, aber wir haben verlernt zu erkennen, wie aus den Zahlenreihen des *I Ging* alle psychischen und physischen Vorgänge ergründet werden können. Nur durch intensives Denken gelangt man wieder zum Wissen um die Zusammenhänge, und man beginnt, aus den chinesischen Namen der Akupunkturpunkte deren Wirksamkeit in bezug auf das Körpergeschehen herauszulesen.

Es ist nicht mystisch, wenn wir von Strahlungen, Orakeln, vom Taoismus, Buddhismus, von geheimnisvollen Pyramiden in Ägypten oder von der sechsteiligen Spinne mit den acht Kreisen Mohammeds sprechen. Solche Gedanken erklären oft Zusammenhänge des Menschen als Wunderwerk in Sein und Nichtsein. Meditationen und echte Überprüfungen lehren, die Akupunktur mit dem *I-Ging*-Orakel zu verbinden und dadurch zu verstehen.

Hypothesen aufzustellen ist besser als nicht zu denken, trotzdem bleibt in seinem Wesen der Mensch das große Wunder. Feinstoffliche Vorgänge in unserem Körper, psychische Belastungen beeinflussen die Umwandlung von Emotionen. Westliches Denken mit altem östlichen Wissen zu vereinen, wird auch ein Weg sein, viele unaufgeklärte Situationen unseres Körpers besser zu erkennen. Materielle Zerstörung aus der heutigen Chemie bringt oft neue Krankheiten, die sich in Organschäden äußern. Das heißt, Regeneration mittels der Chemie verursacht durch Nebenwirkungen gleichzeitig eine Störung anderer Organe, und dieses disharmonische Verhältnis erzeugt weitere Krankheiten.

I Ging – DNA – Aminosäuren

Über die „heiligen Zahlen" und Zeichen des *I Ging,* die in der Chemie und Atomphysik ihre Bestätigung finden, kommen wir langsam der „Geheimformel des Lebens" auf die Spur; die Evolution des Menschen, das Wesen der Akupunkturmeridiane, die unsichtbaren Schaltungen bis zur Samen-Ei-Formation werden durch die alte Weisheit aufgedeckt. Die Zeichen des *I Ging* geben mit minutiöser Genauigkeit die gespeicherten Informationen der DNA wieder, sie führen zu Gedanken über die Entstehung des Lebens. Mit einmal lassen sich die Fotografie eines Lebensbeginnes mit vier Zellen, lassen sich subatomare Strukturen mit der 6000 Jahre alten Weisheit des Ostens vergleichen. Mehr noch: das *I Ging* geht über das Materielle, das Körperliche hinaus, auch die Psyche wird in die Überlegungen mit einbezogen, es werden die geistigen Kräfte der Organe berücksichtigt. Nur in dieser Gesamtbetrachtung von Körper, Seele und Geist können dann die Lebenskräfte, das *Chi,* für die Therapie richtig genutzt werden. Die Doppelhelix der DNA (Desoxiribonucleinsäure), durch die jede Zelle die gesamte Erbinformation des Organismus in sich trägt, und deren Grundstruktur von Watson und Cricks erarbeitet wurde, ähnelt in bezug auf die Struktur – einer Abfolge von Verschlingungen und deren Lösungen – ganz dem *Yin–Yang*-Symbol. Immer, wenn sie in Funktion tritt, lösen sich die Verschlingungen und es entsteht eine codische Information. Diese Information in Form einer Erbfunktion hört aber in einer bestimmten Formung des Menschen in seinem Körper auf.

In den „heiligen Zahlen" des *I Ging* erkennt man mit der Wandlung der Trigramme zugleich auch die Wandlung der DNA, und durch das Zahlensystem – wobei jedem Organ bestimmte Zahlen zugeordnet sind –, die Randstellung der einzelnen Organformationen, angefangen bei der urnervalen Steuerung mit ihren Grundstrukturfabriken. Wir sehen auch die Systeme der DNA-Struktur, die in unserem Organismus die Aufgaben des genetischen Codes erfüllen. Dadurch erkennen wir die Urinformation in bestimmter Vernetzung des ganzen Körpers. Das Wissen um den genetischen Code der DNA in Kombination mit den „heiligen Zahlen" ist zugleich auch eine Erklärung für den Verlauf der Meridiane.

Die DNA zeigt sich bei der Lebensentstehung als eine Verschlingung, im Verlauf des Lebens kommt es dann zu einem ständigen Wechsel von Verschlingungen und Lösungen, wobei im Lösen bereits die Energie für die nächste Verschlingung enthalten ist. So gesehen, ist der Tod jener Prozeß, bei welchem es in der Lösung keine weitere Energie für eine neue Verschlingung gibt.

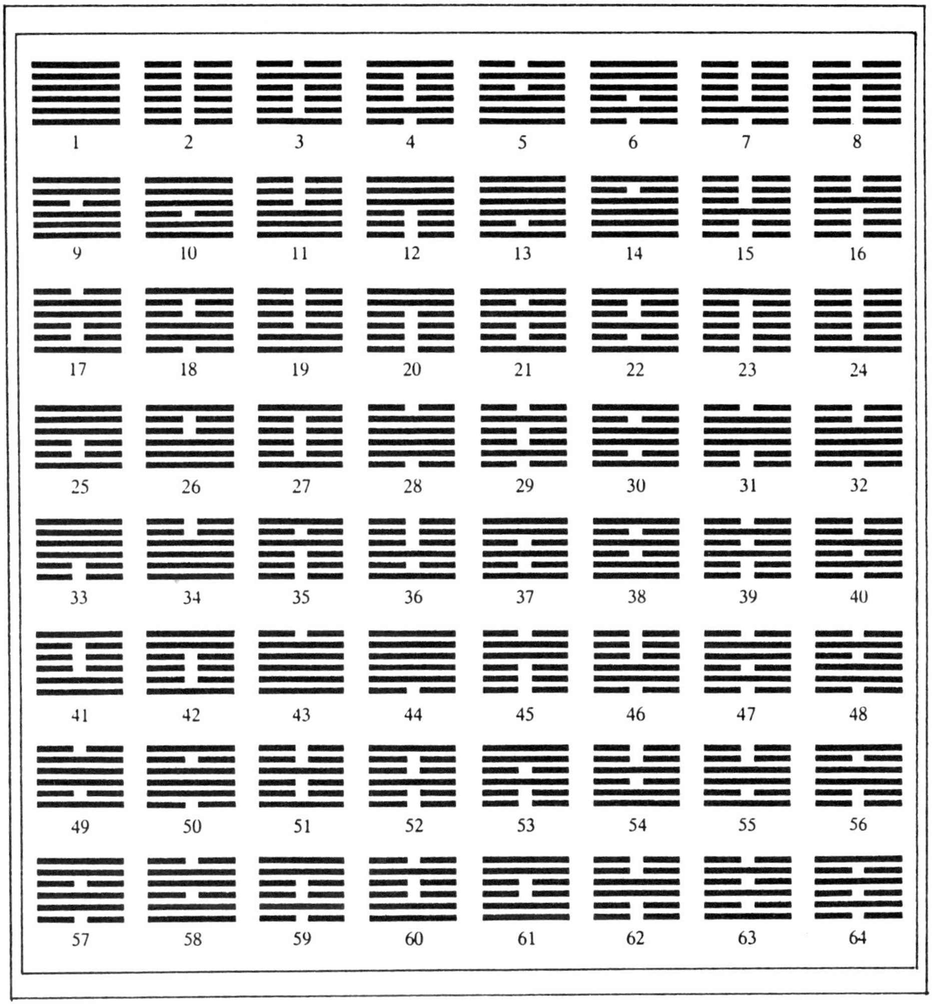

Die Hexagramme geben die genetische Codierung. In nicht gebrochenen und gebrochenen Linien sind hier Wellen und Teilchen der Atomphysik dargestellt (vgl. S. 114, 130).

Die folgende Seite zeigt das *I-Ging*-Quadrat: Die 64 „heiligen Zahlen" geben die Reihenfolge der Lebensentstehung und der Wandlungen an. Jeder Zahl entspricht ein Hexagramm – und somit auch eine Aminosäure, die durch drei Basenfolgen (Grundstrukturen) codiert ist. Die Zahlen 1, 51, 29, 52, 2, 57, 30 und 58 ergeben die „Hypothenuse" der beiden das Quadrat formenden Dreiecke und gehören zu aus jeweils zwei *gleichen* Trigrammen zusammengesetzten Hexagrammen:

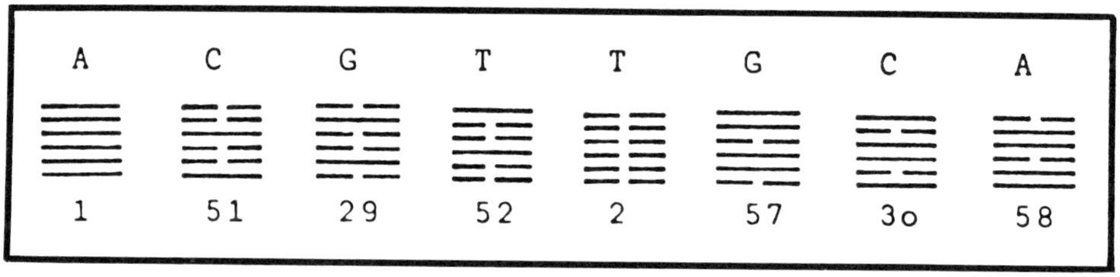

Die „heiligen Zahlen“ des *I Ging*:

TRIGRAMME Obere Hälfte ▶ Untere Hälfte ▼	KIEN	DSCHEN	KAN	GEN	KUN	SUN	LI	DUI
KIEN	1	34	5	26	11	9	14	43
DSCHEN	25	51	3	27	24	42	21	17
KAN	6	40	29	4	7	59	64	47
GEN	33	62	39	52	15	53	56	31
KUN	12	16	8	23	2	20	35	45
SUN	44	32	48	18	46	57	50	28
LI	13	55	63	22	36	37	30	49
DUI	10	54	60	41	19	61	38	58

DIE LEBENSTAFEL	LENKER-GEFÄSS	KREISLAUF DREI-FACHER ERWÄRMER	NIERE BLASE	LUNGE DICKDARM	KONZEP-TIONS-GEFÄSS	LEBER GALLEN-BLASE	HERZ DÜNNDARM	MAGEN MILZ BAUCH-SPEICHEL-DRÜSE
LENKER-GEFÄSS	1 LYSIN	34 SERIN	5 THREONIN	26 ISOLEUCIN	11 ISOLEUCIN	9 THREONIN	14 LYSIN	43 ASPARAGIN
KREISLAUF DREIFACHER ERWÄRMER	25 ARGININ	51 ARGININ	3 LEUCIN	27 LEUCIN	24 LEUCIN	42 LEUCIN	21 GLYCIN	17 ARGININ
NIERE BLASE	6 GLYCIN	4o VALIN	29 GLYCIN	4 VALIN	7 VALIN	59 VALIN	64 GLYCIN	47 GLYCIN
LUNGE DICKDARM	33 ORCHE (STOP)	62 TYROSIN	39 SERIN	52 SERIN	15 SERIN	53 SERIN	56 AMBER	31 TYROSIN
KONZEPTIONS-GEFÄSS	12 AMBER	16 CYSTEIN	8 PHENYL-ALANIN	23 LEUCIN	2 PHENYL-ALANIN	2o LEUCIN	35 TRYPTO-PHAN	45 SERIN
LEBER GALLENBLASE	44 GLUTAMIN	32 AMBER (STOP)	48 ALANIN	18 ALANIN	46 ALANIN	57 THREONIN	5o GLUTAMIN	28 GLUTAMIN
HERZ DÜNNDARM	13 GLUTAMIN	55 HISTIDIN	63 PROLIN	22 ARGININ	36 PROLIN	37 PROLIN	3o GLUTAMIN-SÄURE	49 HISTIDIN
MAGEN MILZ BAUCHSPEICHEL-DRÜSE	1o ARGININ	54 SERIN	6o ISOLEUCIN	41 METHIONIN	19 LEUCIN	61 ISOLEUCIN	38 ARGININ	58 SERIN

Hier werden die Aminosäuren in Zusammenhang mit der *I-Ging*-Lebenstafel und den Organen für die Verwendung in der Praxis gezeigt.

Die folgende Tabelle zeigt die waagrechten Wandlungen der „Lebenstafel“:

HEXAGRAMME, ORGANE, AMINOSÄUREN
(HAUPTWANDLUNG - WAAGRECHTE WANDLUNG)

LENKERGEFÄSS

LYSIN	SERIN	THREONIN	ISOLEUCIN	ISOLEUCIN	THREONIN	LYSIN	ASPARAGIN

KREISLAUF/DREIFACHER ERWÄRMER

ARGININ	ARGININ	LEUCIN	LEUCIN	LEUCIN	LEUCIN	GLYCIN	ARGININ

NIERE/BLASE

GLYCIN	VALIN	GLYCIN	VALIN	VALIN	VALIN	GLYCIN	GLYCIN

LUNGE/DICKDARM

ORCHE (STOP)	TYROSIN	SERIN	SERIN	SERIN	SERIN	AMBER	TYROSIN

KONZEPTIONSGEFÄSS

AMBER	CYSTEIN	PHENYL-ALANIN	LEUCIN	PHENYL-ALANIN	LEUCIN	TRYPTO-PHAN	SERIN

LEBER/GALLENBLASE

GLUTAMIN	AMBER (STOP)	ALANIN	ALANIN	ALANIN	THREONIN	GLUTAMIN	GLUTAMIN

HERZ/DÜNNDARM

GLUTAMIN	HISTIDIN	PROLIN	ARGININ	PROLIN	PROLIN	GLUTAMIN-SÄURE	HISTIDIN

MAGEN/MILZ,BAUCHSPEICHELDRÜSE

ARGININ	SERIN	ISOLEUCIN	METHIONIN	LEUCIN	ISOLEUCIN	ARGININ	SERIN

Ausstrahlung der menschlichen Hand

Die Grundstrukturen an den Hauptmeßpunkten der Akupunktur

Der Mensch hat eine bestimmte Ausstrahlung. Dies wurde von Kirlian mit Hilfe von Fotografien bewiesen und von Goethe intuitiv in der Farbentheorie erfaßt. Man kann diese Ausstrahlung entweder fühlen oder aber messen. So lassen sich beispielsweise die Ausstrahlungen der Endpunkte der Akupunkturmeridiane mit einem Ohmschen Widerstandsmesser genau bestimmen (EAP-Test nach Dr. Voll), wobei der Normalwert an allen Punkten 50 betragen soll. Höhere und tiefere Werte lassen Schlüsse auf Organstörungen, das heißt auf Krankheiten, zu, hohe Werte werden dabei als ungefährlich – akut –, niedere Werte als gefährlich, degenerativ – chronisch –, betrachtet. Mit Testampullen und einem Zusatzgerät können diese Untersuchungen im Hinblick auf Medikamente, Aminosäuren und Ernährung ausgeweitet werden (vgl. u., S. 186f.).

Um den Zusammenhang von Meridiansystemen und Eiweißsynthese (Aminosäuren) zu verwerten, ist es notwendig, die vier Grundstrukturen C A T G (C = Cytosin, A = Adenosin, T = Thymin, G = Guanidin) zu prüfen. Wir wissen von den „heiligen Zahlen" und den Zeichen des *I Ging*, welche Grundstoffe zu welchen Organen als wichtigste Grundstruktur gehören (vgl. Tafel „Eiweißsynthese und Meridiane", S. 119ff.).

Auch an den Endpunkten der Meridiane ist die Grundstruktur ablesbar (vgl. Abb. S. 111). Und zwar Cytosin – Thymin an den Händen (1., 2., 5. und 6. Meridian Cytosin und 9., 10. Thymin), Guanidin und Adenosin an den Füßen (Guanidin – 3., 4., 7. und 8. Meridian, Adenosin – 11. und 12. Meridian).

Dies bestätigt das Vorhandensein von zwei CG-Kreisen und einem AT-Kreis. Die Meridiane können, so gesehen, als Bausteinmuster der Grundstruktur im Netzwerk unseres Körpers verstanden werden.

Die „heiligen Zahlen" verlieren an Mystik, sobald sie, richtig gelesen, in ihrer Gesamtheit die Entstehung des Lebens und dessen Fortführung in einem geradezu phänomenalen System erklären. Die gebrochenen und ungebrochenen Striche stehen in Verbindung mit dem unsichtbaren Akupunktursystem im Kraftwerk Mensch. So ergibt sich die urnervale Steuerung: Organisation aus dem Lebenscode und den Zeichen des *Fu-Hsi*. Die DNA ist dabei als gelöste Doppelspirale in den Akupunkturmeridianen zu sehen und durch den EAP-Test im Verlauf der 14 Meridiane zu erkennen. Mittels der Testampullen mit den Grundstrukturen C, T, G, A sowie mittels der Einteilung C-T an den Händen und G-A an den Füßen (vgl. Abb. S. 111) finden wir Fehlerquellen und sammeln neue Erkenntnisse bezüg-

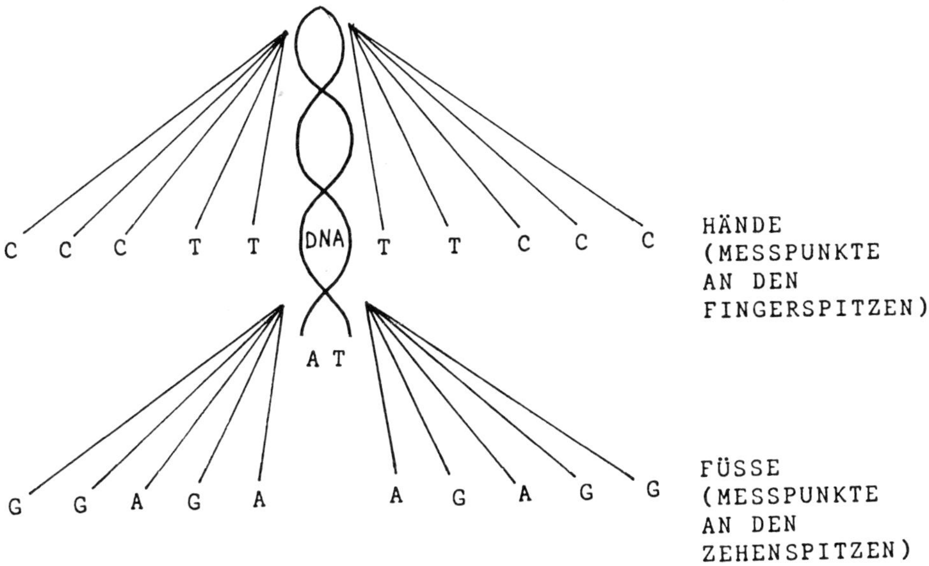

A - ADENOSIN

C - CYTOSIN

G - GUANIDIN

T - THYMIN

lich der Behandlung des Menschen. Beim Zusammensturz eines Hauses liegt die Fehlerquelle in der Grundstruktur; warum soll es beim Menschen anders sein? So finden wir mit diesem Wissen Hinweise darüber, ob es sich um eine C-, T-, G- oder eine A-Krankheit handelt. Diesbezügliche Harmonien, Disharmonien, Fehlmutationen lassen sich bereits bei Kleinstkindern erkennen.

Die „heiligen Zahlen“ wurden schon vor Tausenden von Jahren über die Erkenntnisse der Urfossilien, des Urknalls hinaus zur Krankheitsfindung im Sinne der neuesten Forschung verwendet. Die Energie unseres Körpers ist in unserem „Kraftwerk“ in einer schon erforschten Harmonie codiert und muß bis in das hohe Alter mit Eigenkräften repariert werden. Die „Schaltungen“ in der Akupunktur wie auch in der Eiweißsynthese müssen harmonisch sein, sonst müssen wir versuchen, das Energiepotential durch die richtige Behandlung wieder zu regulieren.

I Ging – die Weisheit Chinas; DNA – die Weisheit des Westens

Die chinesische Wissenschaft hat Erkenntnisse erschlossen, die viele Fragen aus der heutigen Medizin verständlicher machen. Der Weg zum Ganzheitsdenken ist für den westlich Orientierten noch ungewöhnlich. Akupunktur ist dabei eine der Wissenschaften, die die Idee der Energie im Körper erklärt. Die Wissenschaft der Chinesen wurde weiters auf den Zeichen des *Fu-Hsi* aufgebaut, man erkannte Verbindungen zwischen Jahreszeiten, Organen, Pflanzen, Farben, man fand die *Fünf-Elemente-Theorie* und das System der Organstundenuhr. Das wichtigste aber bleibt das *I Ging,* das Buch mit den „heiligen Zahlen", in welches nicht nur die Embryogenese, sondern auch die Quantenmedizin eingebaut werden können.

Die *Fu-Hsi*-Zeichen werden erklärt durch:

Kong Fu – Tiere
I Ging
Akupunkturlehre
DNA-Struktur
Organsysteme
Pflanzensysteme
Jahresorgankalender

Aus diesen Zeichen sind ferner die Unendlichkeit des Seins und die Verbindung von Strahlungen des Kosmos mit der Erde ersichtlich sowie die chromosomale Steuerung durch die DNA. Wo aber könnte man besser anfangen als bei der Entstehung des Lebens – vier Wörter, vier Hauptstoffe als Code für die Eiweißsynthese (Cytosin, Guanidin, Adenosin und Thymin), 2×2 *Yin-Yang*-Kräfte kristallisieren den Geist im Raum – Samen und Ei tragen diese Informationen in sich.

Es soll hier nicht das *I-Ging*-Orakel befragt, sondern es sollen alle medizinischen Möglichkeiten über die „heiligen Zahlen" neu ausgeschöpft werden.

Die 8×8 Hexagramme im *Yin-* und *Yang*-Verhältnis zeigen in Zahlenreihen die Energiekreise und ihre Entstehung. Bestimmte Punkte der Akupunktur werden, da sie aus der Embryologie das Werden des Menschen erklären, „antik" genannt. Sie sind von Bedeutung als die ersten Konzentrationspunkte der Lebensenergie. Hinweise im Wissen um die antiken Punkte haben in China die Akupunkturbehandlung möglich gemacht. Die Verschlingungen der DNA als Energie und Masse werden in der richtigen Vermischung des Schöpferischen und Empfangenden in

Strichkombinationen erklärt. Die Disharmonie kann als Krankheit sich schon im embryologischen Bereich aus dem *Yin* und *Yang* entwickeln.

Um die Wandlung und Formung des Menschen zu verstehen, muß man wissen, daß sich aus den „heiligen Zahlen" je zwölf Hauptverbindungen von den weiblichen und männlichen Urkräften ergeben:

Yang-Lenkergefäß mit den Zahlen 9, 44, 10, 43, 14, 13, 26, 33, 25, 34, 5, 6 und

Yin-Konzeptionsgefäß mit den Zahlen 46, 20, 45, 19, 35, 36, 23, 15, 24, 16, 7, 8.

Weiters ist über die Zahlen des *I Ging* zu ersehen, daß das innere Organsystem bei den „heiligen Zahlen" 58 bis 64 untereinander ohne Urkräfte verbunden ist. Es sind die 6 Wandlungen des Vergehens zum Unterschied zu den 9 Wandlungen des Werdens.

Die Lebenstafel

Acht Trigramme sind der Beginn der Lebenswege, der Energien. Vier Strichkombinationen entstehen aus acht – d. h. viermal zwei – gebrochenen oder / und ungebrochenen Strichen (*Yin* und *Yang*, Teilchen und Wellen). Es ergeben sich vier verschiedene Zustände, vier Grundstrukturen. Durch Ergänzung mit einer Welle oder einem Teilchen entstehen dann daraus die überlieferten Trigramme des *Fu-Hsi*-Zeichens:

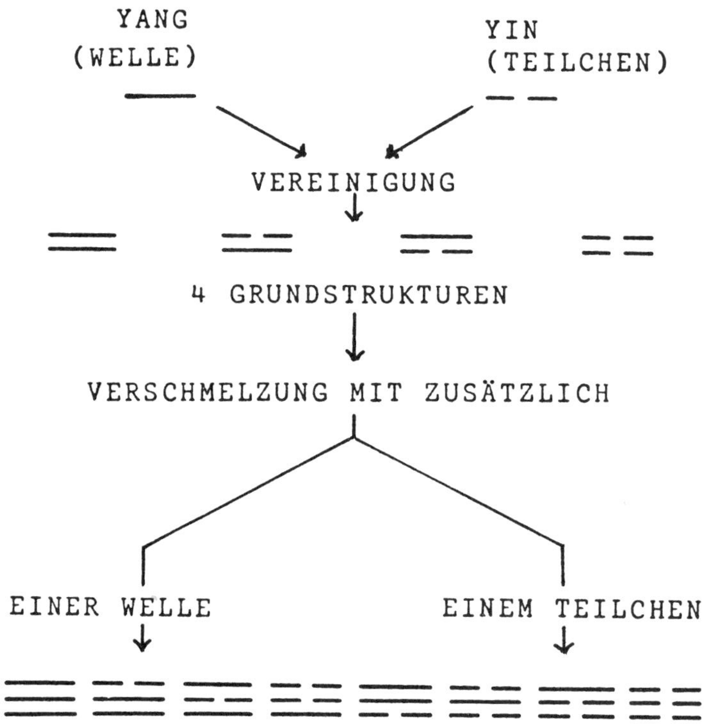

Bei der Entstehung der Trigramme durch die Vereinigung einer „Welle" oder eines „Teilchens" mit einer Grundstruktur ist zu beobachten, daß die Grundstrukturen immer die beiden untersten Symbole sind.

Die Trigramme zeigen die Bewegung des Lebens, den Wandel; sie verschlingen sich, sie prallen aufeinander, sie vereinen sich in 8×8 Kombinationsmöglichkeiten, wobei zwei Trigramme nach der Vereinigung jeweils ein Hexagramm bilden. Das ergibt 64 Verbindungen, 64 Hexagramme, die 64 „heiligen Zahlen" des *I Ging* (vgl. Tafeln S. 105 ff.), die in der Zeichensprache der chinesischen Mystik die Unendlichkeit der Lebensvorgänge enträtseln und selbst ihre Bestätigung in der DNA finden.

So kann die alte Sprache der Chinesen verstanden werden, und so wird auch die westliche Sprache der Gen-Information, der DNA, verständlich: Die eine erklärt die andere und bestätigt sie. Die Kunst des Deutens der Zeichen, der Symbole der Verwandlung ist nicht mehr schwer, wenn man die Tafel zu Rate zieht, die in enge Beziehungen zur Eiweißsynthese gebracht werden kann und die einzelnen Aufschlüsselungen genau aufzeigt. Diese Lebenstafel ist daher für die Praxis eine große Hilfe. Dabei müssen die Zeichen wie eine Schrift, eine chemische Formel, gelesen werden.

Die Hexagramme sind jeweils einer „heiligen Zahl" zugeordnet und stehen für einzelne Aminosäuren mit verschiedener Wichtung. (Letztere ergibt sich aus den genannten Zahlen). In der Reihenfolge dieser Zahlen sind die Aminosäuren wie in einem Netzwerk untereinander verbunden. (Auch aus den Akupunkturpunkten und den Meridianen lassen sich diese Verbindungen herauslesen.)

Ein Beispiel für die sich ändernde Wichtung einer Aminosäure: Lysin mit der „heiligen Zahl" 1 hat das Hexagramm ䷀ ; Lysin 14 hingegen ䷍ . Weiters haben Prolin 36 und Prolin 63 zwar denselben Namen, doch sind ihre Wandlungsphasen verschieden. Daher hat Prolin auch verschiedene Aufgaben im Hinblick auf die Gesundheit, was in der Naturheilkunde zu beachten ist:

Jede einzelne Aminosäure hat also eine besondere Bedeutung. Erbmäßige Abweichungen schon in den Grundstrukturen führen zum Ausbruch von Krankheiten, können Fehlschaltungen auslösen, die vielfältige Auswirkungen haben. Die Lebenstafel hilft erkennen, wo die ursächlichen Fehler liegen.

Als Beispiel die „heilige Zahl" 10 (Arginin), die dem Magen-Milz-Bauchspeicheldrüsen-System zugeteilt ist. Hier bilden zwei ungebrochene und ein gebrochener Strich das untere Trigramm, dies ergibt, in bezug auf die Aminosäuren, die Mischung der Sequenz AGA. Beim Suchen auf der Lebenstafel findet man insgesamt sechsmal Arginin, davon dreimal im Zusammenhang mit Magen, Milz, Bauchspeicheldrüse, und zwar in Verbindung mit dem Lenkergefäß (Nr. 10), dem Herz-Dünndarm-(Nr. 38) und dem Kreislauf-Dreifacher-Erwärmer(Nr. 17)-System.

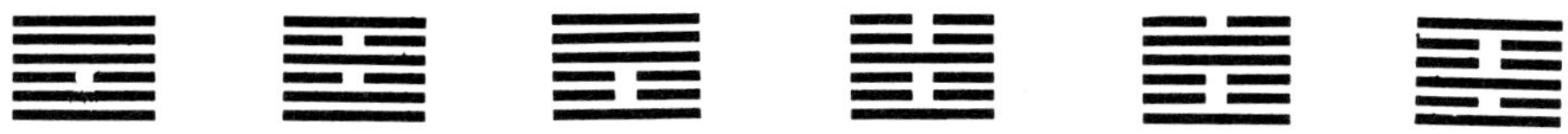

1o	38	25	51	17	22
LENKER-GEFÄSS	HERZ/DÜNN-DARM	LENKER-GEFÄSS	KREISLAUF/DREIFACHER ERWÄRMER	MAGEN/MILZ, BAUCH-SPEICHEL-DRÜSE	LUNGE/DICK-DARM
MAGEN/MILZ, BAUCH-SPEICHEL-DRÜSE	MAGEN/MILZ, BAUCH-SPEICHEL-DRÜSE	KREISLAUF/DREIFACHER ERWÄRMER	KREISLAUF/DREIFACHER ERWÄRMER	KREISLAUF/DREIFACHER ERWÄRMER	HERZ/DÜNN-DARM

Man ersieht daraus deutlich, in welchem Zusammenhang die Bauchspeicheldrüse und der Magen mit anderen Organen stehen können. Eine Einzelstörung der Sequenz kann also auch für andere Organe eine chronische Krankheit bringen. Dieser Hinweis zeigt, daß beispielsweise nicht nur die Bauchspeicheldrüse, sondern auch die anderen Organe behandelt werden müssen.

Die Lebenstafel des *I Ging* kann also als eine Verbindung zwischen der traditionellen chinesischen Medizin, den Erkenntnissen der westlichen Naturwissenschaften, der DNA-Codierung, der Eiweißsynthese usw. angesehen werden.

Der Elektroakupunkturtest nach Dr. Voll und die auf der Lebenstafel aufgebaute Acht-Quadranten-Testung mit dem Zusatzgerät nach Dr. Weber (vgl. u., S. 185f.) gestatten es, noch intensiver die Ziele einer Ganzheitsmedizin zu verfolgen. Die verschiedenen Störungen aus Aminosäuren als den Bausteinen der Peptide und Proteine können dabei bis zur Zellschädigung gut erkannt werden. Dabei ist es notwendig, nicht etwa nur die „heiligen Zahlen" unter dem Aspekt der Eiweißsynthese zu sehen, sondern auch die chemische Erfahrung der Schulmedizin sorgfältig zu berücksichtigen. Was die ca. 20 Aminosäuren betrifft, wird die Unterteilung in essentielle und nicht essentielle Aminosäuren auch durch die Hexagramme vollzogen, die die 8 (!) essentiellen Aminosäuren (Lysin, Phenylalanin, Leucin, Valin, Methionin, Threonin, Tryptophan, Isoleucin) in die Struktur eingebaut zeigen.

Die Stellung jedes einzelnen Hexagramms im *I Ging* ist sehr wesentlich. Die Bedeutung der „heiligen Zahlen" wurde ebenfalls von C. G. Jung erkannt, der sie in seine psychologischen Therapien einbaute.

Wie vorher erwähnt, hat Schönberger die Hexagramme erstmals mit der DNA korreliert, hat sie als chemische Symbole ausgearbeitet, ohne allerdings an die praktische Anwendung zu denken. Er verabsäumte, eine Verbindung zur Akupunktur und zur Fünf-Elemente-Lehre herzustellen, wo sie bezüglich der Therapie inzwischen von großer Hilfe sind.

Auch Stent hat das *I Ging* mit der Eiweißsynthese in seine neuesten Forschungen einbezogen. Evolutionär gesehen, kann man die Astronomie auch als eine Lehre von der Teilchen- und Schwingungssteuerung in uns erklären.

Diese vielen Überlegungen sollten besonders bei der Behandlung von Streßerkrankungen, geistigen Krankheiten und von Krebserkrankungen nicht außer acht gelassen werden. Akupunktur nur in Form von Nadelstichen ist genauso wenig wie die Schulmedizin ohne Einfühlungsvermögen in die großen Geheimnisse der Natur.

Jeder Mensch ist einmalig und muß daher auch als etwas Einmaliges betrachtet und behandelt werden.

Die Bedeutung der Aminosäuren

Anhand der Milch, des Hauptnahrungsmittels für die ersten Lebensmonate, zeigt sich eindrucksvoll die Bedeutung der Aminosäuren.

1. Lysin – fördert die Skelettentwicklung, bei Mangel kommt es zu Blutarmut.
2. Methionin – Schutzwirkung in bezug auf die Leber.
3. Threonin – Schutzwirkung in bezug auf die Nieren.
4. Glutaminsäure – beseitigt Stoffwechselschlacken, die z. B. durch nervliche Belastung entstanden sind.
5. Tyrosin – verhindert Unterfunktion der Schilddrüse.

Prozentualer Anteil exogen-essentieller Aminosäuren und biologische Nutzungswerte nach H. A. Schweigart und G. Quellmalz:

	Arginin	Histidin	Lysin	Tryptophan	Phenylalanin
Rindermuskel	6,70	2,52	7,05	1,13	4,26
Blattgemüse	6,09	1,825	4,96	1,65	3,91

	Methionin	Threonin	Leucin	Isoleucin	Valin
Rindermuskel	2,87	4,0	6,7	5,48	5,04
Blattgemüse	2,0	3,565	9,58	4,69	5,21

	Cystin	Exogene Aminos.	Biolog. Gesamtnutzung
Rindermuskel	1,13	46,88	71,3
Blattgemüse	1,74	45,22	73,0

Die Forschungsergebnisse von M. O. Bruker in Hinblick auf die Ernährungsfrage zeigen gleichfalls die Bedeutung dieser Eiweißbausteine.

Es ist lange bekannt und gesichert, daß gewisse Aminosäuren im menschlichen Organismus nicht selbst gebildet werden können. Wie stellt man sich dann aber die Strukturgestaltung aus der Embryogenese vor? Ei, Samen enthalten alles; der Embryo ist das zweite Leben aus Ei und Samen. Wie konnte es erwachen? Werden diese aufgezählten Aminosäuren nur mit äußeren Faktoren weiterbestehen? Wir müssen gerade am Anfang des Lebens etwas zu geben haben. Aus den „heiligen Zahlen" zeigt sich, daß Lysin, Phenylalanin, Leucin und Valin als erste, Tyrosin fast als letztes entstehen. Lysin hat auch eine Sonderstellung mit besonderer Aktivität. Guanidin wird als letzte der Grundstrukturen gebildet. Hat es dadurch besondere Aufgaben in der Vernetzung der Körperstruktur? (Glycin; vgl. S. 129 ff.)

Eine andere Aminosäure, Methionin, wurde 1923 entdeckt und wird in der Schulmedizin bei Kollapszuständen verwendet. Auch bei der

Austestung mit dem Elektroakupunkturtest ergab sich oft ein Mangel an Methionin, und man konnte mit einer Behandlung der Bauchspeicheldrüse im Sinne der *I-Ging*-Lebenstafel helfen. Weiters wurde in der Schulmedizin das Methionin besonders in Kombination mit Magnesium zur Beruhigung des Körpers verwendet, man versuchte aber auch, die Enzymproduktion durch Methionin anzukurbeln. Da die Sojabohne sehr viel Methionin enthält, kann sie bei Mangelzuständen erfolgreich eingesetzt werden. Dies erklärt auch ihre große Bedeutung in der Ernährungslehre.

Cystein, die Hauptaminosäure der Hypophyse, wird von der Pharmakologie bei Verbrennungen und Kreislaufversagen eingesetzt. Es findet sich verborgen in der Struktur des Penicillins und dient derivatisiert u. a. als Hustenexpectorans.

Im Falle des Cysteins kommen Punkte der Systeme Kreislauf und Dreifacher Erwärmer aus der Akupunkturlehre zum Tragen. Wenn man die Strichkombinationen des *I-Ging*-Zeichens verfolgt und das TGT-Zeichen als Hexagramm sieht, kann man die Zusammenhänge des Cysteins zum Guanidin (Leberfunktion) in der Grundstruktur erklären. Dazu die folgende Tabelle, die solche Kombinationen der Eiweißsynthese mit den Akupunkturpunkten aufzeigt.

Eiweißsynthese und Meridiane

„Heilige Zahlen“	Hexagramme	Tripletts	Aminosäuren und Grundstrukturen	Meridiantyp	Meridiane
1		A A A	Lysin Adenosin	A	*Lenkergefäß* Lenkergefäß
2		T T T	Phenylalanin Thymin	T	*Konzeptionsgefäß* Konzeptionsgefäß
3		C T C	Leucin Cytosin	C	*Niere/Blase* Kreislauf/ Dreifacher Erwärmer
4		G T G	Valin Guanidin	G	*Lunge/Dickdarm* Niere/Blase
5		C C A	Threonin Adenosin	A	*Niere/Blase* Lenkergefäß

„Heilige Zahlen“	Hexagramme	Tripletts	Aminosäuren und Grundstrukturen	Meridiantyp	Meridiane
6		A G G	Glycin Guanidin	G	*Lenkergefäß* Niere/Blase
7		T T G	Valin Guanidin	G	*Konzeptionsgefäß* Niere/Blase
8		C T T	Phenylalanin Thymin	T	*Niere/Blase* Konzeptionsgefäß
9		A C A	Threonin Adenosin	A	*Leber/Gallenblase* Lenkergefäß
10		A G A	Arginin Adenosin	A	*Lenkergefäß,* Magen/Milz, Bauchspeicheldrüse
11		T C A	Isoleucin Adenosin	A	*Konzeptionsgefäß* Lenkergefäß
12		A G T	Amber Thymin	T	*Lenkergefäß* Konzeptionsgefäß
13		A A C	Glutamin Cytosin	C	*Lenkergefäß* Herz/Dünndarm
14		G A A	Lysin Adenosin	A	*Herz/Dünndarm* Lenkergefäß
15		T C T	Serin Thymin	T	*Konzeptionsgefäß* Lunge/Dickdarm
16		T G T	Cystein Thymin	T	*Kreislauf/* *Dreifacher Erwärmer* Konzeptionsgefäß
17		C G C	Arginin Cytosin	C	*Magen/Milz, Bauch-* *speicheldrüse* Kreislauf/Dreifacher Erwärmer

„Heilige Zahlen“	Hexa-gramme	Tripletts	Aminosäuren und Grundstrukturen	Meridian-typ	Meridiane
18		G C G	Alanin Guanidin	G	*Lunge/Dickdarm* Leber/Gallenblase
19		T T A	Leucin Adenosin	A	*Konzeptionsgefäß* Magen/Milz, Bauchspeicheldrüse
20		A T T	Leucin Thymin	T	*Leber/Gallenblase* Konzeptionsgefäß
21		G G C	Glycin Cytosin	C	*Herz/Dünndarm* Kreislauf/Dreifacher Erwärmer
22		G C C	Arginin Cytosin	C	*Lunge/Dickdarm* Herz/Dünndarm
23		G T T	Leucin Thymin	T	*Lunge/Dickdarm* Konzeptionsgefäß
24		T T C	Leucin Cytosin	C	*Konzeptionsgefäß* Kreislauf/Dreifacher Erwärmer
25		A G C	Arginin Cytosin	C	*Lenkergefäß* Kreislauf/Dreifacher Erwärmer
26		G C A	Isoleucin Adenosin	A	*Lunge/Dickdarm* Lenkergefäß
27		G T C	Leucin Cytosin	C	*Lunge/Dickdarm* Kreislauf/Dreifacher Erwärmer
28		C A G	Glutamin Guanidin	G	*Magen/Milz, Bauchspeicheldrüse* Leber/Gallenblase
29	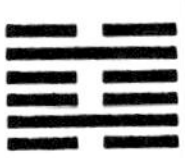	C T G	Glycin Guanidin	G	*Niere/Blase* Niere/Blase
30	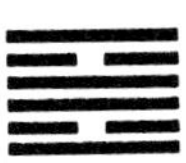	G A C	Glutaminsäure Cytosin	C	*Herz/Dünndarm* Herz/Dünndarm

„Heilige Zahlen“	Hexa-gramme	Tripletts	Aminosäuren und Grundstrukturen	Meridian-typ	Meridiane
31		C A T	Tyrosin Thymin	T	*Magen/Milz, Bauch-speicheldrüse* Lunge/Dickdarm
32		T A G	Amber (Stop) Guanidin	G	*Kreislauf/Dreifacher Erwärmer* Leber/Gallenblase
33		A A T	Orche (Stop) Thymin	T	*Lenkergefäß* Lunge/Dickdarm
34		T A A	Serin Adenosin	A	*Kreislauf/Dreifacher Erwärmer* Lenkergefäß
35		G G T	Tryptophan Thymin	T	*Herz/Dünndarm* Konzeptionsgefäß
36		T C C	Prolin Cytosin	C	*Konzeptionsgefäß* Herz/Dünndarm
37		A C C	Prolin Cytosin	C	*Leber/Gallenblase* Herz/Dünndarm
38		G G A	Arginin Adenosin	A	*Herz/Dünndarm* Magen/Milz, Bauch-speicheldrüse
39		C C T	Serin Thymin	T	*Niere/Blase* Lunge/Dickdarm
40		T G G	Valin Guanidin	G	*Kreislauf/Dreifacher Erwärmer* Niere/Blase
41		G T A	Methionin Adenosin	A	*Lunge/Dickdarm* Magen/Milz, Bauch-speicheldrüse
42		A T C	Leucin Cytosin	C	*Leber/Gallenblase* Kreislauf/Dreifacher Erwärmer
43		C A A	Asparagin Adenosin	A	*Magen/Milz, Bauch-speicheldrüse* Lenkergefäß

„Heilige Zahlen"	Hexa-gramme	Tripletts	Aminosäuren und Grundstrukturen	Meridian-typ	Meridiane
44		A A G	Glutamin Guanidin	G	*Lenkergefäß* Leber/Gallenblase
45		C G T	Serin Thymin	T	*Magen/Milz, Bauch-speicheldrüse* Konzeptionsgefäß
46		T C G	Alanin Guanidin	G	*Konzeptionsgefäß* Leber/Gallenblase
47		C G G	Glycin Guanidin	G	*Magen/Milz, Bauch-speicheldrüse* Niere/Blase
48		C C G	Alanin Guanidin	G	*Niere/Blase* Leber/Gallenblase
49		C A C	Histidin Cytosin	C	*Magen/Milz, Bauch-speicheldrüse* Herz/Dünndarm
50		G A G	Glutamin Guanidin	G	*Herz/Dünndarm* Leber/Gallenblase
51		T G C	Arginin Cytosin	C	*Kreislauf/Dreifacher Erwärmer* Kreislauf/Dreifacher Erwärmer
52		G C T	Serin Thymin	T	*Lunge/Dickdarm* Lunge/Dickdarm
53		A C T	Serin Thymin	T	*Leber/Gallenblase* Lunge/Dickdarm
54		T G A	Serin Adenosin	A	*Kreislauf/Dreifacher Erwärmer* Magen/Milz, Bauchspeicheldrüse
55		T A C	Histidin Cytosin	C	*Kreislauf/Dreifacher Erwärmer* Herz/Dünndarm

„Heilige Zahlen“	Hexagramme	Tripletts	Aminosäuren und Grundstrukturen	Meridiantyp	Meridiane
56		G A T	Amber Thymin	T	*Herz/Dünndarm* Lunge/Dickdarm
57		A C G	Threonin Guanidin	G	*Leber/Gallenblase* Leber/Gallenblase
58		C G A	Serin Adenosin	A	*Magen/Milz, Bauchspeicheldrüse* Magen/Milz, Bauchspeicheldrüse
59		A T G	Valin Guanidin	G	*Leber/Gallenblase* Niere/Blase
60		C T A	Isoleucin Adenosin	A	*Niere/Blase* Magen/Milz, Bauchspeicheldrüse
61		A T A	Isoleucin Adenosin	A	*Leber/Gallenblase* Magen/Milz, Bauchspeicheldrüse
62		T A T	Tyrosin Thymin	T	*Kreislauf/Dreifacher Erwärmer* Lunge/Dickdarm
63		C C C	Prolin Cytosin	C	*Niere/Blase* Herz/Dünndarm
64		G G G	Glycin Guanidin	G	*Herz/Dünndarm* Niere/Blase

 A = Adenosin
 C = Cytosin
 G = Guanidin
 T = Thymin

I Ging und Bioastronomie – Mystik oder Tatsache? (Neue Gedanken zu den vier Strahlungen, wobei Sonne, Mond und Erde die evolutionären Strahlungen sind)

Bei den alten Weisen gehörte die Astronomie zur Medizin, wurde der Mensch in Verbindung gesetzt mit den Planeten und dem Kosmos. Zwischen Astronomie und *I Ging* ergeben sich daher viele Gemeinsamkeiten. So muß man, wenn man die Abläufe der „heiligen Zahlen", des Werdens und Vergehens von der kleinsten Zelle bis zum entstandenen Leben bzw. Vergehen überdenkt, auch diese Gemeinsamkeiten in die evolutionäre Betrachtung mit einbeziehen.

Die Evolution mit dem Urknall wurde von Wissenschaftlern erörtert. Die langsame Entwicklung des Lebens auf Erden in richtiger Einstrahlung von Sonne und Mond ist bekannt, sie bleibt in jedem kleinsten Teil gespeichert und wird weitergegeben – aber wie?

Die drei Strahlungen von Sonne (9), Mond (7) und Erde (8) ergeben in der Umsetzung die drei Hauptenergiekreise der Akupunkturmeridiane. Der Zusammenhang von Organen und Meridianen ist schon lange hinreichend bekannt. Unbekannt war bis jetzt die Zugehörigkeit des fünften und sechsten Meridians: Kreislauf und Dreifacher Erwärmer. Sie sind die Systeme der 4. Strahlung, der Eigenstrahlung oder Eigenaktivität (6). Die „heiligen Zahlen" 14–50 schaffen als evolutionäre Sonnenaktivität den Solarplexus (Sonnengeflecht), der den Sekundenrhythmus des Kreislauf- und Dreifacher-Erwärmer-Systems des Körpers als die wichtigste Funktion dieser Aktivität erklärt. Der Solarplexus steht ja nicht nur bei verschiedenen Meditationsübungen (z. B. autogenem Training, *Taiji* usw.) im Mittelpunkt, sondern er wird auch „primäre Energie" genannt. Es drängt sich daher der Vergleich zur Lebensentstehung auf.

Sonne und Mond sind in uns, sie beherrschen den Wettstreit der Natur. Aus dem Dunkel ist Licht geworden, aus dem Licht wird Dunkel. Der Mensch steht zwischen Himmel und Erde (vgl. o., S. 97). Der Mond, die Sonne, der Himmel, die Sterne, die Blumen und die Mineralien entstehen im Wandel von Tag und Nacht, von Licht und Dunkel. Die Meridiane des Lebens, im Wechsel von *Yin* und *Yang,* sind ein unsichtbares Zeichen der unendlichen Lebensenergie von Sonnen-, Mond-, Erd- und Eigenstrahlung in genauer Regel. Die *I-Ging-Zahlen* geben exakte Hinweise, das *I Ging* hat als erstes Buch die Urformel des Lebens festgehalten.

Die Sonne regiert das Leben, der Mond umgibt die Erde. Übertragen findet sich dieser Gedanke als rhythmisches Evolutionsgeschehen im menschlichen Körper, und so erklärt das *I Ging* die Energiekreise der Akupunktur. Sonne und Mond schaffen Energie als Lichtschwingung: *Yang* ist die Sonne, *Yin* ist der Mond. *Yang* ist das Verteilersystem (Lenkersystem) der Energie, *Yin* ist das Sammelorgan (Konzeption). Besamung und Befruchtung gestalten sich durch Mond, Erde und Sonne und Eigenstrahlung. Vier Phasen sind ein Weltensystem – *Tao* ist Mikro- und Makrokosmos. Vier Wasserstoffkerne in der Sonnenatmosphäre geben das Helium (vgl. u., S. 128), und die Erde erhält die dabei anfallende elektromagnetische Strahlung. Der Wasserstoff hat aber auch in der Chromosomenfindung eine hervorragende Sonderstellung inne, denn er ermöglicht die Brücken zwischen den verschiedenen Basenstrukturen (Grundstrukturen) für den Aufbau der Doppelhelix der DNA.

Das *I Ging* und die Zahlen

Der Mensch ist in seiner Formung ein Großzellenverband mit der Gen-Information als präzise codierter Struktur der energetischen Verläufe der unsichtbaren Meridiane. Die Lebensformel des *Fu-Hsi* und *I Ging* in Zahlen und Strichen gleicht daher einem Computersystem.

Zahlen sind für die Entstehung von Formen und Strahlungen sehr wichtig. So haben z. B. die vier Grundbausteine der DNA verschiedene Strahlungen: Cytosin 0,45 e.v., Guanidin 0,35 e.v., Adenosin 0,30 e.v. und Thymin 0,20 e.v.

Doch auch andere Zahlen haben ihre Bedeutung. Addiert man z. B. die „heiligen Zahlen" der „Hypothenuse", erhält man *384,* eine durch *8* teilbare Zahl: *6×8×8* (vgl. S. 129); und *2×384 = 768,* eine Wandlungszahl der DNA. – Die chemische Wandlung geht aus der Wandlung *7* zu *6* ($\overleftrightarrow{76}8$) hervor und ergibt eine Differenz von + oder − 20 e.v. des *Yin* und *Yang*.

Auch sind die bioastronomischen Zahlen *9, 8, 7, 6* von großer Wichtigkeit: Sie stehen für die Sonnen-, Mond-, Erd- und Eigenstrahlung. Das harmonische Zusammenspiel dieser Strahlungen ergibt dann unsere Lebensenergie.

Die folgenden Beispiele sollen nun zeigen, daß die am häufigsten wiederkehrenden Zahlen keine Zufälligkeiten sind:

So ist *8* die Erdenzahl in der DNA-Codierung. Die Lebenstafel des *I Ging* besteht aus *8×8 = 64* Feldern (vgl. o., S. 106). Das Element Sauerstoff, ohne das kein tierisches oder pflanzliches Leben auf Erden möglich wäre (Sauerstoffkreislauf), hat die Ordnungszahl *8*: *8* Protonen, *8* Neutronen und *8* Elektronen, von denen sich *2* in der ersten und *6* (die Zahl der Eigenstrahlung) in der zweiten Schale befinden. Das Atomgewicht ist *16: 2×8.*

Flüssiger Sauerstoff scheint übrigens blau! Blau ist die Farbe der Keimkraft, von der alles seinen Ausgang nimmt, es ist die Farbe der Atmung, des Kreislaufes, der großen Gefäße, des Dreifachen Erwärmers (vgl. Jahresorgankalender, S. 136).

Ein Atom, das ein Lichtquant absorbiert, wird durch die Energieaufnahme in einen energiereichen Zustand überführt, den es nach kurzer Zeit spontan wieder verläßt, worauf es in einen energieärmeren Zustand übergeht und die zuvor zur Anregung aufgenommene Energie als Lichtstrahl (elektromagnetische Strahlung) wieder abgibt. Die kurze Zeit des Energiereichtums beträgt 10^{-8} Sekunden.

Die Sonnenoberfläche beträgt das *12.000*fache der Erdoberfläche. Und *12* ist die Zahl der Meridiane, der Hirnnerven sowie der Monate in einem Jahr.

Die Sonnenenergie entsteht durch eine Folge von Kernreaktionen: *Vier* Wasserstoffatome (Protonen) werden dabei zu einem Heliumkern verschmolzen. Zwei Protonen stoßen zusammen, und es entsteht ein Deuteron. Mit einem weiteren Proton wird nun der Kern eines instabilen Heliumisotops gebildet. Wenn anschließend zwei solcher Kerne kollidieren, geben sie zwei Protonen ab und bilden als Ergebnis einen gewöhnlichen Heliumkern. (Wenn diese Kerne weiter verschmelzen, werden schwere Elemente gebildet.)

Hier das Formelschema solcher Kernreaktionen auf der Sonne:

$\text{Proton}^{(+)}$	+	$\text{Proton}^{(+)}$	→	$\text{Deuteron}^{(+)}$	+	$\text{Positron}^{(+)}$
${}^{1}_{1}p^{(+)}$	+	${}^{1}_{1}p^{(+)}$	→	${}^{2}_{1}D^{(+)}$		$e^{(+)}$
$\text{Deuteron}^{(+)}$	+	$\text{Proton}^{(+)}$	→	$\text{Helium}^{(++)}$, instabil	+	γ-Strahlung
${}^{2}_{1}D^{(+)}$	+	${}^{1}_{1}p^{(+)}$	→	${}^{3}_{2}He^{(++)}$	+	γ-emS
$\text{Helium}^{(++)}$	+	$\text{Helium}^{(++)}$	→	$\text{Helium}^{(++)}$	+	2 $\text{Protonen}^{(+)}$
${}^{3}_{2}He^{(++)}$	+	${}^{3}_{2}He^{(++)}$	→	${}^{4}_{2}He^{(++)}$	+	$2\ {}^{1}_{1}p^{(+)}$

Bildung schwerer Elemente:

$2\ {}^{4}_{2}He^{(++)}$	→	Beryllium-Kern
$3\ {}^{4}_{2}He^{(++)}$	→	Kohlenstoff-Kern
$4\ {}^{4}_{2}He^{(++)}$	→	Sauerstoff-Kern

In der helikalen Grundstruktur der genetischen Information treffen wir wiederum *vier* Bausteine:

═ Adenosin, == Cytosin, == Guanidin, == Thymin.

Letztere lassen sich auf insgesamt 2 Grundstrukturen, die Pyrimidin- und die Purinstruktur, zurückführen. Jeweils eine dieser Strukturen verbindet sich über Wasserstoffbrückenbindungen mit der anderen und bedingt später die Doppelhelix der DNA (Desoxiribonucleinsäure), den Träger der Erbinformation.

Weitere Überlegungen zu den Aminosäuren und den „heiligen Zahlen"

Von Diethfurt gab als wichtigste Aminosäure das Glycin an. In Hinblick auf die Funktionen der einzelnen Aminosäuren und ihre Zuordnung muß man Glycin dem Niere-Blasen-System zuordnen, da es dort insgesamt viermal auftaucht.

Glycin ist den „heiligen Zahlen" 6, 29, 47, 64 und 21 zugeordnet. (Letztere gehört allerdings zu einem anderen Organsystem.)

Die Zeichen sind folgende:

6 29 47 64 21

Die Umsetzungszahlen sind:

$6 \times 6 = 36$
$29 \times 6 = 174$
$47 \times 6 = 282$
$64 \times 6 = 384$

$21 \times 6 = 126$

(6 ist dabei die Strichanzahl der Hexagramme, die Wandlungszahl und die Eigenstrahlung.)

Es zeigt sich auch, daß Glycin in verschiedenen Sequenzen (Anordnung in der Bausteinfolge von Peptiden und Proteinen) mit Prolin bei der Zellwerdung besondere Bedeutung hat. Ob es jetzt Glycin heißt oder z. B. als „heilige Zahl" 64, oder ob es in der Orakelsprache als „Vor der Vollendung" bezeichnet wird, es ist stets ein Hinweis auf die Steuerung des Lebenscodes.

Die Zahl 384 hat übrigens eine besondere Bedeutung:

3 = Wandlung
8 = doppelte Grundstruktur
4 = einfache Grundstruktur

Das *I-Ging*-Quadrat erklärt auch die bioastronomische Entwicklungsgeschichte. Die *I-Ging*-Zahlen sagen uns diese Evolution hypothetisch, während die moderne Forschung den Inhalt und die Bedeutung dieser Zahlen zu entschleiern sucht. Die gesamte Weltordnung läßt sich auf bestimmte Zahlensysteme zurückführen, die uns letztlich auch den Schritt in das Computerzeitalter ermöglichten.

Der Wandel des *I Ging* für die Eiweißsynthese läßt sich in der Anordnung der acht Doppelhexagramme der Hypothenuse des Zahlenquadrats betrachten:

Lenkergefäß	Kreislauf Drei facher Erwärmer	Nieren, Blase	Lunge, Dickdarm	Konzeptionsgefäß	Leber, Gallenblase	Herz, Dünndarm	Magen, Milz, Bauchspeicheldrüse
A	C	G	T	T	G	C	A
1	51	29	52	2	57	3o	58

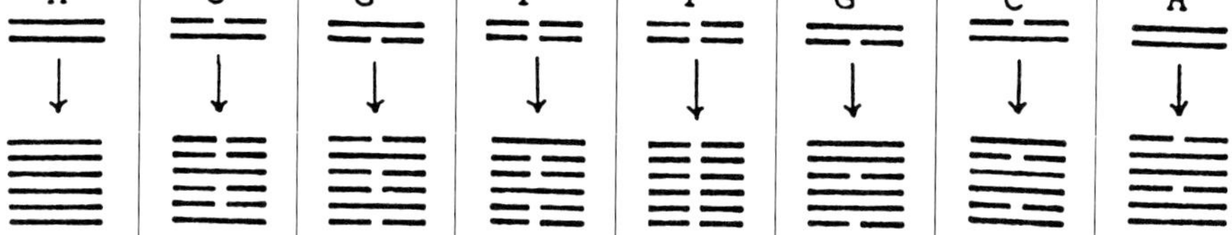

Dies ergibt zusammen 24 Wellen (—) und 24 Teilchen (– –).

Die „heiligen Zahlen" des *I Ging* erklären sich durch den Mond-, Erd- und Sonnenrhythmus. Gleichfalls lassen sich diese Zahlen einzelnen Organsystemen zuordnen, wie die Lebenstafel zeigt. Die Herleitung dieser Zahlen würde jedoch den Rahmen dieses Buches sprengen.

Die Aminosäuren und die Hexagramme des I Ging

Es gibt 64 Tripletts der Aminosäuren (ein Hexagramm – bzw. eine Aminosäure – besteht aus je 3 Grundstrukturen), die nach Watson und Cricks den genetischen Code ausmachen. Dieser Code ist im *I Ging* als Geheimformel des Lebens bereits in einer genauen Aufteilung beschrieben und auch für die Erklärung der Lebenswerdung zu verwenden. Die „heiligen Zahlen" oder vergleichenden Aminosäuren haben subatomar sechs Unterteilungen, die Striche sind entweder gebrochen (Teilchen) oder ungebrochen (Schwingungen).
Der Beginn des Zahlensystems des *I Ging* ist auf dem Lysin aufgebaut, das dem Samen zugeordnet wird; das zweite ist das Weibliche, das Ei, das Phenylalanin. In der Aminosäuren-Sprache ist das Thymin dem Phenylalanin zugeordnet und das Adenosin dem Lysin. Das Ende des Zyklus der 64 Wandlungen der Aminosäuren stellen das Cytosin als Grundstruktur für das Prolin und das Guanidin als Grundstruktur für das Glycin dar (vgl. o., S. 107).

Eine einzelne Aminosäure, das Prolin (Nr. 63), soll zur Erklärung dienen: 63mal 6 (vgl. o., S. 129) ist eine Aminosäure des Herzens; gleichzeitig erklären 36 mal 6 und 37 mal 6 (ebenfalls Prolin) die Bedeutung dieser Aminosäure für die Formung und Strukturwerdung des Organismus. Hier kommt es zu verschiedener Wichtung (vgl. oben. S. 115), wobei diese etwas Lebendiges verkörpert und über unterschiedliche Aktivitäten Auskunft gibt. Lysin (1) und Phenylanin (2) wiederholen sich auf Nr. 14 und Nr. 8 der „heiligen Zahlen". Die Differenz „6" ist nicht zufällig. Weiters ergeben die beiden Zahlen, mit 6 multipliziert, 48 bzw. die Umkehr davon, nämlich 84; was besonders zu bewerten ist. (24 Teilchen + 24 Wellen der Hypothenusenzahlen des *I Ging* ergeben zusammen die Zahl 48. 84 wiederum ist das Produkt von 6×14 – 14 ist die Zahl des „geistigen" Lysins.)

I Ging – Lebenscode – Teilchen und Wellen

Das Relief im Wu-liang-Tempel in Shantung (oben) zeigt dreimal ein Paar: einmal einfach verschlungen, einmal doppelt verschlungen und einmal getrennt.

Wer die Darstellung betrachtet, wird sich kaum vorstellen können, daß sie in direkter Beziehung steht zu modernsten Erkenntnissen westlicher Biochemie. Und doch ist das unzweifelhaft der Fall: Das Wandbild versinnbildlicht die Dreiheit der „Trigrammformel", aus der die 64 Symbole des altchinesischen Orakelsystems des *I Ging* entstehen und entspricht genau dem „Lebenscode" der DNA mit den Verschlingungen und Lösungen.

1. Einfache Verschlingung: Funktionskreis Ei und Samen in Wärme und Bewegung. Beginn, „heilige Zahl" 3, 1. Steuerung (I. Grundmilieu).

2. Doppelte Verschlingung: Gemäß den „heiligen Zahlen" beginnt sie als 2. Steuerung (II. Grundmilieu). Es ist aus der Entstehung der Zustand der Vermischung. Vakuolisierungszustand nach Blechschmidt („heilige Zahl" 10).

3. Trennung; Organ-Funktionskreis; 64 heilige Zahlen.

4. Der 4. Kreis ergibt sich aus den ersten drei Kreisen, wie die 4. Grundstruktur aus den ersten drei Grundstrukturen entsteht. Ohne die einfache und doppelte Verschlingung gibt es keine Steuerung für die Organe und keinen Funktionskreis, der das Drüsensystem als Nr. 4 werden läßt (vgl. S. 166).

Diese Über- und Unterordnung der Funktionskreise ist in der Praxis für die Anwendung der Lebenstafel in Therapien wie Akupunktur, Zelltherapie, Kräuterbehandlung und für die Erkennung von Frühsymptomen sehr wichtig. Können doch im Grunde genommen fast alle Krankheiten – auch die akut auftretenden – als chronisch bezeichnet werden, da sie sich bereits viel früher in einer Disharmonie der Grundstruktur zeigen.

64 ist dabei die Grundzahl des Lebenscodes.

4×8 = 32: das Gefäßsystem, die 1. Steuerung. 2×32 ergibt 64, die Grundzahl des Lebenscodes; ein Zufall?

Symbole erscheinen als lebendige Wahrzeichen der Lebensformel des *I Ging*. Auch auf Gebetsteppichen zeigen sie sich im Muster. Der westlich denkende Mensch allerdings verlangt exakte Beweise; über das *I Ging* und die Atomphysik können wir intuitive Gedanken zu solchen Beweisen werden lassen. Das Aneinanderreihen von möglichen Situationen, die im Gesamtbild dann auf einmal nicht mehr bloße Zufälligkeiten sind, bringt uns in mathematischen Zahlen der Beweisführung näher. So vermögen die „heiligen Zahlen" des *I Ging* auch die Ursubstanzen zu erklären. Jede Zahl spricht für tausend Funktionen im Körper und ist über Zeit und Raum in die große Ordnung unserer Körperenergie eingereiht. Die 8 Hypothenusenzahlen des *I-Ging*-Quadrats mit den Hexagrammen zeigen subatomar 24 Teilchen (--) und 24 Wellen (—): 2×3×8 = 48.

Geteilt durch vier ergibt es die Zahl 12 – die zwölf Meridiane der Akupunktur.

Dieses Zahlenspiel läßt die Frage aufkommen: Wieso kommt es bei den Chromosomen auf die Zahl 23 mal 2?

Die Hypothenuse des *I-Ging*-Quadrates enthält, wie gesagt, 24 Teilchen und 24 Wellen. Die Wandlung nach der Umschlingung von Ei und Samen zeigt, daß 23 mal 2 die Steuerung der Hauptchromosomen sein könnte.

Die DNA ist der Informationsträger des genetischen Codes. Er ist der Schlüssel, wo ist das Schloß? Das Schloß ist der Wandel der Chromosomen, der sich in den Hexagrammen der Hypothenuse des *I Ging* mit der Vereinigung von *Yin* und *Yang*, dem Männlichen und dem Weiblichen, zeigt.

Der Jahresorgankalender

Der Lebensrhythmus, von dem bereits die uralten Überlieferungen der tibetanischen Mönche sowie der polynesische Schöpfungsbericht (s. o., S. 99) sprechen, ist in der Verbindung Natur – Mensch – Jahreszeit, d. h. also in dem Wandel der Zeit im Jahr, wie die Natur ihn vorlebt, zu erkennen. Da Mikrokosmos und Makrokosmos nicht voneinander getrennt werden können, zeigt sich der Eifluß des Kosmos in uns wie auch im Wandel der Pflanzen. Dieser Einfluß der Planeten vollzieht sich über die Metalle, wie im folgenden ausgeführt wird.

Fünf Elemente geben das Leben, fünf Jahreszeiten ergeben den Ablauf eines Jahres. Geburt und Werdung unterliegen genauso dem Jahresrhythmus wie die Optimalzeiten der Organe des menschlichen Körpers.

Die Verbindung mit der Natur ist daher für die Lebensharmonie unerläßlich. Der Jahresorgankalender soll helfen, diese Verbindung herzustellen, wobei in ihm das Wissen um den genetischen Code mit den Erkenntnissen des ältesten Weisheitsbuchs Chinas (*I Ging*) vereint wird.

Aus unseren Ursystemen erklärt sich die Entstehung des Lebens. Diese Entstehung geht über Mutterkuchen, Nabelschnur und Fruchtwasser, Lymphe und Thymus und bleibt im zweiten Grundsystem des Jahresorgankalenders auch in uns bestehen. Die weitere Einordnung ist dann der Solarplexus, der „Schlüssel" zum Funktionieren der „inneren Uhr". Man sieht in der Zeichnung des Jahresorgankalenders (vgl. u., S. 136) die zwei Grundsysteme in Blau (I.) und in Gelb (II.): Kreislauf-Dreifacher-Erwärmer- sowie Magen-Milz-Bauchspeicheldrüsen-System (Thymus). Bildlich gesprochen, bedeuten diese beiden Systeme „Matratze" und „Polster" für unsere Organe. Löcher in den Systemen ergeben als Fehlsteuerungen die chronischen Krankheiten wie Arthrosen, Krebs, aber auch Hautkrankheiten.

Der Kalender des Lebens läßt sich von der Sekunde bis zu Jahren erstellen. Beim Jahresorgankalender soll allerdings die Astronomie (Kreise 5–8) ausgelassen werden:

1. Kreis – Sekundenrhythmus – Blau – Kreislauf (Gefäße), Dreifacher Erwärmer.
2. Kreis – Minutenrhythmus – Gelb – Magen, Milz und Bauchspeicheldrüse in Doppelfunktion.
3. Kreis – Stundenrhythmus – Organstundenuhr mit den Optimal-(Maximal-)Zeiten der Organe – Weiß.
4. Kreis – Tagesrhythmus – Leuchtkraft unseres Lebens – Orangegelb.
5. Kreis – Planetenkreis.
6. Kreis – Tierkreiszeichen.

7. Kreis – Mondkreis.
8. Kreis – Sonnenkreis.

Die Kreise 1–4 sind die innermenschlichen Kreise und ergeben den Ablauf eines Tages. Aus dem Tagesrhythmus entsteht dann der Jahresrhythmus.

Die Kreise 5–8 sind die außermenschlichen Kreise, die aber auch auf den Menschen Beziehung haben.

4 Kreise sind also in uns, 4 sind außerhalb unseres Körpers.

Diese acht Kreise sollen die Unendlichkeit der Begriffe unseres menschlichen Lebens zeigen. Unsichtbare Strahlungen haben sichtbare Auswirkungen auf das Leben und lassen sich in ein Ordnungsschema bringen. Die Akupunktur hat in ihrem Meridiansystem den Zusammenhang von Erde – Sonne – Mond in einem Drei-Energien-Kreissystem zur Darstellung gebracht und ist eben dadurch wieder mit der Grundzahl 4 (×2) und der Meridianzahl 12 für unser Leben ein Zahlenbegriff.

Aus dem Jahresorgankalender ist weiters zu ersehen, daß es wichtig ist, den Werdungstermin (Zeugungstermin) und den Geburtstermin innerhalb der ersten vier Kreise zu bedenken und sich daraus ergebende angeborene Schwächen sowie dadurch erworbene Krankheiten schon so früh wie möglich zu erkennen.

Das *Nei King* erklärt und unser Planet Erde zeigt die Rhythmen, die auch im Menschen vorhanden sind, im Ablauf der Natur. 365 Tage hat das Jahr, die in den Rhythmus der Natur – Frühling, Sommer, Spätsommer (auch hier eine Sonderstellung, wie sie analog das Magen-Milz-Bauchspeicheldrüsen-System hat), Herbst, Winter – eingebettet sind. Und wie die Stunden des Tages mit den Organen im Zusammenhang stehen, ist auch jede Jahreszeit für ein Organgeschehen bestimmend.

Das Jahr wird in zwei Halbjahre eingeteilt:

1. Halbjahr: Keim am Beginn des Jahres

1. Organsystem:
   15. 2.–15. 5. System Leber – Gallenblase
   15. 2.–23. 2. Eingeschlossen: Kreislauf, Dreifacher Erwärmer
   7. 5.–15. 5. Eingeschlossen: Magen, Milz, Bauchspeicheldrüse
   Übergeordnet für das Ganze: Schilddrüse

2. Organsystem:
   15. 5.–13. 8. System Herz – Dünndarm
   15. 5.–23. 5. Eingeschlossen: Kreislauf, Dreifacher Erwärmer
   27. 7.–13. 8. Eingeschlossen: Magen, Milz, Bauchspeicheldrüse
   Übergeordnet für das Ganze: Ovar, Hypophyse, Testis

2. *Halbjahr: Wurzel in der Wendezeit des Jahres*

3. Organsystem:
   13. 8.–12. 11. System Lunge – Dickdarm
   13. 8.– 1. 9. Eingeschlossen: Magen, Milz, Bauchspeicheldrüse
   3. 11.–12. 11. Eingeschlossen: Kreislauf, Dreifacher Erwärmer
   Übergeordnet für das Ganze: Nebenniere

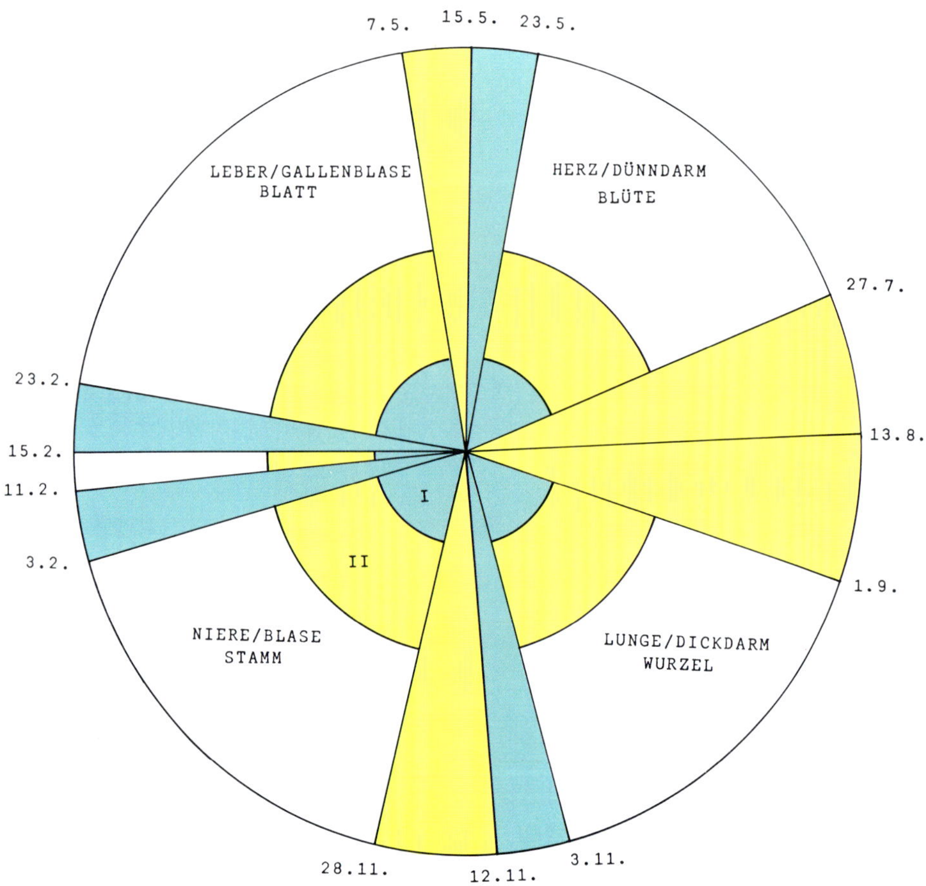

DER JAHRESORGANKALENDER

4. Organsystem:
   12. 11.–11. 2. System Niere – Blase (Sexualsystem)
   12. 11.–28. 11. Eingeschlossen: Magen, Milz, Bauchspeicheldrüse
   3. 2.–11. 2. Eingeschlossen: Kreislauf, Dreifacher Erwärmer
   Übergeordnet für das Ganze: Nebenschilddrüse

   11. 2.–15. 2. Schalttage (die chinesische Medizin spricht von Meditationstagen)

Dieses Schema zeigt außerdem, daß innerhalb der Jahreszeiten jedes Organ eine Keim- und eine Schutzenergie hat (= I. und II. Grundsystem, Farben Blau und Gelb).

Ein Beispiel für die Verzerrung des Grundsystems bei Erkrankungen:

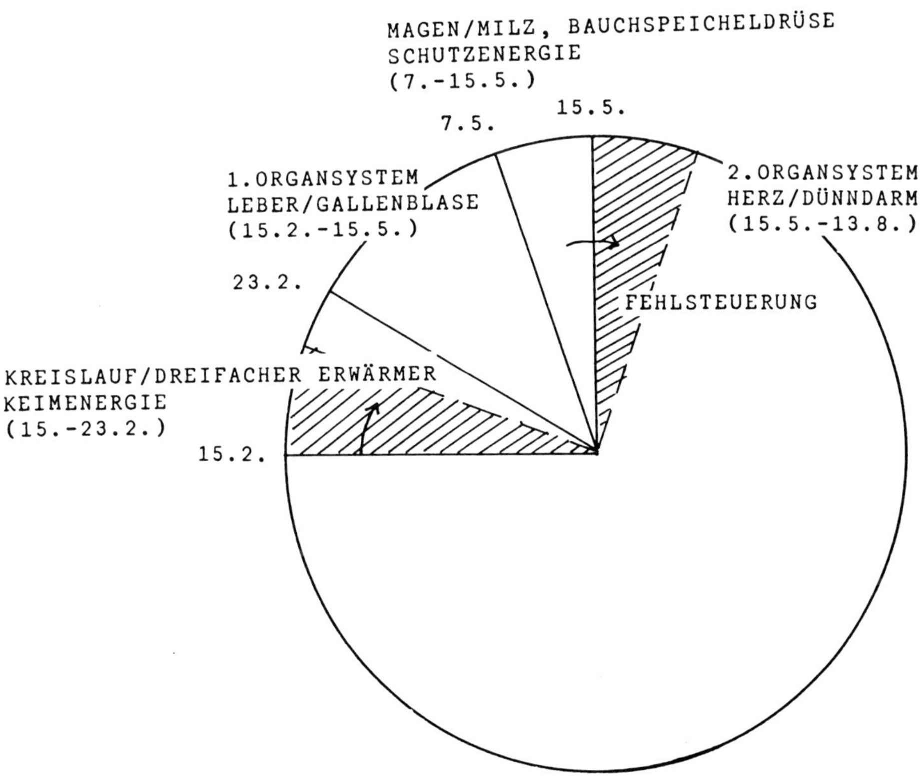

Bei einer Herz-Kreislauf-Erkrankung mit fieberhaftem Infekt wird z. B. die Schutzenergie vom Leber-Gallenblasen-System mit verbraucht, wodurch es zu einer allgemeinen Verschiebung – Fehlsteuerung – kommt.

Das Hexagramm des *I Ging* als Sechseck in Verbidung mit dem Jahresorgankalender: Sechs Doppelmeridiane – sechs Jahreszeiten (die fünf Jahreszeiten der Fünf-Elemente-Theorie und als sechste der Spätwinter für das System Kreislauf/Dreifacher Erwärmer) – sechs „Wechselschalter". In der Mitte Lenkergefäß – Samen – „Stecker" und Konzeptionsgefäß – Ei – „Steckdose".

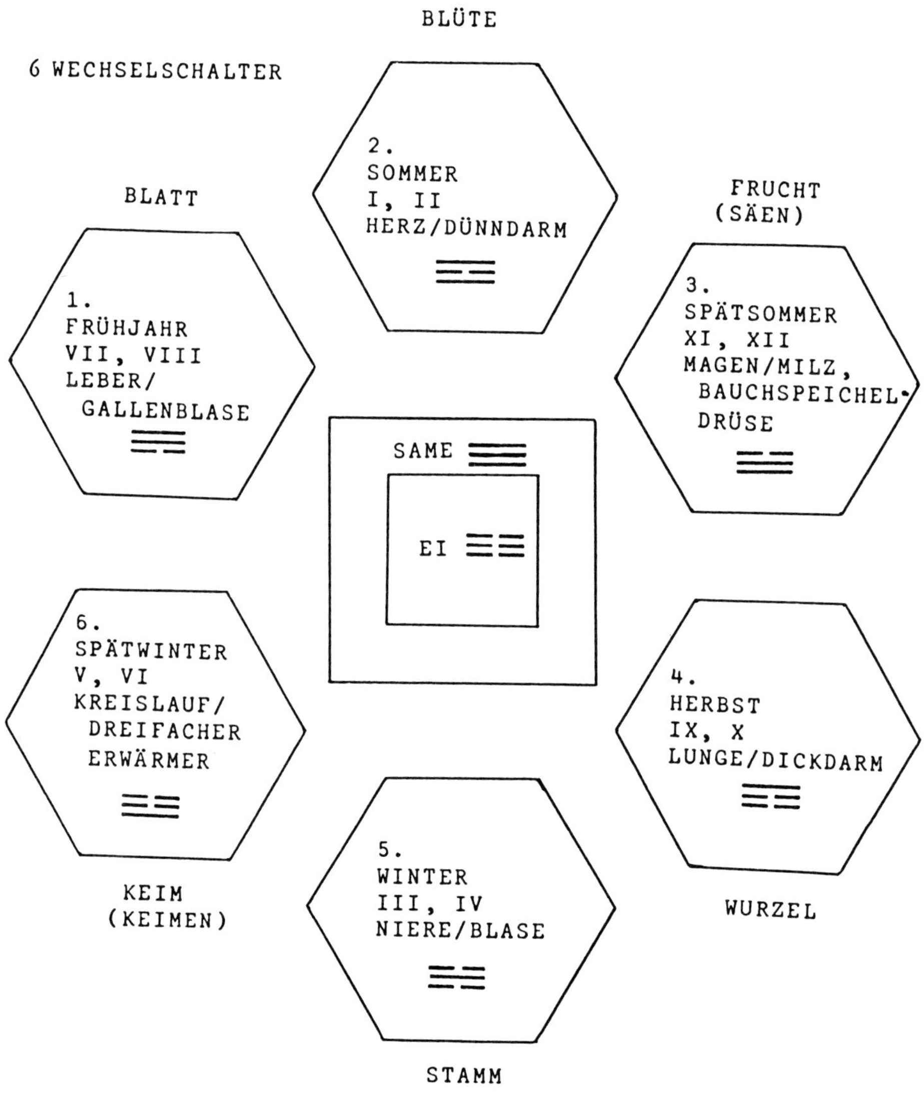

Die römischen Ziffern geben die Nummern der Meridiane der Akupunkturlehre an.

Die 6 Wandlungen nach den „8 Wundern“, den Trigrammen des *Fu-Hsi*

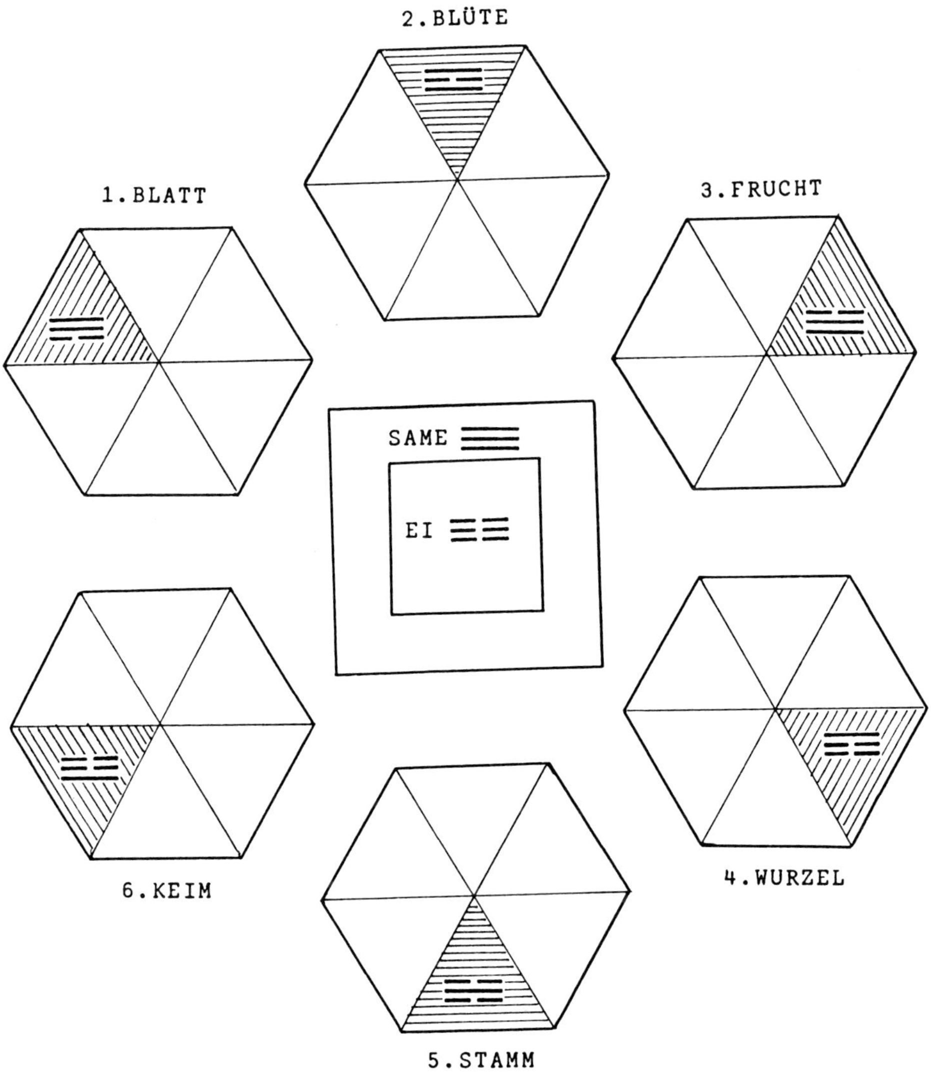

1. Sechseck; ☴ Blatt; Leber/Gallenblase

Die sechs normalen Wandlungen in der Vernetzung der DNA:

Hexagramm	Aminosäure	„heilige Zahl"
1. [hexagram]	Threonin	57
2. [hexagram]	Prolin	37
3. [hexagram]	Isoleucin	61
4. [hexagram]	Serin	53
5. [hexagram]	Valin	59
6. [hexagram]	Leucin	42

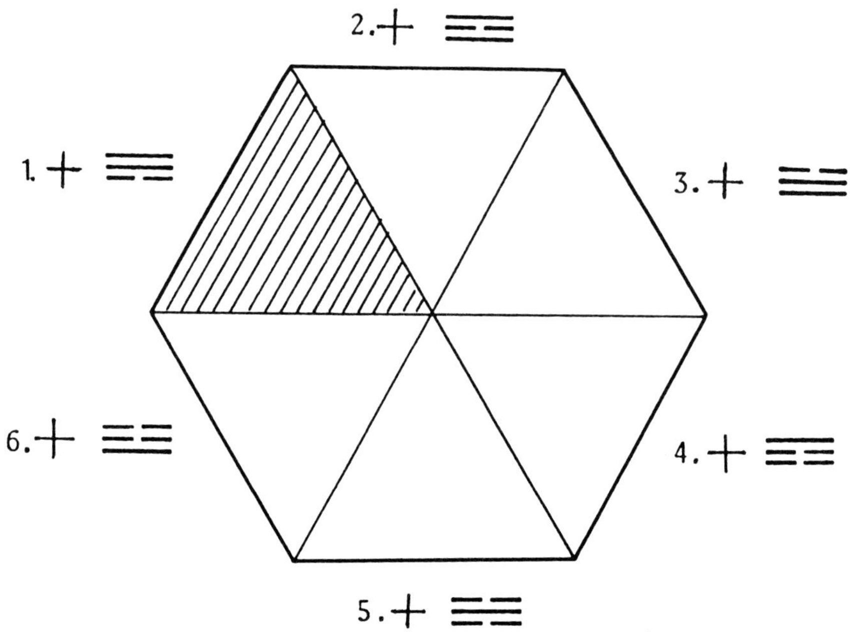

2. Sechseck; Blüte; Herz/Dünndarm

Die sechs normalen Wandlungen in der Vernetzung der DNA:

Hexagramm	Aminosäure	„heilige Zahl“
1.	Glutaminsäure	30
2.	Arginin	38
3.	(Amber)[1])	56
4.	Glycin	64
5.	Glycin	21
6.	Glutamin	50

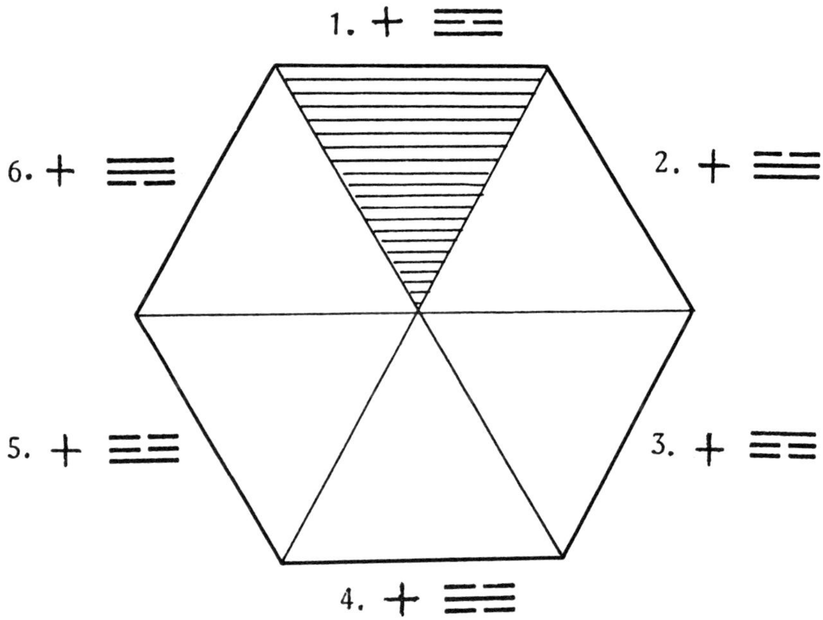

[1]) Amber hat aus dem *I Ging* keinen speziellen Aminosäurenamen.

3. Sechseck; ☱ Frucht; Magen/Milz, Bauchspeicheldrüse

Die sechs normalen Wandlungen in der Vernetzung der DNA:

Hexagramm	Aminosäure	„heilige Zahl"
1. ䷹	Serin	58
2. ䷞	Tyrosin	31
3. ䷮	Glycin	47
4. ䷐	Arginin	17
5. ䷛	Glutamin	28
6. ䷰	Histidin	49

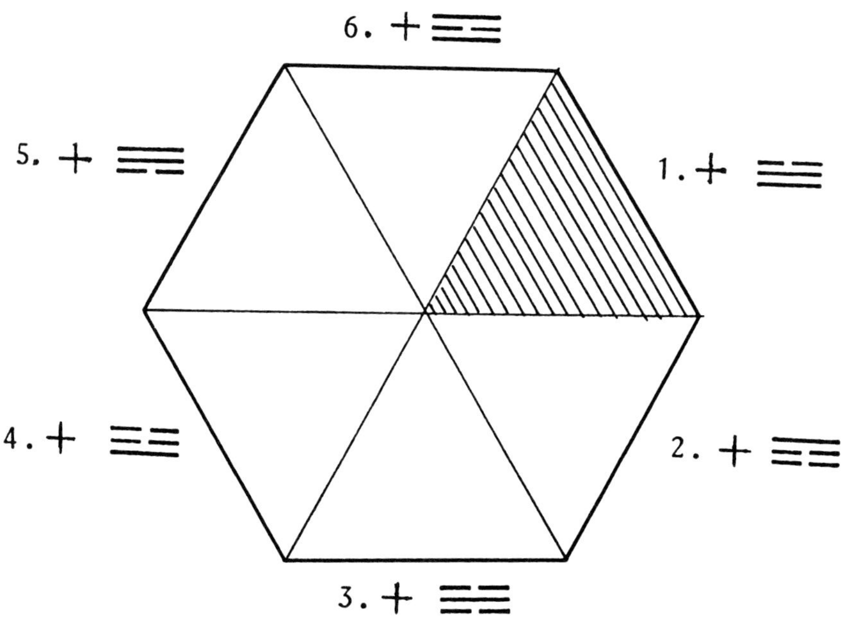

4. Sechseck; Wurzel; Lunge/Dickdarm

Die sechs normalen Wandlungen in der Vernetzung der DNA:

Hexagramm	Aminosäure	„heilige Zahl“
1.	Serin	52
2.	Valin	4
3.	Leucin	27
4.	Alanin	18
5.	Arginin	22
6.	Methionin	41

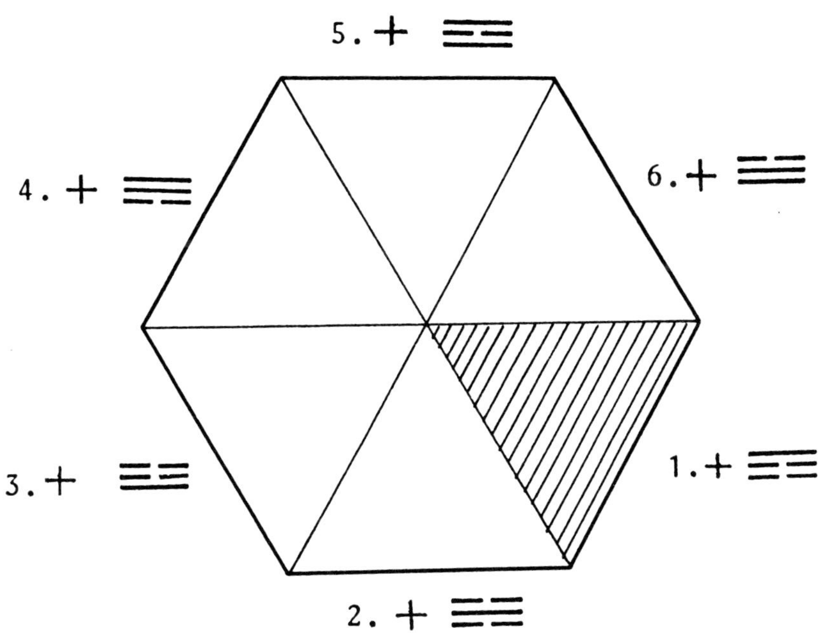

5. Sechseck; Stamm; Nieren/Blase

Die sechs normalen Wandlungen in der Vernetzung der DNA:

Hexagramm	Aminosäure	„heilige Zahl"
1.	Glycin	29
2.	Leucin	3
3.	Alanin	48
4.	Prolin	63
5.	Isoleucin	60
6.	Serin	39

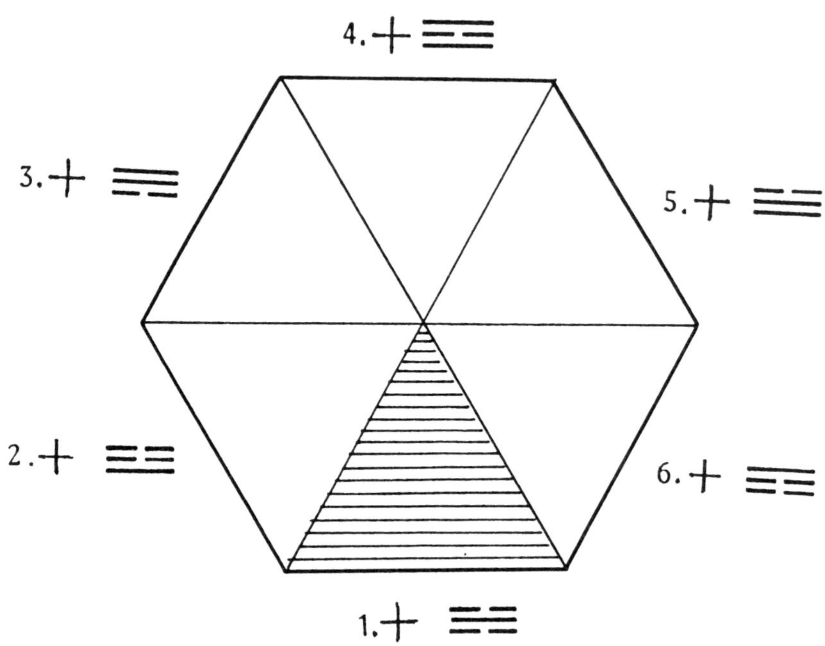

6. Sechseck; Keim; Kreislauf/Dreifacher Erwärmer

Die sechs normalen Wandlungen in der Vernetzung der DNA:

Hexagramm	Aminosäure	„heilige Zahl“
1.	Arginin (Solarplexus)	51
2.	(Amber)	32
3.	Histidin	55
4.	Serin	54
5.	Tyrosin	62
6.	Valin	40

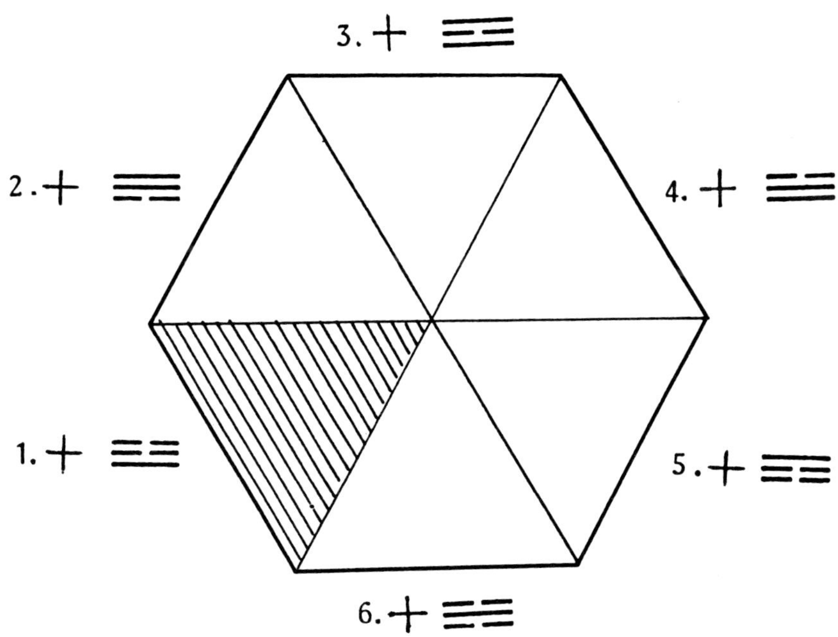

Doch ob Blatt, Blüte, Frucht, Wurzel, Stamm oder Keim – nichts ist absolut, nichts ist für sich allein abgesondert. Die folgenden zwei Beispiele zeigen, daß von jedem in jeder einzelnen Wandlungsphase zusätzlich eine kleine Menge vorhanden ist. So ist z. B. ein Teilchen der Frucht auch in Wurzel, Stamm, Keim, Blatt und Blüte zu finden. Dieses Teilchen wandert gleichfalls und durchläuft dabei zusätzlich sechs Positionen:

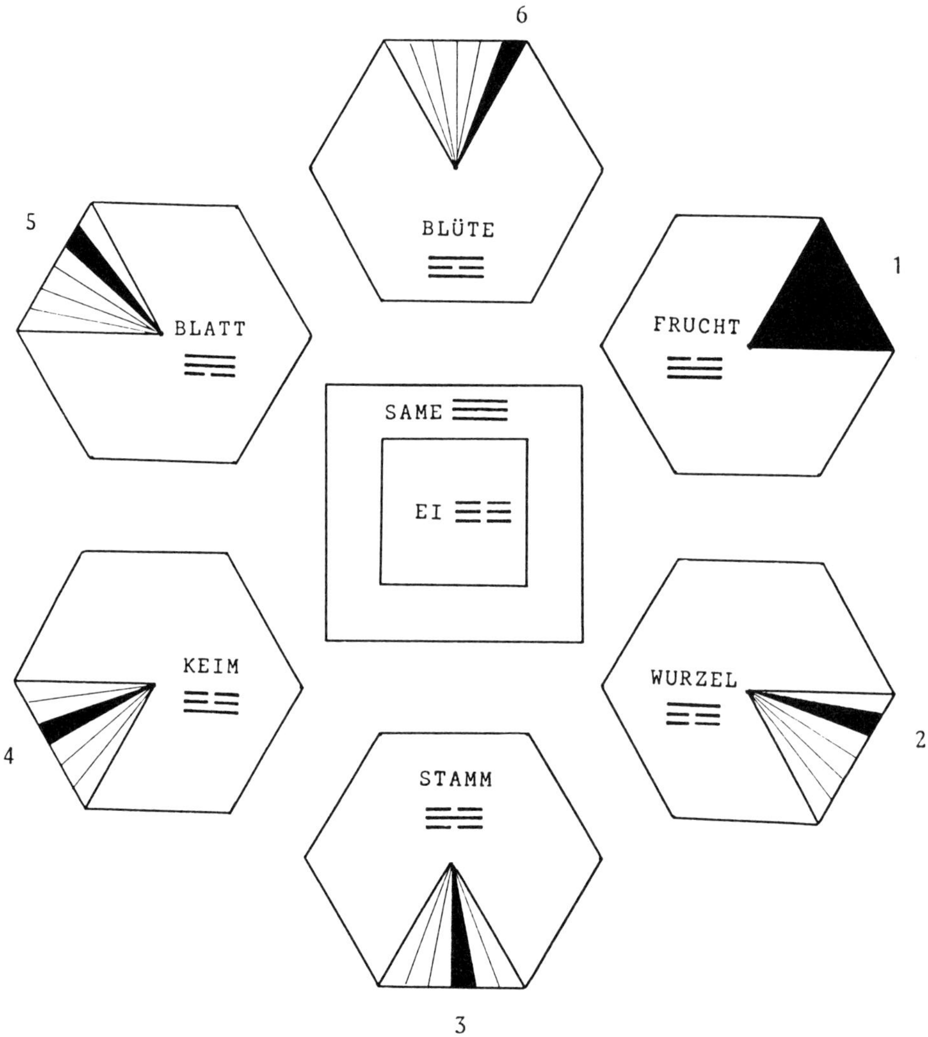

Oder ein Teil des Keims ist auch noch in Blatt, Blüte, Frucht, Wurzel und Stamm wirksam:

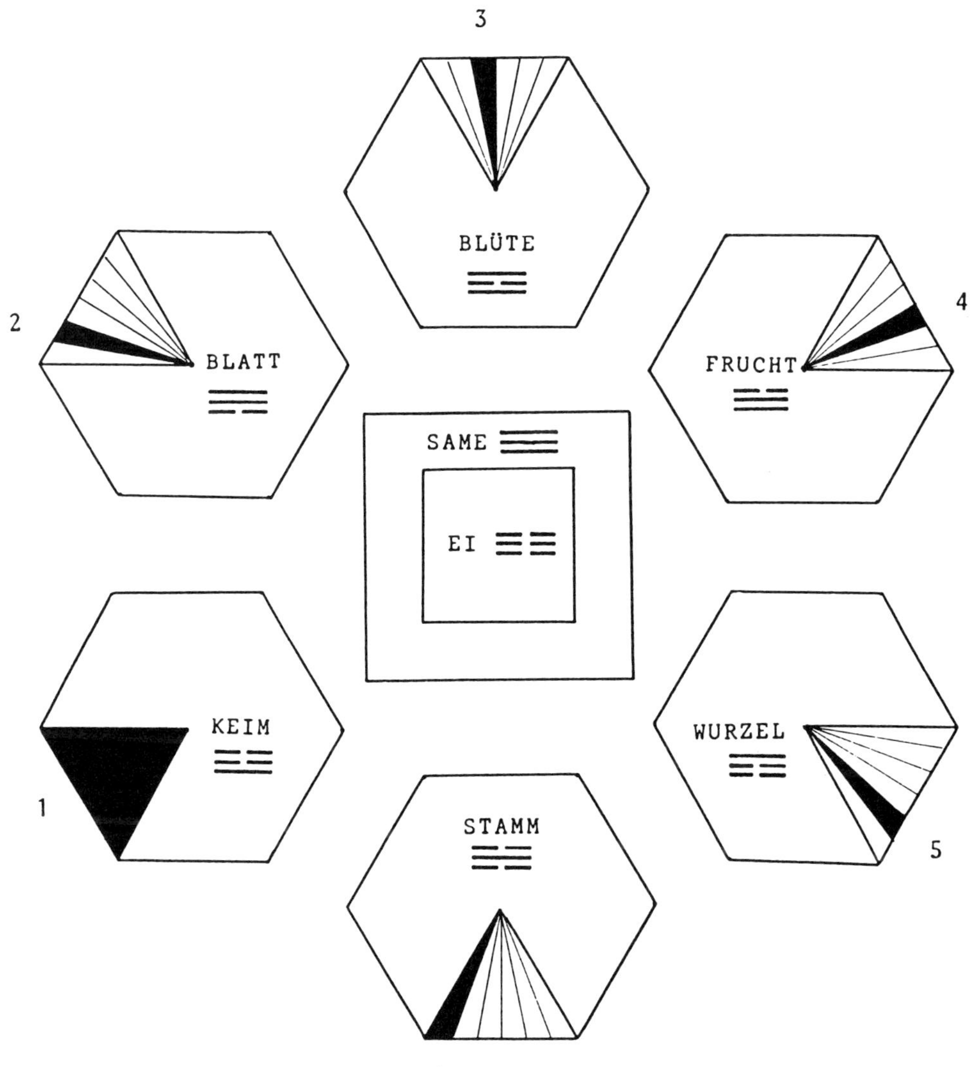

Das Lebensgleichgewicht – Keim und Frucht, Werden und Vergehen

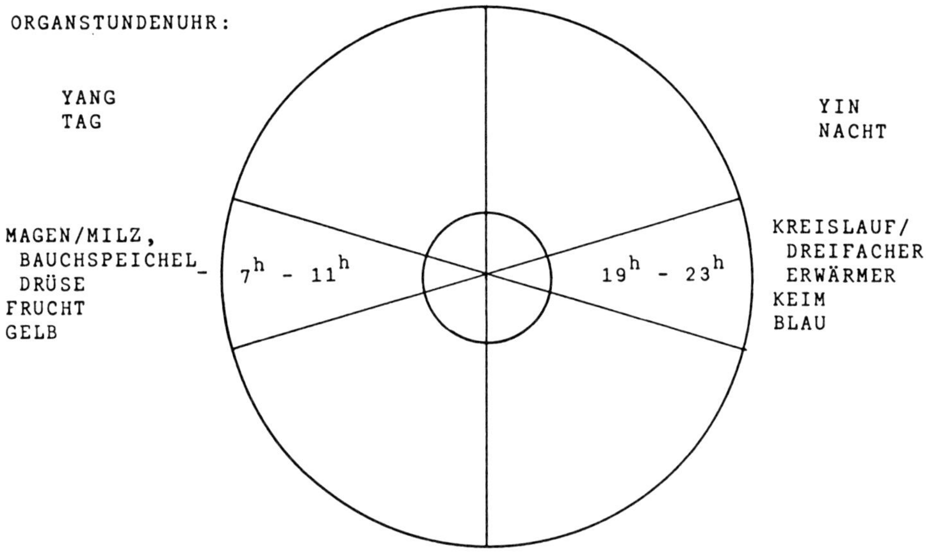

Gibt es ein Lebenspendel? Wenn wir die beiden Zeichnungen betrachten, finden wir Erklärungen für unser Lebensgleichgewicht. Keim und Samen sind dabei das Besondere.

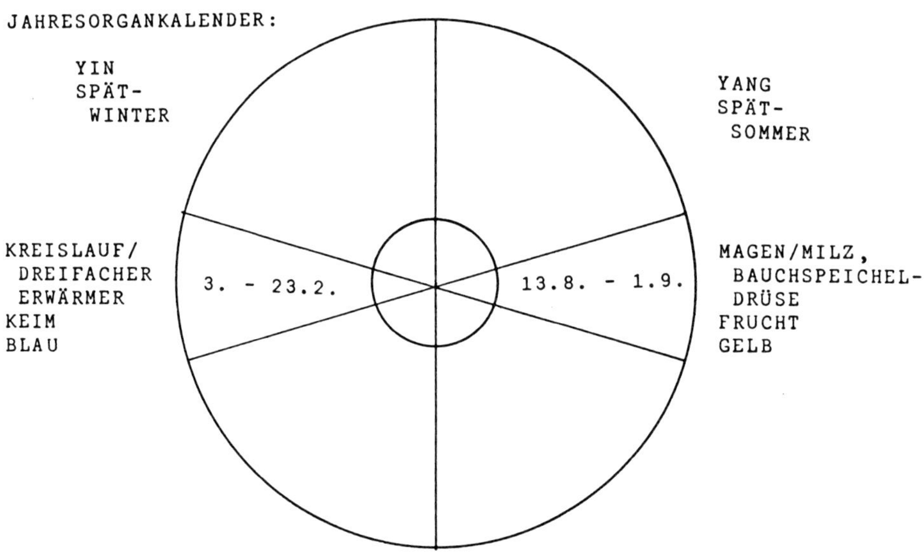

Wir haben zwei Farben, die blaue – Mond, Silber, Keim, Atmung, Gefäße, Kreislauf, Dreifacher Erwärmer – und die gelbe – Sonne und

Jupiter, Gold und Zinn, Frucht, Schutzenergie, Abwehrkraft, Magen, Milz, Bauchspeicheldrüse. Und wenn das Grün von Leber und Gallenblase zu Gelb mutiert, ist es ein Sympton der Gelbsucht, wobei die Gelbverfärbung bereits ein Zeichen des Einsatzes der Abwehrkraft darstellt.

Blau und Gelb sind die beiden Steuerungen, Grundsysteme, Grundmilieus. Das erste, Blau, ist die „Nabelschnur" (für die Zelltherapie nach Dr. Niehans als „*Resistocell*®" von Bedeutung), die DNA-Funktion, und das zweite, Gelb, ist die Thymusdrüse, die Metallfunktion: Zinn regelt die Metalle im Körper, und die Thymusdrüse ist sehr zinnhältig. Auch Thymus ist für die Zelltherapie sehr wichtig.

Die Sonderstellung des Magen-Milz-Bauchspeicheldrüsen-Systems zeigt sich auch in der alten chinesischen Lehre, die es, in bezug auf die Himmelsrichtungen, in die Mitte stellt (vgl. o., S. 19).

Die besondere Bedeutung der Milz kann aus der traditionellen chinesischen Medizin, aus dem *I Ging,* aus der DNA-Steuerung und aus der Quantentheorie embryologisch, evolutionär und bioastronomisch erfaßt werden.

Was also ist die Milz für unseren Körper?

1. Östliche Erkenntnis: Sie ist die Pforte des Geschickes, des Wachsens der Saat, zuständig für Denken, Planen, Vorsorgen.

2. Westlich-östliche Erkenntnis: Sie ist die Steuerung des Arginin-Leucin-Stoffwechsels, die Steuerung des interstitialen Gewebes, die Steuerung des 2. Grundmilieus; sie ist der Mutterkuchen für das Hirn.

Wir müssen die Milz als Organ und die Milz in ihrer Funktion gesondert betrachten. In der Fünf-Elemente-Theorie wird sie bildlich als „Erde" dargestellt, sie wird der „Erde" zugeordnet. Topographisch gesehen liegt der Milzpunkt der Akupunkturlehre in der Mitte des Konzeptionsgefäßes als Punkt des mittleren Erwärmers. Lippen und Augenlider gehören als Reflexzonen zur Milz: Müdigkeit der Augenlider, geschwollene oder trockene Lippen sind Hinweise auf den Zustand dieses Organs.

An der Pasadena University wurde im Rahmen der Naturmedizin die Versorgungsfunktionsenergie der Milz bis in die Muskelpartien ausgearbeitet, und zwar in der Zuordnung zu den Rückenmuskeln *Latissimus dorsi* und *Trapezius,* die in der „Touch-for-Health-Therapie" zur Stärkung der inneren Organe bei der Akupressur verwendet werden (s. Beilage „Muskeln und Organe"). Ein Schweißausbruch am Rücken gibt also gleichfalls einen Hinweis auf die Milz. Dem *I Ging* nach ist die Milz über die DNA-Steuerung des Arginins zuständig für die Vermischung von Ei und Samen. Aber sie ist, wie gesagt, auch zuständig für die Steuerung des 2. Grundmilieus (Schutzenergie), woraus sich ihre Bedeutung in bezug auf chronische Krankheiten erklärt.

Der vorläufig letzte Schlüssel zur Geheimformel des Lebens: die Lotosblumen oder *Chakras*

Nach den uralten chinesischen und indischen Weisheitslehren durchdringt und umgibt den Menschen eine Aura feiner, übersinnlicher Kräfte. Die Lebenskräfte – das *Chi* der Chinesen, das in den Meridianen der Akupunkturlehre fließt – haben verschiedene Kraftzentren, nämlich die Lotosblumen der Yogalehre. Somit vervollständigt letztere die Weisheit des „Buches der Wandlungen". Auch hier hat, verblüffend für den Europäer, die Naturmedizin intuitiv schon lange erkannt, was die moderne Chemie, Physik und Quantenmedizin erst nach komplizierten Forschungen erarbeitet haben. (Ähnliches trifft bei Paracelsus zu, der die Reihung der Metalle nach ihrem Atomgewicht erahnte, lange bevor Mendelejeff und L. Meyer es entdeckten.)

Was hat es nun mit den Lotosblumen oder *Chakras* (= Räder) auf sich? Die indische Lehre spricht von einem Zusammenhang mit dem Rückenmark und dem Hirn.

Je nach der Anzahl der „Blütenblätter" oder „Speichen" spricht man von zwei-, vier-, sechs-, zehn-, zwölf-, sechzehn- bzw. tausendblättrigem Lotos. Weiters gibt es noch als Nebenorgan den dreiblättrigen Nasenlotus.

Tantrische Darstellung der Chakras und der Lebensströme

Wie aus der Abbildung ersichtlich ist, winden sich spiralförmig, wie bei einem Merkurstab, zwei Lebensströme um die Wirbelsäule, d. h. eigentlich um das Rückenmark, dem chinesischen *Yin* und *Yang* entsprechend: Zur Linken der weibliche, *Ida,* als der des Mondes, zur Rechten der männliche, *Pinggala,* als der der Sonne; in ihrer Mitte *Sushumna,* eine Substanz von dreigliedriger Qualität. Diese drei Ströme treffen einander oben im schon erwähnten dreiblättrigen Nasenlotos und haben ihre Hauptverbindung im Solarplexus. Der „Merkurstab" erinnert außerdem an die Abbildung der DNA. In Spiralform windet sich aber auch unser Sonnensystem in Richtung auf einen Punkt im Herkules (Apex) empor: Ein weiterer Beweis dafür, daß im Menschen wie im Kosmos dieselben Gesetze walten, daß der Mensch ein Universum im kleinen ist.

Wenn man sich das Rückenmark als Stab vorstellt, um den sich alles dreht, und wenn man sich diesen fortgesetzt denkt bis zum Scheitel, dann erkennt man, daß der unterste, der vierblättrige Lotos, und der oberste, der tausendblättrige, am Anfang und am Ende einer Achse sitzen. Es ist jene Achse zwischen den Akupunkturpunkten *hui yin* und *bai hui*, die beim *Taiji chuan* (vgl. u., S. 169 ff.) stets senkrecht bleiben muß als gedachte Verbindung zwischen Himmel und Erde, während der übrige Körper in weicher Wellenbewegung vor und zurück gleitet.

Die *Chakras* stehen in direktem Zusammenhang mit Körpersubstanzen und Planeten, dadurch auch mit den Organen und Metallen:

Körperregion	Anzahl der Blätter	Körpersubstanz	Planetensphäre	Metall	Organpaar bzw. Funktionsgruppe	Vergl. mit Pflanze
Steißbein Genital	4	Knochensubstanz	Mond	Silber	Kreislauf/ Dreifacher Erwärmer	Keim
Nabel	6	Fettsubstanz	Merkur	Quecksilber	Niere/ Blase	Stamm
Magengrube	10	Fleischsubstanz	Venus	Kupfer	Herz/ Dünndarm	Blüte
Herz	12	Blutsubstanz	Sonne	Gold	Bauchspeicheldrüse	Frucht (Same)
Kehlkopf	16	Hautsubstanz	Mars	Eisen	Leber/ Gallenblase	Blatt
Nasenwurzel	2	Marksubstanz	Jupiter	Zinn	Magen/ Milz	Frucht (Schale)
Scheitel	1 bzw. 1000	–	Saturn	Blei	Lunge/ Dickdarm	Wurzel

Die *Chakras* befinden sich also im Rückenmarkbereich und im Hirn. Da jede Lotosblume eine eigene Metallfunktion hat, zeigt es sich deutlich, daß sich im Rückenmark die Hauptmetallfunktionen befinden. Es stellt also die Verbindung zwischen Hirn und Organen her, während die Hypophyse die Verbindung zwischen Rückenmark und Hirn darstellt. (Die Planeten beeinflussen also über die Metalle und über das Rückenmark die Organe).

Der genetische Code steuert den ganzen Körper; genetischer Code plus Metallfunktionen ergeben das Bewußtsein des Menschen, den Geist. Die Bedeutung der Metallfunktionen für den menschlichen Körper zeigt sich auch darin, daß der Aminosäuretest mit dem EAP-Gerät (vgl. u., S. 186) nur zusammen mit den Metallen funktioniert: ohne Metallfunktionen gibt es keine Ausstrahlung des Menschen.

Die Tatsache, daß das Rückenmark alle Schaltkräfte vom Hirn zu den Organen enthält, erklärt u. a. seine Bedeutung als Präparat für die Zelltherapie. Ein Bandscheibenschaden kann z. B. eine Darmlähmung hervorrufen, da die richtige Lenkung der Metallfunktionen nicht mehr gewährleistet ist. Eine Zelltherapie mit Rückenmark wird sich deshalb für die Behandlung einer solchen Darmlähmung als nützlich erweisen.

Das Rückenmark ist also für das Gehirn das, was die Drüsen für die Organe sind.

Der vierblättrige Lotos am Beginn des Rückenmarks – wieder ist ein Zusammenhang mit DNA und *I Ging* gegeben: 4 ist die Zahl der Grundstrukturen (Cytosin, Adenosin, Guanidin und Thymin), und 2×4 = 8, die Zahl der „Wunder" des *Fu-Hsi.*

Ein weiterer Zusammenhang, diesmal in bezug auf den Jahresorgankalender: Zählt man die Blütenblätter zusammen, erhält man die Zahl 51: 4+6+10+12+16+2+[1(000)].

Das Jahr besteht aus 52 Wochen: 51 plus 1 Woche der Schalttage (11.–15. 2.), das ist die Woche der Metallfunktionen, während der die Keimkraft für das Werden im folgenden Jahr entsteht. Beim Übergang von der Wurzel zum Stamm und zum Keim benötigt man auch die Regenerierung der Metallfunktionen. Daher ist diese Woche besonders geeignet für die Aufnahme von Spurenelementen. (Nach indischer Lehre sollte man diese Woche mit Meditation verbringen.)

Addiert man die Blütenblätter jener 5 (5 Elemente!) *Chakras,* die sich längs des Rückenmarks befinden, erhält man die Zahl 48 = 6 (Eigenstrahlung) × 8 (doppelte Grundstruktur).

Die Zahl der *Nadis* (Röhrchen), die im vierblättrigen Lotos ihre Wurzel haben und in denen die bildenden Lebenskräfte fließen, – 72.000 –, erinnert nicht zufällig an die 4×18 Tage der Schutzenergie des Lebens.

(Weiters macht der gesunde erwachsene Mensch in der Minute etwa 18 Atemzüge, während der Puls ca. 72mal schlägt.

Die folgende Zeichnung zeigt, wie die einzelnen *Chakras* mit dem Rückenmark zusammenhängen, und läßt zugleich eine Parallele zur Lehre des Paracelsus erkennen:

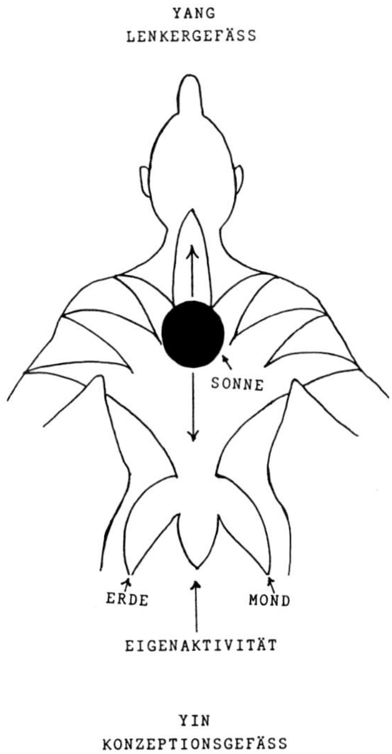

Gehören die oberen 7 Verzweigungen zu den Lotosblumen, sind die 3 unteren Erde – Mond – Eigenaktivität. Oder, bei Paracelsus, Sulfur (Schwefel), Mercurius (Quecksilber), Sal (Salz), bzw. Geist, Seele, physischer Leib. Sowohl bei Paracelsus als auch in der indischen Lehre ist die Seele das Bindeglied zwischen Geist und Körper.

Die Sonne ist hier das durch die Kraftzentren gesandte Bewußtsein. Die Sonnenwende würde dann an den beiden äußeren *Chakras,* also im vierblättrigen und im tausendblättrigen Lotos, liegen.

Paracelsisch-chinesisch-planetarischer Wochenorgankalender

Der Zusammenhang Planeten–Metalle war auch Paracelsus bekannt. Verbindet man in seiner Aufstellung die Metalle (Planeten) entgegen dem Uhrzeigersinn, wobei man mit dem Blei (Saturn) beginnt, zeigen sich die Metall-Planeten-Paare in der Reihenfolge des Atomgewichts der Metalle, obwohl dieses erst viel später, und zwar durch Mendelejeff (1834–1907) und Meyer (1830–1895), entdeckt wurde. Paracelsus hat es hellsichtig geahnt.

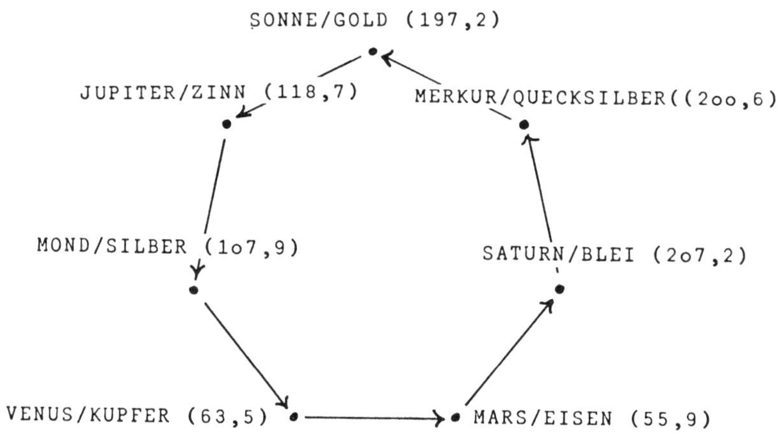

Verbindet man nun die solcherart angeordneten Planeten bzw. Metalle so miteinander, daß jeweils zwei ausgelassen werden, erhält man die *räumliche Anordnung unseres Planetensystems* nach Paracelsus:

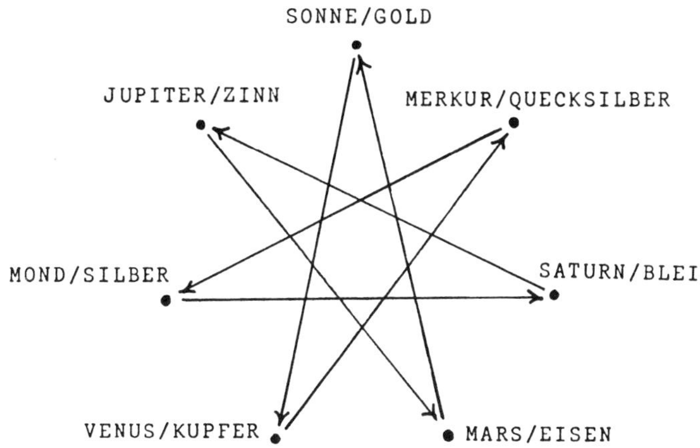

Wenn man hingegen nur jeweils einen Planeten (bzw. 1 Metall) auslässt und zu den neu geordneten Planeten die Wochentage, beginnend mit Samstag, hinzufügt, erhält man das *Richtmaß für die zeitliche Ordnung* und außerdem den Zusammenhang Planeten – Metalle – Wochentage.

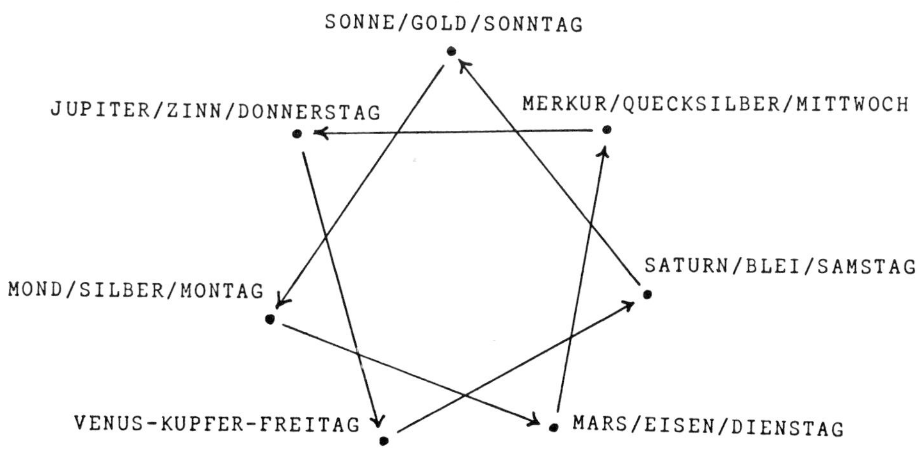

Die Anschauung, daß jeder Wochentag mit einem Planeten in Zusammenhang steht, war bereits in Babylon (um 2000 v. Chr.) verbreitet, wo auch der Ursprung der Sieben-Tage-Woche zu finden ist.

Die Verbindung Planet–Wochentag ist heute noch in den Wochentagsnamen zu erkennen:

römische Bezeichnung	deutsche Bezeichnung
dies Solis	Sonn(en)tag
dies Lunae	Mon(d)tag
dies Martiis	Dienstag (dem römischen Mars entsprach der germanische Schwertgott Ziu, altnordisch Tyr.)
dies Mercuriis	Mittwoch (ursprünglich Wodanstag; englisch heute noch Wednesday)
dies Jovis	Donnerstag (dem Jupiter entsprach Donar oder Thor)
dies Veneris	Freitag (der Venus entsprach Freyja)
dies Saturni	Samstag (im Englischen heute noch Saturday)

Wie es eine Organstundenuhr und einen Jahresorgankalender gibt, läßt sich auch, unter Miteinbeziehung des Wissens um die Fünf-Elemente-Theorie (s. o., S. 12 ff.), um die Lehre von den *Chakras* (s. o., S. 150 ff.), die Farbtherapie, den oben erwähnten Jahresorgankalender sowie die Heilkräuterlehre, ein Wochenorgankalender erstellen, der für Diagnose und Behandlung gleichermaßen von Bedeutung sein kann: Stunde, Tag, Monat, Jahreszeit sind Hilfen für den Arzt und den Patienten (vgl. u., S. 157).

Welcher Planetentyp bin ich? Zu welcher Uhrzeit, an welchem Wochentag fühle ich mich krank? Im Zusammenhang mit solchen Fragen kann der Wochenorgankalender sowohl bei der Diagnose als auch bei der Therapie von großem Nutzen sein. Auch bei Schlaflosigkeit, die sich nur an bestimmten Tagen zeigt, läßt diese Einteilung neue Wege der Überlegung offen. Die indische Lehre von den *Chakras* als Zentren der Metallfunktionen, also die Lehre von den Spurenelementen, läßt sich hier einbauen, zum genetischen Code in Verbindung bringen und für die Therapie nutzbringend verwerten.

Man verwendet in der Schulmedizin schon lange Eisen, Gold, Magnesium und Calcium. Hier aber wird die Zuordnung der einzelnen Metalle zu den Jahreszeiten, den Wochentagen, den Uhrzeiten und den Organen gezeigt, wodurch eine viel gezieltere Anwendung möglich ist. (In der Homöopathie werden übrigens die Spurenelemente als D 10 in Tropfenform verabreicht, z. B. *Aurum metallicum* D 10.)

Weiters wird hier abermals die Richtigkeit der Erkenntnis Rudolf Steiners, daß nämlich der Rhythmus des Lebens von den Planeten auf die Erde und auf den Menschen übertragen wird, bestätigt.

Wochenorgankalender

Planet	Spurenelement	Farbe (Therapie)	Therapiezeit	Hauptakupunkturpunkt (Mikromassagepunkt)	Organ bzw. Funktionsgruppe	Heilkraut, Körner usw.	Jahreszeit	Wochentag
Mond	Silber	blau	19–23 Uhr	KS 6	Kreislauf, Gefäße, Dreifacher Erwärmer (Keim)	Anis, Keime	Spätwinter	Montag
Mars	Eisen	grün	23– 3 Uhr	Le 8	Leber, Gallenblase (Blatt)	Brennessel	Frühling	Dienstag
Merkur	Quecksilber	schwarz-weiß	15–19 Uhr	N 27	Niere, Blase (Stamm)	Erdbeere, Mineralwasser	Winter	Mittwoch
Jupiter (außen)	Zinn	orange-gelb	7–11 Uhr	MP 4	Magen, Milz, Nervensystem (Thymus) (Frucht-Schale)	Zinnkraut, Fruchttee	Spätsommer	Donnerstag
Venus	Kupfer	rot	11–15 Uhr	H 3	Herz, Dünndarm (Blüte)	Rosenknospen, Weißdorn, Frauenschuh	Sommer	Freitag
Saturn (innen und außen)	Blei	grau/violett	3– 7 Uhr	Lu 7	Lunge, Dickdarm (Wurzel)	Malve	Herbst	Samstag
Sonne (innen)	Gold	gelb	9–11 Uhr	MP 9	Bauchspeicheldrüse (Frucht-Same)	Melisse, Fruchttee	Spätsommer	Sonntag

Anhand des Wochenorgankalenders läßt sich ferner ein persönlicher „Wochenplan" zusammenstellen, der genau anzeigt, was man an bestimmten Wochentagen besonders tun, essen oder trinken sollte.

Das Wissen um die Zusammenhänge zwischen Organen und Metallen erlaubt es, den Organstundenkalender (Organstundenuhr) zu erweitern. Mit Hilfe der untenstehenden Zeichnung läßt sich nun exakt feststellen, welches die wirksamste Uhrzeit zum Einnehmen eines bestimmten Spurenelements ist. Weiters läßt sich auch der zum Metall gehörende Wochentag ablesen.

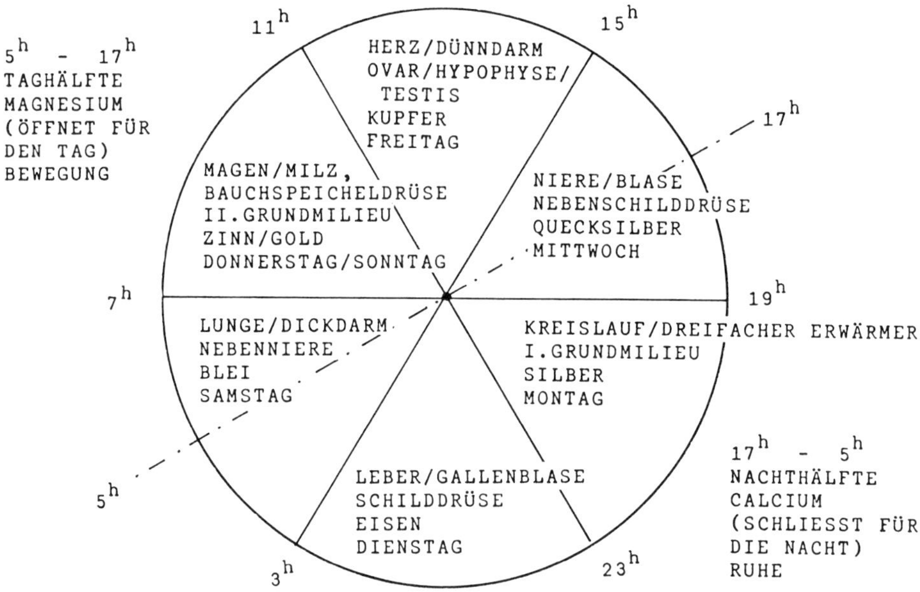

Mit Hilfe des Wissens um den Zusammenhang Planeten–Metalle läßt sich aber auch ein *planetarischer Jahresorgankalender* aufstellen (vgl. u., S. 159).

Im Zusammenhang mit den Planeten lassen sich weiters die Tierkreiszeichen mit den Organen in Verbindung bringen. Dasselbe gilt für die neben den Spurenelementen so wichtigen Schüßler Salze:

Leber/Gallenblase – Stier/Widder – Natrium sulfuricum/Kalium phosphoricum.

Herz/Dünndarm – Krebs/Zwillinge – Calcium fluoraticum/Kalium muriaticum.

Magen/Milz, Bauchspeicheldrüse – Jungfrau/Löwe – Kalium sulfuricum/Magnesium phosphoricum.

Lunge/Dickdarm – Waage/Skorpion – Natrium phosphoricum/Calcium sulfuricum.

Niere/Blase – Steinbock/Schütze – Calcium phosphoricum/Silicea.

Kreislauf/Dreifacher Erwärmer – Fische/Wassermann – Ferrum phosphoricum/Natrium muriaticum.

Die näheren Erklärungen dazu würden hier zu weit führen und bleiben einem späteren Buch vorbehalten.

Der planetarische Jahresorgankalender

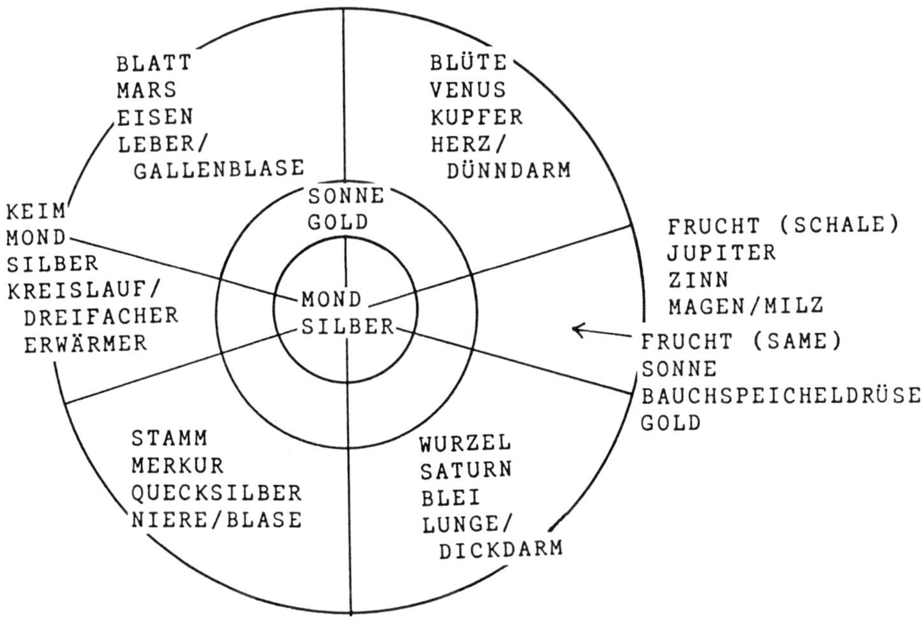

SONNE/GOLD → FRUCHT-SAME (INNEN): BAUCHSPEICHELDRÜSE
JUPITER/ZINN → FRUCHT-SCHALE (AUSSEN): MAGEN/MILZ

DIE SONNE STEHT INNEN, DER JUPITER AUSSEN.

Die Colortherapie, der Jahresorgankalender und die Metalle

Die Welt der Pflanzen in ihrer farbigen Vielfalt ist überwältigend. Über Farben werden in ihr biologische Vorgänge der Fortpflanzung eingeleitet, die Umwandlung des Kohlendioxyds in Sauerstoff geht gleichfalls nur unter bestimmten Lichteinwirkungen vor sich. (Grüne Pflanzen entnehmen der Luft Kohlendioxyd und dem Boden Wasser und wandeln dies mit Hilfe der Sonnenenergie in Zucker und Sauerstoff um. Diese Umwandlung nennt man Photosynthese – Synthese durch Licht – und sie wird durch das grüne Pigment Chlorophyll ermöglicht.) Ferner wurde festgestellt, daß ein blauer Farbstoff als Stimulant mit einer genau dosierten Lichtmenge Pflanzen durchströmt und sie weckt. Betrachtet man nun den Jahresorgankalender (vgl. o., S. 136), sieht man die Farbe Blau als Keimkraft, als I. Grundmilieu. Doch auch Körper und vor allem Gesichtsfarbe des Menschen zeigen Reaktionen und Emotionen, zeigen Gesundheit und Krankheit. Und, anders gesehen, können Farben wiederum heilen oder aber auch Störungen verursachen, wie die folgenden Seiten zeigen. Dennoch ist in unserer Zeit die alte Farbenlehre Chinas und Ägyptens, mit der sich auch Paracelsus und schließlich Goethe beschäftigt haben, nach und nach in Vergessenheit geraten. Hier soll sie nun in die Geheimnisse des Lebensrhythmus eingebaut werden. Denn in Betrachtung der Farben, ihres Werdens und Vergehens, wird der Rhythmus des Lebens noch bewußter und deutlicher: Das frische Grün des Frühjahrs weicht dem warmen Rot des Sommers, und dieses dem reifen Gelb des Spätsommers; danach folgen die kühlen Herbstfarben Grau/Violett und schließlich das Schwarz/Weiß des Winters.

Schon die farbige Abbildung auf dem Einband dieses Buches erfüllt also mehr als nur einen ästhetischen Zweck; sie will uns vielmehr die richtige Farbensymphonie vor Augen führen. Das Rot des Herzens (und Dünndarms, der am Morgen den „Starter“ für unseren Körper darstellt); Gelb als Farbe des Magen-Milz-Bauchspeicheldrüsen-Systems; Blau für Kreislauf, Gefäße, Dreifachen Erwärmer (und als Farbe der Keimkraft); Grau/Violett für Lunge und Dickdarm; Schwarz/Weiß für Nieren und Blase.

Wie die gesamte Naturheilmethode hat auch die Farbenlehre nichts Mystisches an sich. Wie bereits erwähnt, ist es die traditionelle chinesische Medizin, die im Zusammenhang mit der Fünf-Elemente-Theorie die Zugehörigkeit der Farben zu den Organsystemen – und, da jede Farbe auch eine psychische Komponente hat, zu den verschiedenen Emotionen – aufzeigt (vgl. u., S. 161).

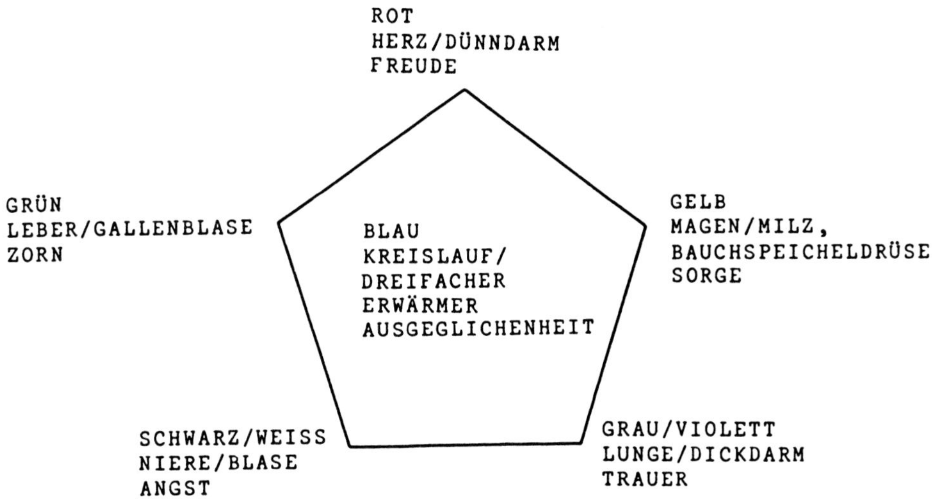

Wie ist das zu erklären?

Die Lichtbrechung, die sich farbig im Regenbogen zeigt, wiederholt sich im menschlichen Körper. So entsteht aus dem grundsätzlichen Schwarz/Weiß des *Yin* und *Yang* die Farbenkomposition von Grün über Rot und Gelb bis zu Violett. Bei Störung dieser in verschiedenen Schattierungen angelegten Harmonie entstehen exakte Brechungslinien, die sich in Licht und Schatten, in Wärme und Kälte gleich den Frauenhoferschen Linien nach Schwingungszahlen und Wellenlängen in unseren Organismus einfügen und uns das krankhafte Aussehen geben. So können sich bestimmte Krankheiten in der Disharmonie der Farben manifestieren und dadurch erkannt werden. Ein guter chinesischer Arzt braucht daher für eine exakte Diagnose nur Gesicht und Hände.

Dieses Wissen führte schließlich zum Einsatz der Farben bei der Therapie, die heute genauso zielführend ist wie vor Tausenden von Jahren.

Die Farbe läßt also nicht nur Rückschlüsse auf die Heilpflanze zu (hierbei kann man sogar erkennen, welcher Teil der Pflanze – die farbige Blüte, das grüne Blatt usw. – zu welcher Jahreszeit bei welcher Krankheit am wirksamsten ist), sondern es kann im Sinne der Fünf-Elemente-Theorie die Bestrahlung mit Farblampen als zusätzliche Behandlungsmethode neben Akupunktur oder Zelltherapie eingesetzt werden.

Eine Blaubestrahlung hilft beispielsweise bei Pilzerkrankungen der Haut. Eine Grünbestrahlung ist leber- und gallenblasenwirksam, sediert das Herz-Dünndarm- und tonisiert das Niere-Blasen-System. In China werden Darmerkrankungen mit Gelb behandelt: Sedierung des Dickdarms und Tonisierung des Dünndarms.

ANWENDUNGSBEISPIELE FÜR DIE COLORTHERAPIE

BESCHWERDEN	ZU BESTRAHLENDE KÖRPERZONEN	BESTRAHLUNGSDAUER	FARBE
ADIPOSITAS	MAGENGEGEND	2 TAGE LANG 3x TÄGLICH 1o MINUTEN	ORANGE
		ANSCHLIESSEND 1o MINUTEN	GRÜN
APPETITLOSIGKEIT	KÖRPERVORDERSEITE	2x TÄGLICH 1o MINUTEN	GRÜN
		NACH 3 TAGEN	ORANGE
		VOM 6.TAG AN WECHSELND 1 TAG 1 TAG	GRÜN ORANGE
ARTHROSIS	GELENKE	1.TAG 3x TÄGLICH 2o MINUTEN	BLAU
		2.TAG 3x TÄGLICH 2o MINUTEN	ROT
		3.TAG 3x TÄGLICH 2o MINUTEN	BLAU
		4.TAG WIE 1.TAG USW.	
ASTHMA	BRUST	6 TAGE LANG 3x TÄGLICH 1o MINUTEN	VIOLETT
	SCHULTERBLATT	ANSCHLIESSEND 1o MINUTEN	VIOLETT
	KÖRPERVORDERSEITE	7.TAG 3x TÄGLICH 2o MINUTEN	GRÜN
		AM 8.TAG WIEDER VON VORNE BEGINNEN	
BLÄHUNGEN	OBER- UND UNTERBAUCH	3x TÄGLICH ca.1o MINUTEN	ORANGE
BRONCHITIS	HALS/BRUST	1.TAG 3x TÄGLICH 1o MINUTEN	GELB
	SCHULTERBLATT	ANSCHLIESSEND 1o MINUTEN	GELB
		2.TAG DASSELBE MIT	GRÜN
		3.TAG DASSELBE MIT USW.	GELB

Wie aber ist diese Wirkung zu erklären? Die Farben im Körper lassen sich mit Hilfe bestimmter Farblampen regulieren, da auch die Farbwellen wie Medikamente über die Haut aufgenommen werden. Bei Störungen in den Organen – oder Meridianen oder Zellen – kann also die Luminiszenz durch die Wirkung des Biophotonensystems wieder geordnet werden. Somit können Lichtquellen heilend – aber eben auch störend – wirken.

Die Farbtherapie reguliert also in richtiger Dosierung Licht und Schatten in unserem Organismus, d. h. sie regelt das Verhältnis von *Yin* und *Yang*. Dasselbe geschieht mittels der Akupunktur. (Im weitesten Sinne ist die Farbenlehre überhaupt mit eine Erklärungsmöglichkeit für die als Meridiane bezeichneten Linien im menschlichen Körper.) Die Organe mit ihren jeweiligen Ausstrahlungslinien werden durch die Akupunktur sediert oder auch tonisiert, das heißt, der durch Krankheit gestörte Rhythmus – das gestörte Fließen der Lichtwellen – wird mit Hilfe von Nadeln wieder in die von der Natur ancestral mitgegebene Farbenharmonie gebracht: die Farbenausstrahlung des Menschen wird wieder harmonisch.

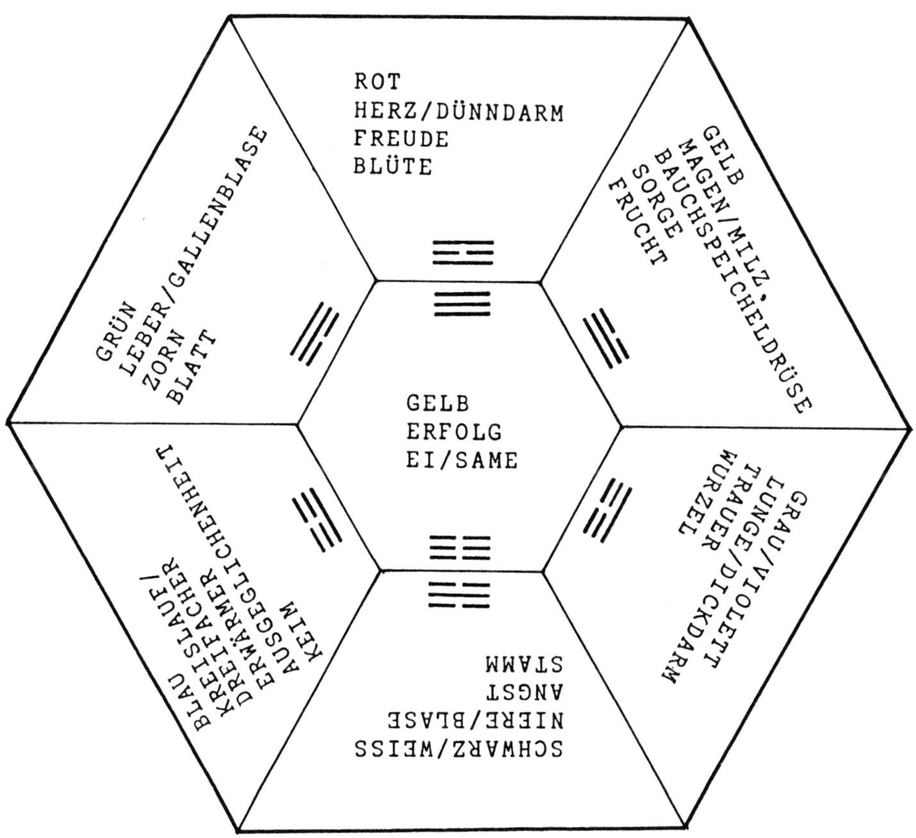

Wie die Abbildung der vorangehenden Seite beweist, zeigt sich der Wandel des Jahresorganekalenders auch in den Farben, wobei es zu einer farbenmäßigen Teilung in die großen *Yin*- und *Yang*organpaare (kalte und warme Farben) kommt.

Analog der Reihenfolge der Seiten dieses Sechsecks sind auch die einzelnen Striche der Hexagramme des *I Ging* nach Farben zu ordnen:

——— WEISS/SCHWARZ
——— GRAU/VIOLETT
——— GELB
——— ROT
——— GRÜN
——— BLAU

Die Metallfunktionen erklären die Farbwerdung

Wie entstehen nun die Farben im menschlichen Körper? Die sieben Metalle, die in der Natur und auch im Menschen vorkommen (Spurenelemente), strahlen Farben aus. Sie wirken auf uns von den Planeten her, denen sie zugeordnet sind.

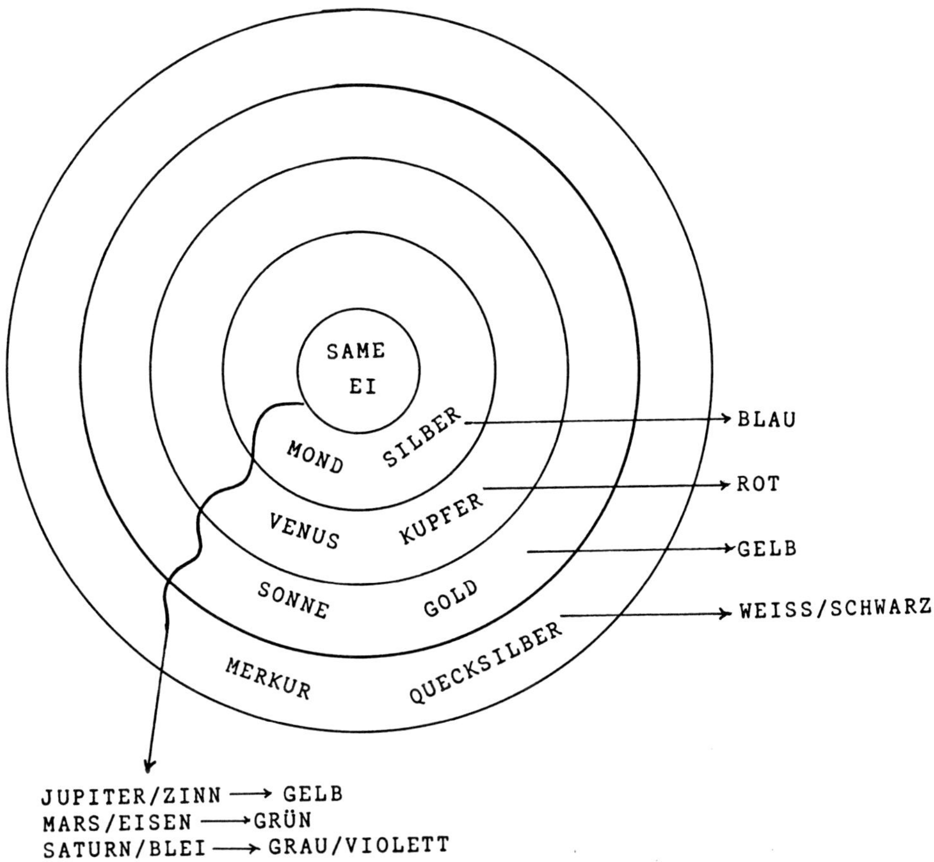

Lebensformeln aus Metallen und Farben

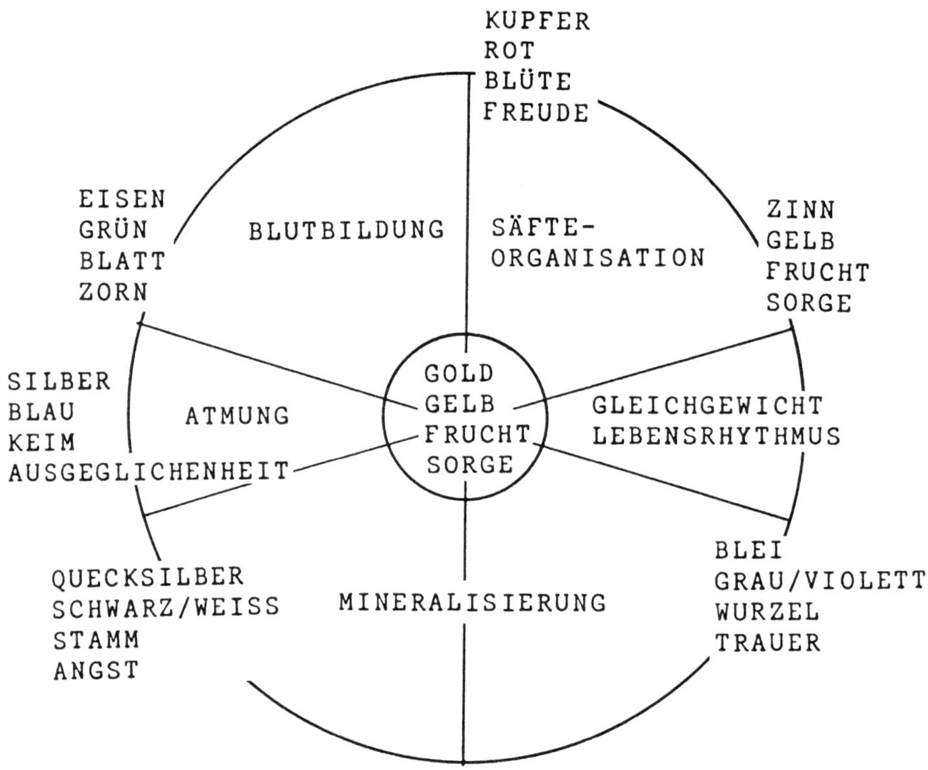

I. Grundmilieu: Solarplexus
Atmung
Keim

II. Grundmilieu: Thymus
Gleichgewicht
Lebensrhythmus
Frucht

III. Organe

IV. Drüsen

Die drei Energiekreise der Akupunktur – das Atomgewicht – Sonnen-, Mond- und Eigenstrahlung

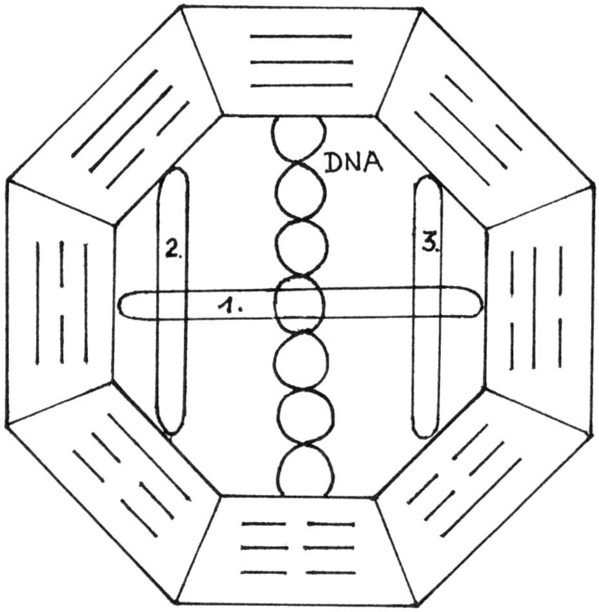

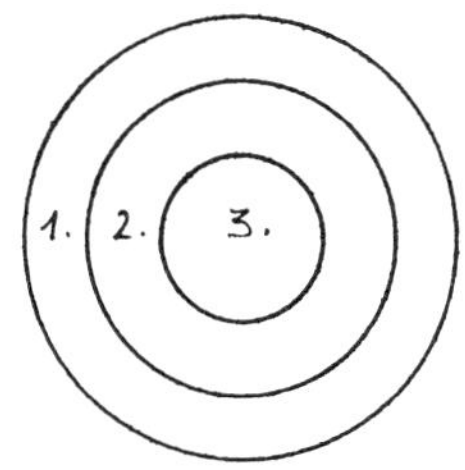

1. Energiekreis: Mondkreis

Meridianzahl: 1, 2, 3, 4
Organe: Herz/Dünndarm, Niere/Blase
Metalle: Kupfer, Quecksilber
Trigramme: ☲ ☵
„heilige Zahlen“: 29, 30

Es ist der äußerste Kreis mit der größten Differenz der Atomgewichte der Metalle (200,6 – 63,5 = 137, 1) und daher auch mit dem größten Schwung (je größer die Fliehkraft, desto größer der Drang nach außen).

Die mittlere Linie der Trigramme wechselt: ☰ → ☲
☷ → ☵

2. Energiekreis: Mond-Eigenaktivitäts-Kreis

Meridianzahl: 5, 6, 7, 8
Organe: Kreislauf/Dreifacher Erwärmer, Leber/Gallenblase
Metalle: Silber, Eisen
Trigramme: ☳ ☴
„heilige Zahlen“: 51, 57

Es ist der mittlere Kreis. Differenz der Atomgewichte der Metalle: 107,9 – 55,9 = 52.

Die beiden oberen Linien der Trigramme wechseln: ☰ → ☳
☷ → ☴

3. Energiekreis: Sonnen-Eigenaktivitäts-Kreis

Meridianzahl: 9, 10, 11, 12
Organe: Lunge/Dickdarm, Magen/Milz, Bauchspeicheldrüse
Metalle: Blei, Zinn/Gold
Trigramme: ☶ ☱
„heilige Zahlen“: 52, 58

Es ist der innere Kreis mit der kleinsten Differenz der Atomgewichte der Metalle, was die Hauptwirkung betrifft (207,2 – 197,2 = 10), und daher jener mit dem kleinsten Schwung.

Die beiden unteren Linien der Trigramme wechseln: ☰ → ☶
☷ → ☱

Die Eigenstrahlung beginnt demnach erst mit der Entwicklung des zweiten Energiekreises.

Aus der Weisheit des *I Ging* entstandene Bewegungstherapie

1. *Taiji chuan*

Taiji ist mehr als eine bloße Bewegungstherapie zur Besserung bzw. Beseitigung von Gelenksbeschwerden und rein physischen Verspannungen. Diese „Meditation in der Bewegung", bei der über das körperliche schließlich auch das seelische Gleichgewicht gefunden wird, kann vielmehr helfen, Stauungen und Blockierungen des *Chi*-Flusses in den Meridianen abzubauen und damit Krankheiten zu heilen.

Zum Unterschied zum *Kong-fu* mit seiner aggressiven *Yang*-Kraft und dem eher dem *Yin* zuzuordnenden *Judo* vereinigt das *Taiji* in sich sowohl *Yin* als auch *Yang,* da nach der chinesischen Philosophie das eine aus dem anderen entsteht und ohne das andere nicht denkbar ist.

Wir neigen dazu, einseitig zu denken, uns mit nur einem Aspekt einer Sache zu identifizieren und die gegensätzliche Seite abzulehnen, wir neigen dazu, das Absolute anzustreben, und geraten aus dem Gleichgewicht. Das *Taiji* will uns helfen, das Gleichgewicht, die Mitte zwischen den Extremen, wiederzufinden, indem es uns in den Bewegungen den ständigen Wechsel von *Yin* und *Yang,* von Ein und Aus, von Geben und Nehmen, von Sich-Ausdehnen und Sich-Zusammenziehen zeigt und uns dadurch erkennen läßt, daß es nichts Absolutes, nichts starr Gleichbleibendes gibt, daß auf dieser Welt nichts von Dauer ist, daß alles So-Sein sofort ein Anders-Sein zur Folge hat, und daß nur dieser Wandel allein das einzig Beständige bleibt.

Taiji lehrt uns aber noch etwas: Wenn wir der Gewalt wieder mit Gewalt begegnen, prallen zwei *Yang*-Kräfte aufeinander, und es kommt zu einem Konflikt. Wenn wir aber der angreifenden *Yang*-Energie nachgeben, geht diese nach dem Gesetz des Wandels in *Yin*-Energie über. Wenn ich also einen Stoß erhalte und diesem Stoß meine Kraft entgegensetze, schmerzt es. Wenn ich aber wie ein Ball den Stoß aufnehme, mich in der Richtung seiner Energie weitertreiben lasse, bleibe ich unverletzt. Auch dies soll sowohl körperlich als auch seelisch verstanden werden.

Taiji besteht aus einer Folge langsamer, sanfter, weich fließender Bewegungen. Es gibt keine abrupten Änderungen, keine Unterbrechungen, obwohl es zunächst, beim Erlernen, so aussieht, als sei alles unterteilt in einzelne, für sich abgegrenzte Figuren, die auch verschiedene Namen tragen. Das Gefühl dafür, daß alles ein beständiges Fließen ist, kommt erst viel später.

Wie im *Yin-Yang*-Symbol (s. o., S. 94) zwei entgegengesetzte, doch einander ergänzende Strömungen in einem Kreis aufeinander zu gleiten, geht auch beim *Taiji* eine Bewegung in die andere über, entsteht eine Bewegung aus der anderen, bildet eine Bewegung die notwendige Ergänzung der anderen. Ein Schritt, eine Handbewegung beinhalten und verursachen bereits den nächsten Schritt, die nächste Handbewegung, und diese wiederum lassen eine dritte entstehen usw., bis man wieder beim Ausgangspunkt anlangt: Der Kreis ist geschlossen, das Ende ist bereits wieder ein neuer Anfang.

Im Verlauf dieser Bewegungen fließt das *Chi* aus dem *Tan T'ien*, breitet sich aus, immer weiter, um dann in dieses Sammelbecken der Energie knapp unter dem Nabel zurückgeholt zu werden. Und indem die Lebensenergie in den Meridianen wieder im richtigen Verhältnis zu strömen beginnt, werden bestehende Blockaden abgebaut, bessern sich die Organfunktionen, lösen sich seelische und körperliche Verspannungen, und man wird erfüllt von einer friedvollen inneren Heiterkeit und Ruhe, die aus der Bewegung entsteht: Je stärker das *Chi* im Körper fließt, desto ruhiger wird man selbst, denn aus *Yang* (Bewegung) entsteht *Yin* (Ruhe). Und wie die Energie im Körper kreist, soll auch der Atem kreisend fließen, das Einatmen geht über ins Ausatmen und umgekehrt.

Taiji geschieht ganz ohne Zwang, ohne Kraftanstrengung, man soll dabei nicht mit Gewalt etwas zu erreichen versuchen, nicht krampfhaft daran denken, ja nichts falsch zu machen, sondern man soll das *Taiji* einfach „geschehen lassen", sonst besteht die Gefahr, daß das Fließen erstarrt.

Eigene Erfahrung hat gezeigt, daß das Schreiben der chinesischen Schriftzeichen eine ähnliche Wirkung hervorzurufen vermag wie das *Taiji*. Im Buch „Lebensschwung durch Taiji" von Al Huang, das überhaupt sehr viel zum Verständnis dieser Übungen beiträgt, war dann die Bestätigung zu finden. Es heißt da u. a.: „Ich beziehe gewöhnlich Kalligraphie in meine Taiji-Stunden ein, weil sie ein anderer Ausdruck der gleichen Disziplin ist, ein anderer Weg, das zu veranschaulichen, was wir auch mit der Bewegung des Körpers machen" (S. 157). Oder weiter unten: „Das Üben der kalligraphischen Technik vermittelt mir ein wunderbares Gefühl für das Wesen des Taiji" (S. 162). Und schließlich: „Auch Kalligraphie ist eine Erweiterung, eine andere Anwendung der Taiji-Praxis" (S. 164).

Ein *Taiji*-Meister verglich einmal die Wirkung des *Taiji* mit der Wirkung von Akupunkturnadeln, und es ist tatsächlich möglich, während der Übungen das Fließen des *Chi* in einzelnen Meridianen zu verspüren, wie man auch während und nach dem Stechen von Akupunkturnadeln den Energiefluß wahrnehmen kann. Beides ist elektronisch meßbar.

Bereits nach den ersten Übungsstunden beginnt man den wohltuenden Einfluß des *Taiji* zu spüren, selbst wenn man noch weit entfernt ist vom inneren Miterleben und von der Fähigkeit, es in das tägliche Leben mit einzubeziehen. Dies läßt sich nicht durch angestrengtes Konzentrieren erzwingen, nur jahrelanges Üben verhilft zum seelischen Verstehen. Eine Hilfe ist das Studium des *Tao Te King* von Laotse, dem in besonderer Weise das Wesen des *Taiji* entspricht. So gesehen, kann man *Taiji* fast als getanzte Lebensphilosophie bezeichnen, als einen Ausdruckstanz, der die Lehre des *Tao Te King* in Bewegung umsetzt.

2. Die acht Brokatstücke

Wie das *Taiji* und die „Bewegungen der 5 Tiere" sind auch die „Acht Brokatstücke" eine Art von *Qi gong*. Es sind aus Ruhe und Bewegung zusammengesetzte meditative Übungen, die, gepaart mit Atemübungen, das Fließen des *Chi* im Körper fördern bzw. bei Blockaden wieder ermöglichen sollen.
Ausgangspunkt all dieser Übungen ist das Konzentrieren auf den *Tan T'ien* – zu vergleichen mit dem Solarplexus (Sonnengeflecht) –, in den dann am Schluß der Bewegungsabläufe das *Chi* wieder zurückgeführt wird.
Von den „Acht Brokatstücken" hat jede einzelne Übung eine bestimmte Auswirkung auf den Körper, wozu auch die richtige Reihenfolge von Einatmen, Ausatmen sowie Atem-Anhalten beiträgt. (Nach der Yogalehre bedeutet das Anhalten des Atems nach dem Einatmen, daß man die Weltenkraft in sich ruhen läßt. Hält man nach dem Ausatmen den Atem an, sendet man das eigene Wesen in den Erdumkreis.)

1. „Mit beiden Händen den Himmel stützen". Diese Übung wirkt auf den Dreifachen Erwärmer und auf den Blutkreislauf. Weiters aktiviert sie die Atmung und sorgt für eine bessere Sauerstoffaufnahme. Bei Erschöpfungszuständen ist sie sehr angebracht.
2. „Den Bogen spannen und auf den großen Vogel schießen". Diese Bewegung ist speziell für den Brustbereich, also für Herz und Lunge, gedacht. Atmung und Kreislauf werden angeregt, Brust- und Schultermuskulatur werden gestärkt.
3. „Den Himmel stützen, die Erde stemmen". Durch diese Übung werden die inneren Organe, besonders Leber, Gallenblase, Milz und Magen, gestärkt. Bei längerem Üben kann man damit Magen- und Darmerkrankungen vorbeugen.
4. „Die fünf Organe sind belastet, die Gesundheit durch die sieben Kümmernisse beeinträchtigt".

Die „sieben Kümmernisse" sind Angst, Wut, Schrecken, Trauer, Kränkung, Freude, Kummer. Durch diese Emotionen können die Funktionen der Organe Herz, Leber, Milz, Lunge und Nieren beeinträchtigt werden. Die vierte Übung bringt sie wieder ins Gleichgewicht.

5. „Den Kopf wiegen, mit dem Schwanz wedeln und das Herzfeuer verteilen".

Diese Übung hilft in erster Linie bei Nervosität und beeinflußt außerdem Herz und Schilddrüse.

6. „Mit beiden Händen die Füße umfassen". Mit dieser Bewegung stärkt man vor allem Nieren, Nebennieren und Kreuz.

7. „Die Faust ballen, wütend blicken, die Kraft des *Chi* vermehren".

Großhirnrinde und vegetatives Nervensystem werden durch diese Übung angeregt. Der Blutkreislauf und das Fließen des *Chi* werden verstärkt. Weiters wirkt das Aufreißen der Augen auf die Milz und dient außerdem zur Gesunderhaltung des Auges.

8. „Die Fersen vom Boden abheben und hundert Krankheiten vernichten".

Die achte Übung steht in Beziehung zur ersten und rundet die acht Einzelteile zu einem Ganzen ab.

Jede der acht Übungen soll achtmal gemacht werden. $8 \times 8 = 64$, die Anzahl der „heiligen Zahlen" des *I-Ging*-Quadrats.

Die „Brokatstücke" haben übrigens ihren Namen daher, daß Brokat etwas Kostbares ist; die Übungen sind in bezug auf die Gesundheit gleichfalls kostbar. Sie werden deshalb im Deutschen auch die „Acht Schätze" oder die „Acht Kostbarkeiten" usw. genannt.

Die genauen Bewegungsabläufe dieser acht Übungen oder auch des *Taiji* hier zu erklären und aufzuzeichnen, würde den Rahmen des Buches sprengen. Außerdem gibt es bereits kompetente Lehrbücher wie z. B. Bai Xiofeng: „Die acht Schätze". (Hrsg. Couè-Club Austria, Klagenfurt). Oder: Dr. med. Josephine Zöller: „Das Tao der Selbstheilung" (Barth-Verlag, 1984). Solche Bücher sind dem Lernenden eine große Hilfe, für den Anfänger jedoch ist ein einschlägiger Kurs vorzuziehen, da man sonst leicht etwas falsch machen kann, wodurch die Wirkung der Übungen entweder stark beeinträchtigt oder überhaupt aufgehoben würde.

3. Teil

Beispiele aus der Praxis

Kasuistik von Migränefällen

Hier sollen nun einige Beispiele aus der Praxis die Wirksamkeit der verschiedenen Naturheilmethoden aufzeigen.

1. Migräne ohne Störfeld

Eine 30jährige Patientin klagte über Kopfschmerzen im Bereich der rechten Schläfe und immer wieder auftretende Herzschmerzen. Sie nahm seit zwei Jahren Valium. Mit dem EAP-Test war kein Störfeld aufzufinden. Die Patientin konnte aber die Schmerzpunkte genau angeben. Diese lagen am Meridian der Gallenblase und konnten mit dem Nervendetektor exakt lokalisiert werden. (Ein Nervendetektor ist ein Gerät, das bei Störungen an einem Meridian die genaue Stelle auffinden hilft.) Daraufhin wurden einmal wöchentlich fünf Silbernadeln gesetzt: *Gallenblase 2, Konzeptionsgefäß 3, Gallenblase 21, Leber 5, Milz/Pankreas 6.* Nach der dritten Behandlung war die Patientin beschwerdefrei. Es handelte sich hier um den Hypothalamuspunkt (beidseitig lateral der Augen), der mit dem EAP-Gerät meßbar ist.

Störung der Eiweißsynthese nach dem *I Ging:* Glutamin, Prolin.

Je nach Schwere des Falles könnten weitere Therapien zusätzlich angewendet werden:

Zelltherapie: Ovar, Hypophyse, Placenta (weiblich).

Farbtherapie: grün, blau.

Kräuter: Brennessel, Basilikum, Brombeerblätter.

Meridianmassage: Leber- und Gallenblasen-Meridian, außerdem Lymphdrainage des Kopfes.

Körnerdiät: Weizenkeime, Hafer.

Was die Farbtherapie betrifft, werden beim Colotron-Gerät blaue und grüne Lampen eingeschaltet. Man kann aber auch zu Hause mit farbigen 100-Watt-Lampen selbst diese Behandlung vornehmen.

Bei der Meridianmassage werden die jeweiligen Meridiane mit dem Mittelfinger durch Drücken und Schieben massiert.

2. Migräne mit chronischer Cystitis

Ein 35jähriger Patient hatte seit Jahren eine chronisch-rezidive Migräne und Cystitis. Die seit fünf Tagen bestehende starke Cystitis wurde mit Akupunktur behandelt:

Konzeptionsgefäß 3, Blase 62, Blase 54, Niere 8, Dreifacher Erwärmer 16.

Nach zwei Tagen kam der Patient wieder: Die Cystitis war abgeklungen, die linksseitige Migräne aber war noch vorhanden. Daraufhin Nadelung von *Blase 2, Kreislauf 6* (Goldnadeln), *Lenkergefäß 20.* Um eine entkrampfende Wirkung zu erreichen, wurde noch *Dünndarm 3* genadelt und durch Drehung der Nadel 5 Minuten lang stimuliert, wonach der Patient sehr müde wurde. Nach einer Stunde stand der Patient erfrischt und schmerzfrei auf. (*Dünndarm 3* ist, gepaart mit *Dickdarm 4,* bei Migräne sehr wirksam.)

Es handelte sich hier um eine Störung des Niere-Blasen-Meridianes. Um aber eine volle Wirkung zu erreichen, mußte der Kreislauf-Merdidian noch dazugenommen werden.

EAP-Test: Blase 40, Dreifacher Erwärmer 30, Milz 30.

Störung der Eiweißsynthese nach dem *I Ging:* Prolin, Glycin.

Weitere Therapievorschläge:

Zelltherapie: Resistocell®, Nebenschilddrüse.

Farbtherapie: lila, blau.

Kräuter: Fenchel, Goldrute, Bohnenkraut.

Meridianmassage: Niere, Blase, Dreifacher Erwärmer, Kreislauf, Fußreflexzone.

Körnerdiät: Buchweizen, Weizenkeime.

Bei der Zelltherapie werden die Zellpräparate (vgl. u., S. 181 f.) in das Gesäß gespritzt. Daraufhin bleibt der Patient drei Tage lang im Bett, da es durch die Verarbeitung der Zellen zu einer großen Müdigkeit kommt. Zu bemerken ist, daß nur jene Organe die Zellen aufnehmen, die erkrankt sind, gesunde reagieren nicht darauf.

3. Migräne mit Hypotonie und vegetativer Dystonie

Ein 48jähriger Kaufmann litt seit Jahren an Kopfschmerzen und Herzbeschwerden. Es bestand eine Hypotonie mit normalem EKG; die Pulsdiagnose sowie der EAP-Test ergaben eine Störung der Gallenblase. Es erfolgte Nadelung von *Kreislauf 9, Lenkergefäß 20, Herz 3, Herz 9, Gallenblase 3* und *Milz/Bauchspeicheldrüse 6.* Der Patient fühlte sich nach 6 Nadelungen (einmal pro Woche) wohler. Nach einer Massage des Gallenblasen-Leber-Meridians war er dann vollkommen entspannt.

Laut Fünf-Elemente-Theorie hatte das „Feuer“ (Herz) durch die Leber-Gallenblasen-Funktionsstörung zu wenig „Holz“ bekommen, um richtig „brennen“ zu können.

EAP-Test: Leber 30.

Störung der Eiweißsynthese nach dem *I Ging:* Prolin, Glycin.

Weitere Therapievorschläge:

Zelltherapie: Schilddrüse, Hoden, Placenta (männlich).

Farbtherapie: grün, blau.

Kräuter: Citronellkraut, Schöllkraut, Anis.
Meridianmassage: Leber, Gallenblase, Herz, Dünndarm. Zusätzlich Entspannungsmassage (Muskeln).
Körnerdiät: Weizenkeime.

4. Migräne mit Nierenkoliken

Ein 65jähriger Patient hatte anhaltende neuralgische Schmerzen in Bein und Kopf. Nachdem er bereits zwei Ärzte konsultiert hatte, versuchte er noch eine Akupunkturbehandlung. Die Schmerzen waren so arg, daß er keine Ruhe fand und mit dem Bein nicht auftreten konnte. Der EAP-Test gab eine Dysfunktion der Niere an, und die Energie der Meridiane der rechten Seite war gestört. Nach der ersten Akupunkturbehandlung *(Niere 8, Niere 27, Gallenblase 30, Gallenblase 34, Blase 62, Dreifacher Erwärmer 16* und *Blase 14)* traten am ganzen Oberschenkel überraschenderweise Krämpfe auf, die eine halbe Stunde anhielten. Die anwesende Ehefrau gab an, daß ihr Mann bisher nie an irgendwelchen Krämpfen gelitten hatte. Die Ursache der Krämpfe war eine Nierenkolik als Reaktion auf die Akupunktur-Behandlung. Der Patient ging trotzdem erleichtert weg. Bei der nach zwei Tagen erfolgten Wiederbehandlung traten abermals Krämpfe auf, die aber nur kurz anhielten. Vor der nach weiteren zwei Tagen erfolgten dritten Behandlung erzählte der Patient, daß ein Nierenstein abgegangen sei und er sich seit dieser Zeit beschwerdefrei fühle.
EAP-Test: Niere 90, Bauchspeicheldrüse 30.
Störung der Eiweißsynthese nach dem *I Ging:* Valin, Leucin.
Weitere Therapievorschläge:
Zelltherapie: Nebenschilddrüse, Thymus, Niere.
Farbtherapie: gelb.
Kräuter: Erdbeere, Melisse, Orangenknospe, Wacholder.
Meridianmassage: Kreislauf, Dreifacher Erwärmer, Niere, Blase.

5. Migräne mit Schreibkrampf

Eine 30jährige, seit drei Jahren geschiedene Geschäftsfrau klagte über krampfartige Schmerzen im rechten Arm und Depressionen, die sie daran hinderten, ihre Buchhaltung zu machen. Die EAP-Testung ergab einen *Yang*-Zustand (d. h. Wert über dem Normalwert, hier 90) der ganzen rechten Körperhälfte. Die dabei festgestellte subakute *Appendicitis* wurde sofort operiert, aber die Patientin verlor dennoch nicht die Schmerzen im rechten Arm. Nach Nadelung von *Dünndarm 4, Dünndarm 7, Herz 3, Lenkergefäß 13* und *20* (mit Goldnadeln), *Kreislauf 9, Niere 6,* verspürte die Patientin ein Wärmegefühl in der rechten Hand, und sie wurde schließlich beschwerdefrei.

Zusammenfassend kann man sagen, daß Krampfzustände mit Hypotonie durch Behandlung des Dünndarm-Meridianes gelöst werden, wobei der Herz-Meridian mit einbezogen werden muß. Das Blasen- und Nieren-System ist dabei gefährdet, da die Kräfteverteilung im Energiekreis gestört ist. Die *Appendicitis* entwickelt sich oft in Angst- und Depressionszuständen.

EAP-Test: Störfeld Appendix.

Weitere Therapievorschläge:

Zelltherapie: Ovar, Nebenschilddrüse, Thymus.

Farbtherapie: lila.

Kräuter: Eisenkraut (Trauer).

Massage: 4. und 5. Halswirbel; Lymphdrainage (deren Notwendigkeit wurde beim Ohr-EAP-Test festgestellt).

Körnerdiät: Mais

6. Migräne mit Cervikalsyndrom und Depression

Eine 44jährige Patientin litt seit Jahren an Occipitalneuralgien, das Aussehen der Patientin war gedrückt und verängstigt. Die Untersuchung ergab einen*Yin*-Zustand der Meridiane Milz/Bauchspeicheldrüse, Kreislauf, Dreifacher Erwärmer und Gallenblase sowie eine Druckempfindlichkeit der Halswirbelsäule.

Zuerst wurde eine Vibrationsmassage der Wirbelsäule durchgeführt, dann folgte die Akupunkturbehandlung: *Milz/Bauchspeicheldrüse 2* (Goldnadeln), *Niere 11, Kreislauf 9* (Goldnadeln), *Lenkergefäß 13* und *20* (Goldnadeln), *Blase 39, Blase 1.*

Als die Patientin nach 14 Tagen zur zweiten Behandlung kam, war sie fast beschwerdefrei.

EAP-Test: Milz/Bauchspeicheldrüse: 30, Gallenblase: 40, Kreislauf und Dreifacher Erwärmer: 30.

Weitere Therapievorschläge:

Zelltherapie: Resistocell®, Thymus (I. u. II. Grundmilieu).

Farbtherapie: gelb (Kopf).

Kräuter: Ginsengtee, Melisse.

Massage: Vibrationsmassage der Halswirbelsäule.

Körnerdiät: Gerstenwasser, Gerste.

Im Wiederholungsfall ist eine Zelltherapie zu empfehlen, da es ein Zeichen dafür ist, daß sich die Eigenenergien des Körpers zu schnell erschöpfen.

7. Migräne nach Apoplexia

Eine 70jährige Patientin hatte nach einem leichten apoplektischen Insult ständig Migräne, eine locomotorische Atexie – rechtes Bein schlägt aus bei Beginn der Gehbewegung – und leichte Magenkrämpfe. Weiters klagte sie über Sehschwäche. Die Patientin wurde auf einer neurologischen Abteilung mit Vitamin B_2 behandelt, doch brachte dies keinerlei Änderung.

Bereits nach der ersten Akupunkturbehandlung *(Lenkergefäß 20* – Goldnadel –, *Dünndarm 3, Magen 36, Herz 3, Magen 1, Magen 2, Magen 9, Milz/Bauchspeicheldrüse 2, Konzeptionsgefäß 15)* ging die Patientin normal weg. Sie hatte daraufhin auch keine Magenkrämpfe mehr und die Sehschwäche besserte sich.

EAP-Test: Milz 30, Bauchspeicheldrüse 30, Hypothalamuspunkt rechts 30.

Weitere Therapievorschläge:

Zelltherapie: Resistocell®, Thymus, Zwischenhirn.

Farbtherapie: rot, gelb.

Kräuter: Erdbeere, Orangenknospe.

Massage: Fußzone; Meridiane Magen, Dünndarm, Milz/Bauchspeicheldrüse.

Körnerdiät: Gerste.

8. Migräne in psychosomatischer Schau

Eine 40jährige Patientin wurde mit starken Schmerzen im Bereich der Lendenwirbelsäule in die Ordination gebracht, und da sie sich nicht setzen konnte, wurden noch vor der Untersuchung die Schmerzpunkte gestochen: *Blase 22, 25, 27* und *28.* Die Patientin blieb mit den Nadeln eine halbe Stunde liegen, danach konnte sie wieder sitzen.

Bei der am nächsten Tag erfolgten Behandlung hatte die Patientin Depressionen und Kopfschmerzen. Zu den am ersten Tag behandelten Punkten wurden noch folgende dazugenommen: *Gallenblase 20, Magen 36, Herz 3, Lenkergefäß 20, Blase 10, Niere 6, Blase 62.*

Der Patientin ging es wieder besser.

Im Laufe von 10 Behandlungen – jeweils im Abstand von 3 bis 4 Tagen – gab die Patientin immer wieder neue Schmerzpunkte an, die mit Silbernadeln behandelt wurden. Die Beschwerden waren dann soweit abgeklungen, daß die Patientin sich allein frei bewegen konnte.

Man kann gerade an einem solchen Beispiel die Krankheit in psychosomatischer Schau betrachten: Durch die Akupunktur bringt man die Stauungen des *Chi* wieder in Fluß, man versucht *Yin* und *Yang* zu harmonisieren und gleicht die Psyche aus. In einem solchen Fall ist zusätzlich noch *Taiji,* das chinesische Schattenboxen, besonders zu empfehlen (vgl. o., S. 169 ff.). Weiters könnten noch Metalle gegeben werden – z. B. am Dienstag *Ferrum metallicum* D 10 – und die jeweiligen Schüßler Salze.

EAP-Test: Immer wieder wechselnde krankhafte Werte am Lenkergefäß und an den *Shu*-Punkten des Blasenmeridians.

9. Migräne nach Strumektomie

Eine vor zwei Jahren strumektomierte 30jährige Patientin litt an Depressionen, rechtsseitigen Kopfschmerzen, Ohrensausen und Schlaflosigkeit. Die Behandlung begann mit einer Silbernadelung rund um die Operationsnarbe. Dazu kamen noch *Dünndarm 21, Magen 10, Magen 12, Magen 36, Lenkergefäß 20, Dünndarm 3, Herz 3* und *Dreifacher Erwärmer 15.*

Die Patientin konnte nach der ersten Behandlung bereits schlafen, die Kopfschmerzen vergingen nach der 8. Behandlung (es wurde zweimal wöchentlich genadelt). Das Ohrensausen ging mit *Spenglersan* (ein homöopathisches Mittel, das hinter dem Ohr aufgetragen wird) weg.
Durch die Operation war ein neues Störfeld (Narbe) entstanden, das durch die Behandlung beseitigt wurde.

EAP-Test: In der Umgebung der Schilddrüse wechselnde Werte.

10. Migräne wechselseitig

Eine 40jährige Patientin hatte seit Jahren Kopfschmerzen, und zwar manchmal beidseitig, dann wieder nur links. Sie war überarbeitet und lebte in der Großstadt. Außerdem war sie geschieden.

Eine rechtsseitige Herz-Kreislauf-Belastung und eine Störung des Gallenblasen-Meridians wurden festgestellt. Links zeigte sich eine Belastung des Dreifachen Erwärmers, des Kreislauf- und besonders des Blasenmeridians. Nach Massage des Gallenblasen-Meridians links und des Blasen-Meridians rechts wurden folgende Punkte gestochen: Rechts *Blase 2, Dickdarm 20, Dickdarm 4, Blase 10, Lenkergefäße 20, Niere 6, Blase 13, Blase 39, Blase 60,* links *Gallenblase 40, Gallenblase 41, Gallenblase 20, Gallenblase 2, Leber 8, Herz 3* und *Kreislauf 6.*

Nach vier Behandlungen war die Patientin voll Lebenskraft und frei von Kopfschmerzen. (Im Wiederholungsfall wären *Niere* und *Leber* als Zelltherapie angebracht.)

Bei der Migräne ist also das *Locus-dolendi*-Stechen allein zu wenig; es muß vielmehr die Energetik des ganzen Körpers wieder ins Gleichgewicht gebracht werden.

EAP-Test: Störung der Harmonie von *Yin* (links) und *Yang* (rechts), die einander Kräfte abgeben.

Die Zelltherapie in der Praxis

1. Chronische Infekte

Fast jede Krankheit kommt nicht aus heiterem Himmel, sondern ist, wie beispielsweise Krebs, mittels des EAP-Tests schon bis zu 20 Jahre früher in der Entstehung zu erkennen.

Es handelt sich dabei vor allem um die Meßpunkte für Milz und Bauchspeicheldrüse an der großen Zehe, dann für das Lymphsystem am Daumen, für den Dreifachen Erwärmer und den Kreislauf am 3. und 4. Finger, wobei Rechts- oder Linkslagerung einen weiteren Hinweis für den Arzt darstellen.

Bei solchen monatelang währenden fieberhaften Erkrankungen ist eine Zelltherapie mit Thymus oder *Resistocell*® erfahrungsgemäß von Erfolg begleitet. Denn laut Jahresorgankalender (vgl. o., S. 134 ff.) gehört *Resistocell*® (Nabelschnur) zum I. Grundmilieu (blau; Keimkraft), d. h. sie regeneriert die Urstruktur, und Thymus zum II. Grundmilieu (gelb; Schutzenergie). Beide zusammen halten also unser Lebenspendel (vgl. o., S. 148.) in Schwung.

Was aber ist genau die Zelltherapie und wie wirkt sie? Naturwissenschaftlich wird sie definiert als eine „Injektions-Implantation von heterologen fetalen oder juvenilen Zell- und Gewebesuspensionen in physiologischen Lösungen“. Das heißt, einzelne Zellen und kleinere Zellverbände werden in naturgemäßen körperfreundlichen Lösungen aufgeschwemmt und in die Muskulatur eingespritzt. Das Zellmaterial wird dabei vorzugsweise von noch ungeborenen oder – soweit es sich um Drüsen handelt – von jugendlichen Spendertieren gewonnen. Durch diese Einspritzung werden das erkrankte Organ oder der alternde Gesamtorganismus des Patienten regeneriert.

Die als Zelltherapie bezeichnete Heilmethode wurde vom Schweizer Chirurgen Prof. Dr. Paul Niehans entwickelt. Der Grundgedanke ist nicht neu. Bereits in den Anfängen der Geschichte der Medizin ist von der Heilwirkung tierischer oder menschlicher Organe die Rede. Aristoteles hat schon 360 v. Chr. Heilpräparate genannt, die aus tierischen oder menschlichen Organen hergestellt wurden, und Paracelsus hat zu Beginn des 16. Jahrhunderts gesagt: „Herz heilt Herz, Niere heilt Niere“. Anfang des 20. Jahrhunderts haben Chirurgen ganze Drüsen übertragen. Auch Niehans hat zunächst durch operativen Eingriff Drüsen überpflanzt. Später ging er dazu über, feine Scheiben von Organgeweben in eine Muskeltasche einzulegen. Schließlich aber ersetzte er die chirurgische Einpflanzung von Organen und Organteilen durch Einspritzungen von Zellaufschwemmungen. In über 40jähriger praktischer Erfahrung hat es sich dann erwiesen, daß das Schaf das beste Spendertier ist, da Schafeiweiß von Menschen gut vertragen wird und diese Tiere relativ resistent gegen Krebs sind.

In der Technik der Zelltherapie kennt man heute drei Varianten: Die „Frischzell-Methode", die „Eiszell-Methode" und die „Trockenzell-Methode". Bei der „Frischzell-Methode" ist allerdings zwischen Entnahme beim Spendertier und Einspritzung keine Kontrolle auf Keimfreiheit möglich. Außerdem beginnen sich Zellen nach 15 bis 20 Minuten durch Selbstauflösung zu zersetzen. Daher hat diese Methode eigentlich nur noch historische Bedeutung.

Bei der „Eiszell-Methode" wird zwischen der Entnahme beim Spendertier und der Injektion eine Tiefkühlung eingeschaltet, die es ermöglicht, das Zellmaterial auf Keimfreiheit zu überprüfen. Durch das Tiefkühlen und spätere Wiederauftauen werden allerdings physikalisch-chemische Vorgänge ausgelöst, die den Feinbau der Zelle zerstören und die therapeutische Wirksamkeit beeinträchtigen.

Heute werden für die Zelltherapie daher fast nur noch staatlich kontrollierte, als Trockenzellen bezeichnete, ampullierte und lagerfähige Zellpräparate verwendet, die durch das Verfahren der Gefriertrocknung (Wasserentzug aus tiefgefrorenem Material – Lyophilisation) haltbar gemacht werden. Durch dieses Konservierungsverfahren werden die spezifischen biochemischen Verbindungen der Zellen und die mikroskopischen und submikroskopischen Strukturen unverändert erhalten, so daß gefriergetrocknete Kleinstlebewesen (z. B. Hefezellen oder Bakterien) nach jahrzehntelanger Lagerung und darauf erfolgter Wiederdurchfeuchtung (Hydration) lebens- und vermehrungsfähig bleiben.

Nun zu den *Beispielen aus der Praxis,* zunächst in bezug auf *chronische Infekte,* also Fälle mit Fieber, jahrelangem schlechtem Blutbild, Leukozytose und erhöhter Blutsenkung. Die Patienten sind durchwegs 16- und 17jährige Mädchen, die bereits mit Penicillin und ähnlichen Medikamenten behandelt worden sind. Das EAP-Gerät gab eine Blockierung des Lymphsystems (Messung an der Außenseite des Daumens) und krankhafte Werte von Milz und Bauchspeicheldrüse (Messung an der Außenseite der rechten und linken große Zehe) an. Nachdem mit ausgetesteten Nosoden (Bakterienstämme in homöopathischen Dosen) und Zellimplantaten behandelt worden war, konnte bereits nach drei Wochen ein Erfolg verzeichnet werden.

Zwei weitere Beispiele, die die Wirksamkeit der Zelltherapie unter Beweis stellen sollen:

2. Depressivität und Leistungsverlust im Klimakterium

30 Patienten im Alter von 40 bis 55 Jahren bekamen als Zelltherapie *Zwischenhirn, Frontalhirn, Leber, Thymus* und *Ovar,* bei sechs Patienten wurde auch *Schilddrüse* mitimplantiert. 80 Prozent der Patienten wurde ein Antidepressivum früh und mittags verabreicht.

Die Symptomatologie hat sich verhältnismäßig rasch verändert:

a) Die kardiovaskulären Symptome wie Wallungen, Schweißausbrüche, fliegende Hitze usw. verschwanden recht rasch, wobei dies besonders auf die Zellimplantate *Ovar* und *Zwischenhirn* zurückzuführen ist.

b) Psychische und nervöse Störungen wie Reizbarkeit, Schlaflosigkeit, hypochondrische Symptome, Freud- und Antriebslosigkeit, Leistungsverlust, Suizidgedanken, Angst und Weinen wechselten nach etwa zwei Wochen in Steigerung der Leistungsfähigkeit, Ausgeglichenheit, Verschwinden der Schlafstörungen, Lebensmut, und die Patienten berichteten, daß ihnen die Arbeit wieder leicht von der Hand ginge. Der Standardsatz: „Ich bin fähig, wieder Dinge zu tun, die ich lange nicht mehr getan habe." Bei diesen Störungen sind besonders die Zellen *Frontalhirn* und *Zwischenhirn* von eminenter Bedeutung. Vergessen darf man aber nicht eine kleine Dosis des Antidepressivums, das ebenfalls zur Ausgeglichenheit beiträgt. Überlegt man aber, wie hoch ohne Zellpräparat die Psychopharmaka dosiert werden, ist diese Dosis nur ein kleiner Anstoß, wobei man auch beobachten konnte, daß Pharmaka nach zelltherapeutischen Maßnahmen eine bessere Wirkung zeigten.

c) Endokrine Störungen, wie Funktionsstörungen des Kalt-Warm-Empfindens, Gelenksbeschwerden, Ermüdbarkeit usw., zeigten nach Implantation der Zellen, besonders von *Leber* und *Thymus,* eine rasche Besserung.

3. Zelltherapie bei Anorexia nervosa (Magersucht)

Die überwiegend bei jungen Mädchen vorkommende *Anorexia nervosa* – frei übersetzt: nervlich bedingter Appetitverlust – gehört zu den reizbaren Depressionen. Daneben werden allerdings auch Begriffe wie psychogene Magersucht und Pubertätsmagersucht verwendet, wobei letzterer Ausdruck nicht zutreffend erscheint, da auch Erwachsene an psychogener Magersucht erkranken können. In der Literatur wird die Krankheit als eine Störung nervöser Art bei „völliger" Appetitlosigkeit beschrieben. Man verweist auf den oft harmlosen Beginn mit Einschränkung der Nahrungsaufnahme infolge von Magenbeschwerden oder radikalen Abmagerungskuren. Unter hartnäckiger Beibehaltung der Nahrungsverweigerung kommt es zunehmend zu einem körperlichen Verfall, begleitet von Obstipationen und Amenorrhoe. Außerdem ist es kennzeichnend, daß eine

Krankheitseinsicht und ein Genesungswille gänzlich fehlen und daß eine Störung im familiären Bereich vorliegt. Im Gegensatz zu zwangszweise hungernden Menschen ist ein Fehlen von Ödemen und apathischem Verhalten kennzeichnend. Die Patienten verweigern also die Nahrung. Als fadenscheinige Gründe werden Blähungen, Appetitlosigkeit und Völlegefühl angegeben. Mitunter wird nach den Mahlzeiten absichtlich ein Erbrechen herbeigeführt. Zum Bild der *Anorexia* gehören neben der erwähnten Amenorrhoe auffällige Blässe und erniedrigter Grundumsatz.

Als Beispiel eine 21jährige Patientin, 165 cm groß, Gewicht 38 kg. Sie war in verschiedenen Kliniken ohne Erfolg in Behandlung. Ein Familienkonflikt war gegeben, die Eltern standen vor der Scheidung. Die Patientin hatte eine starke Beziehung zum Vater. Von Beruf Kindergärtnerin, war sie vom Amtsarzt außer Dienst gestellt worden.

In der vorbereitenden Behandlung erhielt sie die homöopathischen Mittel *Heel Injeel, Thalamus comp., Acidum boricum, Mucosa comp., Coenzyme comp., Ovar comp., Hepar comp., Hypothalamus suis, Hepavit 2500, Wobenzyme Dragees* und *Symbiofloor I* und *II* zur Darmsanierung.

Als Zelltherapie wurden dann *Ovar,* 2× *Leber, Schilddrüse, Milz, Zwischenhirn* und *Placenta (weiblich)* gegeben.

In der nachambulanten Phase wurde die Patientin von einer ihr lieben Bezugsperson betreut, und es kam zu einer schrittweisen Versöhnung mit den Eltern. Als Behandlung: *Heiltee, Hepavit 2.500, Akupunktur, Massagen* und *Thymus Extrakt Mulli.* Dazu kam eine konsequente operante Kontrolle der Eßgewohnheiten und eine regelmäßige Gewichtskontrolle. Nach 4 Monaten hatte die Patientin das Idealgewicht von 55 kg. Es kam zu keinem Rückfall.

Vergleicht man nun diese Behandlung von Magersüchtigen mit klinisch schulmedizinischen Verfahren, kommt man zu einem überraschenden Ergebnis:

Behandlungsdauer in Tagen	Mittelwert	min.	max.
a) Schulmedizinisch; Patientenzahl: 54			
ambulant	186	32	749
teilstationäre Behandlung:			
ambulante Vorphase	51	7	210
stationäre Zwischenphase	54	6	175
ambulante Nachphase	157	28	630
b) Behandlungsdauer nach Naturheilverfahren; Patientenzahl: 10			
(Homöopathie, Akupunktur, Zelltherapie)			
nur ambulant		0	
ambulante Vorphase		10	
stationär		5	10
ambulante Nachphase		32	50

Auf Grund dieser Tabelle ist es ersichtlich, daß die Behandlung mit Zelltherapie bzw. Vor- und Nachbehandlung mit Homöopathie und evtl. Akupunktur im Gegensatz zur „Schulmedizin" wesentlich verkürzt ist.

Ebenso hat sich gezeigt, daß eine in der Schulmedizin übliche Sondenernährung und somit eine passive Ernährung des Patienten nur kurzfristig zum Ziel führt, d. h. der Patient nimmt wohl an Gewicht zu, setzt man aber die Sondenernährung ab, verliert er sofort wieder an Gewicht, da er nicht durch operante Kontrolle gelernt hat, zu essen, bzw. auch nicht die Kraft hat, die er durch die Zelltherapie erhält, selbst die Krankheit zu überwinden.

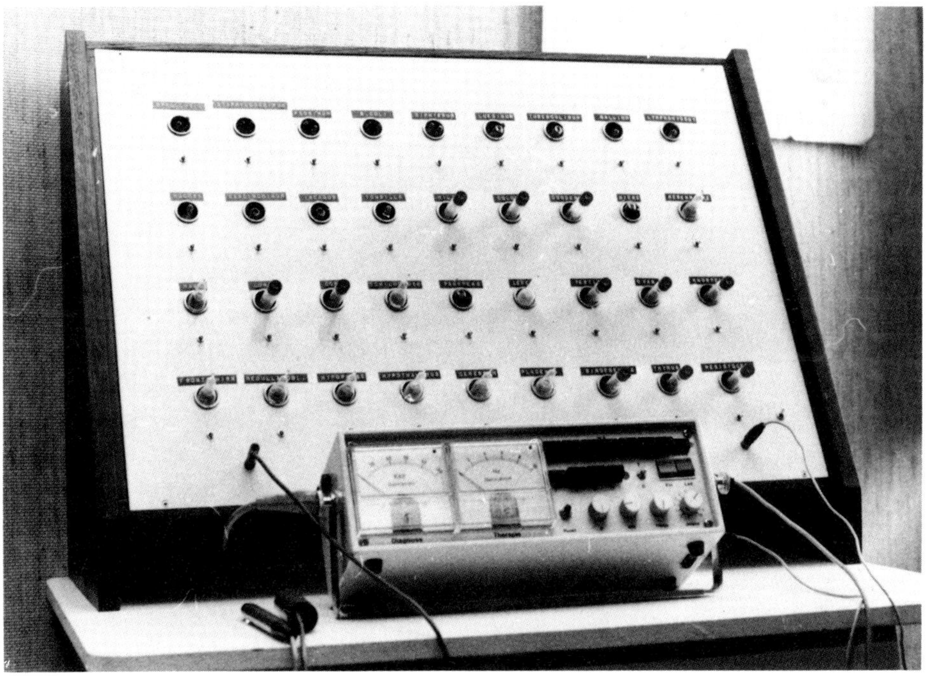

EAP-Apparat mit Zusatzgerät nach Dr. Weber

EAP-Gerät und Medikamententestung

Soll die Zelltherapie zur vollen Wirkung kommen, ist eine genaue Auswahl der Zellpräparate nötig. Am besten geschieht dies in Form einer Medikamententestung mittels eines Zusatzgerätes zum EAP-Gerät nach Dr. Voll. Es geht dabei um die gleichzeitige Messung des elektrischen Hautwiderstandes und der Ausstrahlung des Zellmaterials, die, wenn das richtige Präparat gewählt wurde, die krankhafte Abweichung der Hautwerte ausgleichen muß.

1954 entdeckte Dr. Voll, daß man aufgrund der Kenntnisse der Akupunktur mit dem EAP-Gerät an den Endpunkten der Akupunkturmeridiane an Händen und Füßen Organmessungen durchführen kann, wobei der Patient eine an das Gerät angeschlossene Elektrode in der Hand hält, während der Arzt mit einer zweiten die Abstrahlung der Punkte mißt. Als Ersatz für die schwierige und in der westlichen Welt weithin unbekannte chinesische Pulsdiagnose (vgl. S. 188) war dies zur Feststellung der Energielage in der Funktion oder Dysfunktion der Organe eine einmalige Entdeckung. Obwohl seitens der Schulmedizin immer wieder angezweifelt, sind diese Messungen durch – allerdings viel aufwendigere – Röntgen- bzw. Laborbefunde beweisbar.

Analog zur Nosodentestung (Nosoden in Ampullen werden dem Patienten zugleich mit der Elektrode in die Hand gegeben) läßt sich nun genauso ein Zellpräparat (oder auch eine Aminosäure oder ein Metall in kolloidaler Lösung oder auch ein Lebensmittel) austesten. Um dies zu erleichtern, wurde für die Zellaustestung ein Zusatzgerät entwickelt (Dr. Weber, vgl. S. 185), in dem Lyophilisate der Zellpräparate verwendet werden. (Acht-Quadranten-Testung nach der Lebenstafel des *I Ging*).

In der Praxis sieht das folgendermaßen aus: Man testet zuerst mit dem EAP-Gerät nach Dr. Voll die Störung der Organe aus. Dadurch werden die energetischen Zusammenhänge sichtbar, die zu einem schnelleren Verbrauch der körpereigenen Energie führen. Danach erfolgt die Medikamententestung. Die Elektrode mit den zwischengeschalteten Zellpräparaten wird in die Hand des Patienten gegeben. Dies ermöglicht dann eine gezieltere Widerstandsmessung der Organe und zeigt gleichzeitig an, welches Präparat zum Ausgleich der Störung beitragen kann. Eine rasche, sichere und angenehme Art, herauszufinden, was der Körper braucht, um wieder in Harmonie zu kommen.

DIE AKUPUNKTUR-MESSPUNKTE

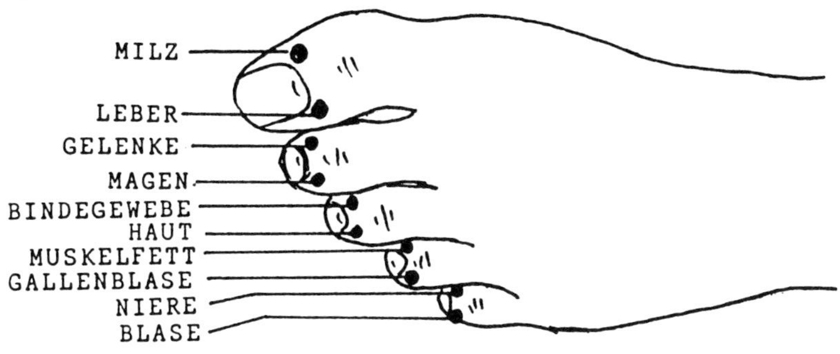

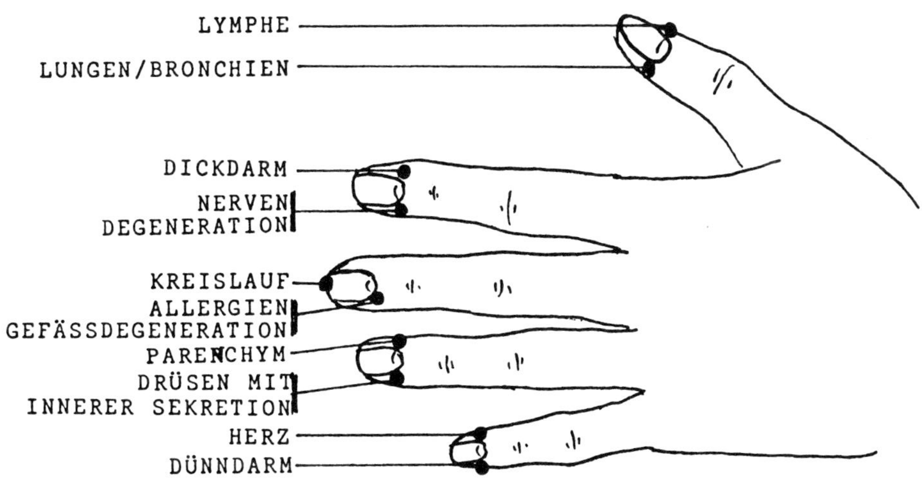

GROSSE ZEHE RECHTS AUSSEN: BAUCHSPEICHELDRÜSE

Die chinesische Pulsdiagnose

Bei der Pulsdiagnose wird der Puls mit drei nebeneinander gelegten Fingern an der *Arteria radialis* gemessen, wobei sowohl rechts als auch links je sechs verschiedene Pulse unterschieden werden, was 12 Tastungen ergibt:

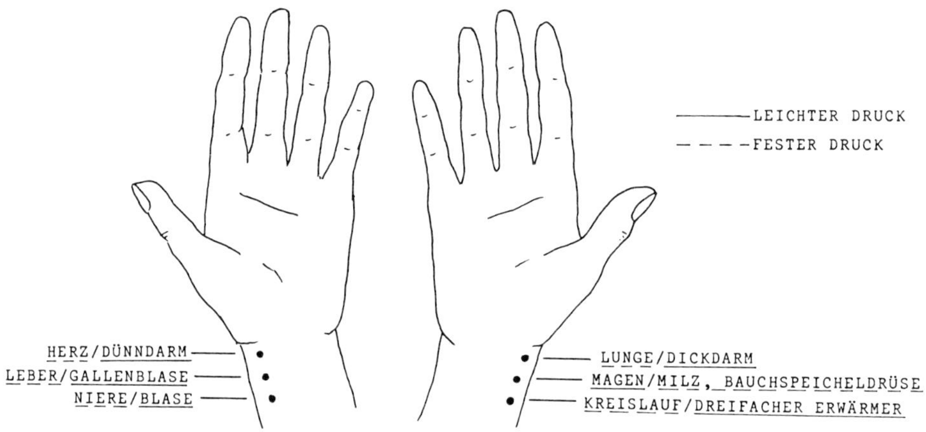

Linke Hand

Allgemein:	*Yin*-Puls	„heilige Zahlen":
	Herz/*Dünndarm*	30
	Leber/*Gallenblase*	57
	Niere/*Blase*	29

Rechte Hand

Allgemein:	*Yang*-Puls	
	Lunge/*Dickdarm*	51
	Magen/Milz, Bauchspeicheldrüse	58
	Kreislauf/*Dreifacher Erwärmer*	52

In der Schrift der Fu-Hsi-Formel geschrieben sieht es folgendermaßen aus:

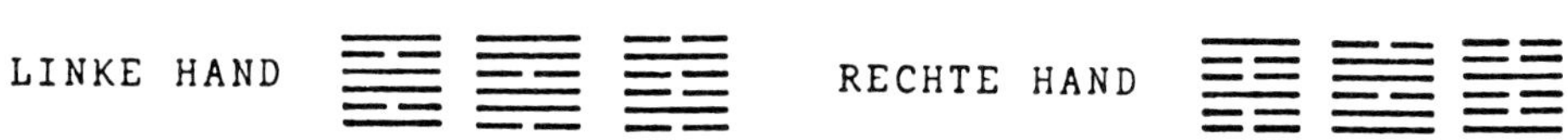

Die Pulse der *Yang*-Organe werden dabei an der *Oberfläche* (leichter Druck), die der *Yin*-Organe in der *Tiefe* (fester Druck) getastet.

Schlußgedanken

Der Mensch als Produkt der Planeten ist auf dem Wasserplaneten Erde zum Lebendigen geworden und gibt Anlaß zu unendlich vielen Hypothesen. Er muß dabei immer als Ganzes betrachtet werden, also auch Evolution und Einfluß der Gestirne sind mit zu berücksichtigen. Nur in der Ganzheit betrachtet, werden wir überleben – nicht die Umwelt allein ist die Ursache von Erkrankungen, wir vergessen nur zu oft die unendliche Innenwelt des Menschen. So kann die Behandlung nur in der Gemeinsamkeit Arzt–Patient erfolgreich vor sich gehen; der Arzt muß wissen, der Patient muß dabei helfen.

Im *Nei King (So Ouenn)* liest man:

Kennst du „Typus" und „Ursprung", dann heilst du, indem du behandelst. Kennst du diese nicht, dann handelst du unbesonnen und ohne Überlegung.

In China wurden die uralten Weisheiten in Gedichtform aufgezeichnet und weitergegeben. Auch beim Verfassen dieses Buches entstanden stoffbezogene Gedichte, die vielleicht zu einem noch tieferen Verständnis der aus den alten Lehren geschöpften Erkenntnisse beitragen können und daher auf den folgenden Seiten wiedergegeben werden.

Die Natur

Ist es die Pflanze, ist es der Mensch,
ist es die Sonne, die alles lenkt?
Wichtig ist, das Gemeinsame zu finden,
die Umwelt des Menschen mit der „Inwelt" zu verbinden,
denn jede Welt hat dasselbe Problem,
auf dem mitgegebenen Weg zu gehen.
Die Organe im Menschen, wie die Pflanzen auf Erden,
sind ewig unterworfen dem Werden und Sterben.
In Gemeinsamkeit sie ständig zu pflegen,
heißt, die Natur im Planen, Vorsorgen zu hegen.
Jede Pflanze hat einen Platz im Organismus,
der Zyklus des Lebenssystems hat ihren Rhythmus.
Der Mensch ist mehr als ein Teil der Erde nur:
der Kosmos spiegelt sich in diesem Wunderwerk der Natur.
Hilfe im Leben durch die kosmogenetische Harmonie
bringt daher das Verständnis für eine Pflanzen-Mensch-Theorie.
In der Praxis richtig angewandt,
gibt sie Menschen und Pflanzen das gesunde Gewand.

Die *I-Ging*-Lebenstafel

Im *I Ging* ist das Geheimschloß des Lebens zu finden,
doch mit westlichem Schlüssel nur schwer zu ergründen.
Der Osten spricht mystisch, aber mathematisch genau,
der Westen will den chemisch-physikalischen Bau.
Man sieht auf der Tafel „heilige Zahlen“ und Zeichen –
das *Yin-Yang*-Symbol ist mit der DNA zu vergleichen.
Die Sechs als Hexagramm bedeutet Aktivität,
mit der Zwei, Drei und Acht die Tafel mathematisch besteht.

Die vier Bausteine des Lebens muß man nennen,
um das Wesen der Grundstruktur zu erkennen:
Adenin und Thymin sind das erste Paar,
Guanidin und Cytosin stellen das zweite dar.
So ist die Tafel zu sehen in der Wandlung:
die 8×8 Stufen zeigen des Lebens Handlung.

Das Lied der Farben

Die Farben im Körper bedeuten Leben,
sie wurden uns von den Metallen gegeben.
Blau, Grün, Rot, Gelb, Violett, das ist der Zyklus,
der mit Schwarz-Weiß findet den Rhythmus.
Diese Farben sind den Organen zugeteilt –
sie ergeben die Körperstrahlung in Freud und Leid.
Nucleotide strahlen im Körpergeschehen –
Goethe hat dies schon intuitiv gesehen.
Ost-West-Wissen in der Farbstrahlung bestätigt zu finden,
läßt die Farbenlehre nach Newton mit der Heilung verbinden.

Die Organuhr

Organgeschehen zu bestimmter Zeit
eröffnet dem Denken neue Möglichkeit.
Man muß die genaue Uhrzeit beachten,
die Symptome im Körper auch zeitlich betrachten.
Schlafen und wachen zu richtiger Zeit
gibt dem Ticken der Uhr das wahre Geleit.
Die Uhr ist wichtig im Organizismus,
zeigt sie den Rhythmus des Organismus;
sie ist vierfach im Geben und Nehmen gefunden,
gibt an Sekunden, Minuten, Tage und Stunden.
Strahlungen der Organe, gelenkt in Bahnen,
lassen die höhere Steuerung ahnen;
man muß nur erkennen das *I Ging* in der Wandlung,
um Chemie und Physik einzubauen in die Handlung.
Die inneren Uhren sind überall in der Welt,
im menschlichen Körper hat jede Minute ihr „Zelt".
Das „Zelt" ist die Zelle, milliardenfach erneuert,
es scheint die Erkenntnis fast ungeheuer.
Die Uhr tickt stetig im Rhythmus in uns,
den Zeiger zu finden, das ist die Kunst.
Nur wer dies richtig kann beschreiben,
ist fähig, Krankheit zu vertreiben.

Das Leben

Was ist Leben?
Ist es Freud, ist es Leid?
Ist es hell, ist es dunkel?
Phantastisch oder real?
Sichtbares und Unsichtbares vereint –
ist das Werden und Vergehen gemeint?
Des Lebens wunderbare Gaben
wir in Körper, Seele, Geist in uns haben.

Die *I-Ging*-Weltformel

Die Strahlungen von Mensch, Sonne, Mond und Erde stehen
im Licht- und Schattenspiel von Werden und Vergehen.
Sie bergen Geheimnisse von Elementen und Pflanzen
und schaffen so den Menschen im Ganzen.
Dies steht in Zahlen und Zeichen geschrieben
und ist bis heute unverändert geblieben. –
Im Sein wird uns das Nicht-Sein geboren,
Unsichtbares geht im Sichtbaren verloren.
Der Mensch bewegt sich zwischen Himmel und Erde,
Unendlichkeit wird zur Endlichkeit in Fülle und Leere.
Wie die Drei aus der Zwei erst entstehen kann,
zeigt das *I Ging* mit seinen Wandlungen an.
Es läßt die Drei mit der Vier erst die Zwölf erkennen –
und zwölf Meridiane sind aus der Akupunktur zu nennen.
Materie, Wärme, Bewegung zeigen Formen nur,
zweimal zwölf Stunden bilden die Lebensuhr.
Dies alles gründet den Menschen in seinem Bau:
die Ordnung der Welt ist mathematisch genau.

Intuition

Alles Geschehen in der Natur
geht den Pfad geringsten Widerstands nur;
es schafft geheimnisvolle Wege,
wo Gewalt nur als Hindernis läge.
Wie der Mond Einfluß hat auf die Gezeiten,
die Erde die Bahnen der Flüsse kann leiten,
die Sonne beeinflußt die Jahreszeit,
liegt auch im Menschen Unfaßbares bereit.
Nachdem man verstanden hat die Evolution,
birgt der biologische Rhythmus präzise Produktion.
Dazu intuitive Ideen in den Träumen –
deren Aufschreibung sollte man nicht versäumen.
Man muß überprüfen, ob ihre Aussagen echt,
dann könnte es sein, daß man Neues entdeckt.
So darf man bei Erhalt solcher Gaben
diese nicht ungenützt auf Erden tragen.

Das *I-Ging*-Quadrat

Im *I-Ging*-Quadrat steht schon lange geschrieben,
wie unser Leben geworden, wie es geblieben.
Die Zahlen zeigen Werden und Vergehen,
auch die Trigramme muß man verstehen.
Die *Fu-Hsi*-Formel zeigt durch solch ein Trigramm,
was das Hexagramm darstellt im Lebensformel-Programm.
Sechs Striche, übereinandergereiht,
wandeln Grundbausteine, lassen diese vereint
zur Desoxiribonucleinsäure als Helixstruktur werden –
so wird das Lebenssteuerungs-System geklärt auf Erden.
Es ist doch wunderbar, daß ganz einfache Normen
bestimmen sollen des Menschen Körperformen:
Es ist die Weisheit der alten Mönche wahr,
das *I Ging* macht die Geheimformel des Lebens klar.

Die Mauer und die Hexagramme

Leib, Seele und Geist – auf die Dreiheit ist zu achten,
der Arzt muß den Menschen als Ganzes betrachten.
Die Krankheit – ein Sprung in der „Mauer", auch in der Natur –
dies Wissen bringt uns auf die richtige Spur.
So findet die Weisheit östlicher Medizin
in der Großen Mauer symbolhaften Sinn;
und weiters, in Strichen gleich Ziegeln geschrieben,
ist sie im *I Ging* voll gültig geblieben.

Das *Yin-Yang*-Symbol

Schwarz und Weiß, Schatten und Licht –
was aber daraus erbricht,
es sind die Strahlen des Kosmos auf Erden:
so kommt es zu des Menschen Werden.
Die Farben gehören zu den Elementen,
die der Erde den Menschen schenken;
sie lassen ihn scheinen in all seiner Pracht,
doch der Mensch – wie die Blume – nicht in Ewigkeit lacht.
Genau verteilt sind die menschlichen Kräfte
in Energiekreisen des Körpers, versteckt in jeder Hälfte.
Des Lebens Geschicke sind so gegeben,
man kann daraus stets neue Normen erleben.
Die Helixstruktur wird im *Yin-Yang*-Symbol erkannt:
es reichen sich Ost und West in der Forschung die Hand.
Nun erst wird offenbar des Symboles Wert –
es ist kein Mythos, wie man früher gelehrt.
Wir werden, wir gehen in den Farben der Welt –
wir versinken, vergehen im Schwarz-Weiß des ewigen Zelts.

Literatur

Dr. med. H. *Anemueller,* Iß dich gesund. 2. Aufl. Gräfe und Unzer GmbH, München o. J.

H. *Auterhoff,* Lehrbuch der Pharmazeutischen Chemie. Wissenschaftliche Verlags Ges.mbH., Stuttgart 1965

Anita *Backhaus,* Heilen ohne Pillen und Spritzen. Hermann Bauer Verlag KG, Freiburg im Breisgau o. J.

V. F. *Bassin*/K. K. *Platonov,* Verborgene Reserven des höheren Nervensystems. Hippokrates Verlag, Stuttgart 1973

Xiofeng *Bai,* Die acht Schätze. Hrsg. Coué-Club Austria, Klagenfurt (1984)

Berkeley Holistic Health Center. Das Buch der ganzheitlichen Gesundheit. 1978

Franklin E. *Bircher,* Ist Gesundheit fotografierbar? Ein Versuch zum Nachweis. Redaktion Alice Bircher, Zürich (1978)

Werner *Bohm,* Chakras. Lebenskräfte und Bewußtseinszentren im Menschen. 3. Aufl., Barth Verlag, (München) 1974

Brett L. *Bolton,* Die magische Welt der Pflanzen. Paul Zsolnay Verlag, Wien/Hamburg 1978

Dr. med. M. O. *Bruker,* Unsere Nahrung – unser Schicksal. Bioverlag Gesundleben GmbH, Hopferau 1982

Erich von *Däniken,* Zurück zu den Sternen. Econ Verlag, Düsseldorf/Wien 1977

Matthias *Dorsci,* Personotrope Medizin und Homöopathie. Karl F. Haug Verlag, Heidelberg 1970

Marc *Duke,* Akupunktur. Chinas heilende Nadeln. 1. Aufl., Scherz Verlag, Bern und München 1973

Harry *Edwards,* Geistheilung. Verlag Hermann Bauer KG, Freiburg im Breisgau 1975

Roger *Elliot,* Der glückbringende Mond. Scherz Verlag, Bern/München 1973

Francesca *Fremantle,* Chögyam Trungpa. Das Totenbuch der Tibeter. Eugen Diederichs Verlag, Düsseldorf, Köln o. J.

Jochen M. *Gleditsch,* Mundakupunktur. Biol.-Med. Verlag Ges.mbH & Co KG, 1979

Paul *Glees,* Das menschliche Gehirn. Hippokrates Verlag, Stuttgart 1968

Heinz Albert *Glosemeyer,* Akupunktur-Kosmetik. Müller und Steinicke, München 1981

Götter und Dämonen. Mythen der Völker. Hrsg. u. eingel. von Rudolf Jockel. Holle Verlag, Darmstadt und Genf 1953

Marcel *Granet,* Das chinesische Denken – Inhalt, Form, Charakter. R. Piper & Co. Verlag, München 1963

W. J. *Hildebrand,* Heilender Laserstrahl. Parwarti-Institut für Medizintechnik, Baden-Baden 1977

Dr. med. Hans *Haferkamp,* Medikamenttestung, Nosodentherapie und Mesenchymentschlackung. C. Beckers Buchdruckerei, Melzen 1965

Al *Huang,* Lebensschwung durch Taiji. Ein chinesischer Meister der Rhythmik lehrt die Meditation in der Bewegung. 3. Aufl., O. W. Barth Verlag, (München) 1983

I Ging. Text und Materialien. Übersetzt von R. Wilhelm. 8. Aufl., E. Diederichs Verlag, Düsseldorf, Köln 1982 (Diederichs Gelbe Reihe: China)

Dr. med. G. *Irmer*/Dr. med. R. *Voll,* Chronische Appendizitis – ein Krankheitsbild mit vielseitiger Symptomatologie. Med. Lit. Verl. Ges. mbH, Uelzen 1980

Johannes *Itten,* Kunst der Farben. Otto Meier Verlag, Ravensburg 1961

O. *Julian,* Materia medica der Nosoden. Karl F. Haug Verlag, Ulm 1960

Peter *Kaiser,* Die Sonne. Orac-Pietsch-Verlag, 1981

Ling Kü *King,* Klassische Akupunktur Chinas. Hippokrates Verlag GmbH, Stuttgart 1974

Herbert L. *König,* Unsichtbare Umwelt. Eigenverlag H. L. König, München 1977

Jacques de *Langre,* Do-In 2. Ed. Plejaden, Berlin 1981

Frederick *Leboyer,* Sanfte Hände. Kösel Verlag GmbH & Co, München 1979

Johannes *Lehmann,* Buddha. C. Bertelsmann Verlag, 1980

Werner *Lieber,* Bunte Welt der schönen Steine. Franckh'sche Verlagsbuchhandlung W. Keller & Co, Stuttgart 1974

Felix *Mann* M. B., Acupuncture – the Ancient Chinese Art of Healing and How It Works Scientifically. A Division of Random House, New York 1962/1971

Hanne *Marquardt,* Reflexzonenarbeit am Fuß. Karl F. Haug Verlag GmbH, Heidelberg 1975

Maurice *Mességué,* Das Mességué Heilkräuter Lexikon. Mohndruck Graph. Betriebe GmbH, Gütersloh o. J.

Dr. med. Raymond A. *Moody,* Leben nach dem Tod. Rowohlt Verlag GmbH, Reinbec/Hamburg 1977

Dr. med. Maurice *Moussat,* Akupunktur und I Ging. Verlag für Ganzheitsmedizin, Essen 1983

Dr. Joseph *Murphy,* Die Macht Ihres Unterbewußtseins. Prentice-Hall Inc., Englewood Cliffs N. J. o. J.

E. B. *Nash,* Leitsymptome in der homöopathischen Therapie. Karl F. Haug Verlag o. J.

Dr. Nguyen van *Nghi,* Huang-Ti Nei King. So Ouenn. Med. Lit. Verlag Ges.mbH., Uelzen 1977

Dr. Nguyen van *Nghi,* Pathogenese und Pathologie der Energetik in der chinesischen Medizin. Bd. 1 und 2, Med. Lit. Verlag Ges.mbH, Uelzen 1974 und 1975

Käthe *Nissen,* Enthüllungen einer Hellseherin, Ariston Verlag, Genf 1974

Dr. med. Paul F. M. *Nogier,* Lehrbuch der Auriculotherapie. Maisonneure Verlag, Saint Ruffine 1969

Paracelsus, Magische Unterweisungen. Morzsinay Verlag, Bern 1980

Johannes *Pawlik,* Goethes Farbenlehre. Verlag M. DuMont, Schauberg, Köln 1974

Dozent Dr. M. *Pichler,* Nachsorge des Patienten mit Herzmuskelinfarkt. G. Broschek KG, Fieberbrunn 1984

H. *Pietschmann,* Das Ende des naturwissenschaftlichen Zeitalters. Paul Zsolnay Verlag, Wien/Hamburg 1980

M. *Porkert,* Lehrbuch der chinesischen Diagnostik. Verlag für Medizin Dr. Ewald Fischer, Heidelberg 1976

Werner *Quilisch,* Homöopathie als Therapie der Person. Karl F. Haug Verlag, Saulgau/Württemberg 1949

Hans Heinrich *Reckeweg,* Homotoxikologie. Ganzheitsschau einer Synthese der Medizin, 1. Auflage, Aurelia Verlag, Baden-Baden 1975

Wolfgang *Reinicke,* Praktische Astrologie. Ariston Verlag, Genf 1977

Gaston *Saint-Pierre,* Debbie Boater. Ed. Plejaden, Berlin 1983

Heinz *Schiegl,* Color-Therapie – Heilung durch Farbenkraft. Hermann Bauer Verlag KG, Freiburg i. Breisgau 1979

Hans Eugen *Schlitter,* Krebswachstum – gestörte Gewebsregeneration durch dysregulierte Mesenchymfunktion. Verlag für Medizin Dr. Ewald Fischer GmbH, Heidelberg 1977

Claus C. *Schnorrenberger,* Stechen und Brennen. Hippokrates Verlag, Stuttgart 1976

Martin *Schönberger,* Verborgener Schlüssel zum Leben. O. W. Barth Verlag, (München) 1973

Hermann *Schreiben,* Die Chinesen. Econ Verlag GmbH, Wien/Düsseldorf 1978

R. *Schuler,* E. *Schuler,* Physiologie und Pathologie der Intestinalflora. Mikrobiol. Lab. Dr. R., E. und A. Schuler, o. O., o. J.

Dr. med. K. *Serizawa,* Orientalische Massage. Albert Müller Verlag, (Rüschlikon – Zürich) 1974

Geshe Lhündub *Söpa*/Jeffrey *Hopkins,* Der Tibetische Buddhismus. Eugen Diederichs Verlag, Düsseldorf/Köln o. J.

Sovak/Stiefvater, Migräne-Therapie. Karl F. Haug Verlag, Heidelberg 1975

Wolfgang *Spaich,* Moderne Phytotherapie. Karl F. Haug Verlag, Heidelberg 1978

Karl *Spiesverger,* Die Aura des Menschen. Hermann Bauer Verlag KG, Freiburg im Breisgau 1963

Rudolf *Steiner,* Ein Weg zur Selbsterkenntnis der Menschen. Nachlaßverwaltung Dornach, Schweiz, Zbinden; Druck und Verlag AG Basel, o. J.

Erich *Stiefvater,* Akupunktur als Neuraltherapie. Karl F. Haug Verlag, Saulgau/Württemberg 1958

Erich W. *Stiefvater,* Ruhe auf der Flucht. Karl F. Haug Verlag, Heidelberg 1975

Hermine *Tenk,* Praktikum der chinesischen Akupunktur und Punktmassage für Kinderheilkunde. Med. Wissenschaften Wilhelm Maudrich, Wien 1979

John F. *Thie,* D. C., Touch for Health. De Vorss & Company Publishers, Princeton 1979

Todt/Lange, Die Pflanzen der Erde. Bertelsmann-Reinhard Mohn OHG, Gütersloh 1974

Paul U. *Unschuld,* Medizin in China. Verlag G. H. Beck, München 1980

Charles *Waldemar,* Großer Akupunktur Bildatlas. Perseus Medizintechnik GmbH, München/Zürich o. J.

Hellmut *Willhelm,* Der Sinn des I Ging. 4. Auflage, Diederichs Verlag, Düsseldorf, Köln 1980 (Diederichs Gelbe Reihe: China)

R. L. *Wing,* Das Arbeitsbuch zum I Ging. Verlag Diederichs, Düsseldorf/Köln 1983

Meister *Yüan-Kuang,* I Ging. Otto Wilhelm Barth Verlag, (München) 1951 und 1975

Josephine *Zöller,* Das Tao der Selbstheilung. Die chinesische Kunst der Meditation in der Bewegung – ein Weg der Selbsthilfe und Heilung. 1. Auflage, Barth Verlag, (München) 1984

Inhalt

PERSÖNLICHE ANMERKUNGEN

PERSÖNLICHE ANMERKUNGEN